统计与大数据“十三五”系列教材立项项目
数据科学与统计系列规划教材

数据挖掘

基于 R 语言的实战

Data Mining: Real Practices with R

张俊妮 ◎ 著

人民邮电出版社
北京

图书在版编目（CIP）数据

数据挖掘 ：基于R语言的实战 / 张俊妮著. -- 北京：
人民邮电出版社，2021.1(2023.8重印)
数据科学与统计系列规划教材
ISBN 978-7-115-54278-6

Ⅰ. ①数… Ⅱ. ①张… Ⅲ. ①数据采集－教材 Ⅳ.
①TP274

中国版本图书馆CIP数据核字(2020)第107171号

内 容 提 要

本书以深入浅出的语言系统地介绍了数据挖掘的框架和基本方法，主要内容包括：数据挖掘与 R 语言概述、数据理解、数据准备、关联规则挖掘、聚类分析、线性模型与广义线性模型、神经网络的基本方法、决策树、基于决策树的模型组合、模型评估与比较、R 语言数据挖掘大案例。本书使用基于 R 语言的数据挖掘案例贯穿全书，并辅以上机实验和习题，帮助读者熟练使用 R 语言进行数据挖掘。

本书可作为高等院校数据分析与数据挖掘课程的教材，也适合有意学习并使用数据挖掘基本技术的本科生、研究生以及业界人士阅读。

◆ 著　　　　张俊妮
责任编辑　武恩玉
责任印制　周昇亮

◆ 人民邮电出版社出版发行　　北京市丰台区成寿寺路 11 号
邮编　100164　　电子邮件　315@ptpress.com.cn
网址　https://www.ptpress.com.cn
固安县铭成印刷有限公司印刷

◆ 开本：800×1000　1/16
印张：17　　　　　　2021 年 1 月第 1 版
字数：403 千字　　　2023 年 8月河北第 4 次印刷

定价：59.80 元

读者服务热线：(010)81055256　印装质量热线：(010)81055316
反盗版热线：(010)81055315
广告经营许可证：京东市监广登字 20170147 号

丛书序

当今，大数据和人工智能仍是最具活力的热点领域。大数据引发新一代信息技术的变革浪潮，正以排山倒海之势席卷世界，影响着社会生产生活的方方面面。而随着我国大数据、数据科学产业的蓬勃发展，北京大学光华管理学院商务统计系系主任王汉生教授意识到大数据和数据科学人才的匮乏，尤为难得的是，汉生教授所带领的团队愿意为高校的统计大数据人才培养方案和教学解决方案贡献智慧，以此希望能够培养出更多的大数据与数据科学人才来推动我国相关产业的发展。

面对海量的数据资源，汉生教授及其所在团队以敏锐的眼光抓住了学科发展的态势，引导读者使用数据分析工具和方法来重新认识大数据，重新认识数据科学。应该说，在整个大数据浪潮之中，我们正面临着大数据浪潮的冲击与历史性的转折，这无疑是个信息化的新时代，也是整个统计专业的新机遇。

基于此，汉生教授带领团队策划出版了“数据科学与统计系列规划教材”，本套丛书具有如下特色。

（1）始终坚持原创。本套丛书涉及的教学案例均为原创案例，这些案例体现数据创造价值、价值源于业务的原则；集教学实践与科研实践于一体，其核心目标是让精品案例走进课堂，更好地服务于“数据科学与大数据技术”专业的需要。

（2）矩阵式产品结构体系。为了更清晰地展示学科全貌，本套丛书采用矩阵式产品结构体系，计划在三年之内构建出一个完整、完善和完备的教学解决方案，供相关专业教师参考使用，以助力高等院校培养出更多的大数据和数据科学人才。

（3）注重实践。教育界一直都是理论研究和发展的基地，又是实践人员的培养中心。汉生教授及其所在团队一直重视本土案例的研发，并不断总结科研和教学的实践经验。他们把这些实践经验都融入到了本套丛书之中，以此提供一个又一个鲜活的教学解决方案，体现大数据技术与数据科学人的共同进步。

总之，本套丛书不仅对“数据科学和大数据技术”专业很有价值，也对其他相关专业具有重要的参考价值和借鉴意义，特此向高等院校的教师们推荐本套丛书作为教材、教学参考、研究素材和学习标杆。

柴洪峰

中国工程院院士　柴洪峰

2020 年 10 月 11 日

前　言

当下，我们处在一个数据为王的时代。若要在政府部门、金融机构、各行业企业、非营利组织等机构的决策和运营中体现出数据的价值，数据挖掘是相关从业人员所需的基本技能。时代对于数据挖掘人才有着旺盛需求，因而也迫切需要能系统并深入浅出地普及数据挖掘知识和实际操作技能的教材。本书旨在回应这样的需求。

作者基于十多年给北京大学各学科的学生讲授数据挖掘课程的经验，设计了本书的架构。在数据挖掘理论和方法的讲解部分，本书首先介绍数据挖掘的框架和方法论，接着介绍在应用模型之前的数据理解和数据准备，然后介绍关联规则挖掘和聚类分析这两种无监督数据挖掘方法，以及线性模型和广义线性模型、神经网络、决策树、基于决策树的模型组合这些有监督数据挖掘方法，最后介绍模型的评估与比较。在介绍这些知识时，作者尽量使用深入浅出的语言，说明相关理论或方法的基本要素，避免赘述过于繁杂或难度过高的技术细节。

本书同时着重介绍基于 R 语言的数据挖掘实战，并使用基于 R 语言的数据挖掘案例贯穿全书。另外，在案例部分还注重连贯性。例如，本书多章的正文实践示例部分使用了同一套关于移动运营商的数据，以便读者能够基于对这套数据的分析了解数据挖掘的全过程。最后一章的正文部分还展示了另一个基于 R 语言的数据挖掘大案例。本书多章的上机实验部分使用了同一套关于电影的数据，习题部分使用了同一套关于心脏病研究的数据。

感谢狗熊会邀请我加入系列教材的开发工作，使我有机会梳理多年的数据挖掘教学经验。感谢北京大学光华管理学院的高钰静和北京大学前沿交叉学科研究院大数据科学研究中心的徐铖，他们为本书的小部分内容写了初稿。也感谢本书的编辑们（尤其是武恩玉女士），他们一丝不苟的工作提升了本书的质量。

张俊妮

2020 年 7 月

于北大燕园

微课视频列表说明

下表为《数据挖掘 —— 基于 R 语言的实战（ISBN 978-7-115-54278-6）》的配套微课视频，详细说明如下。

章节	时长	内容简介
第 1 章　数据挖掘与 R 语言概述	1 小时 8 分钟	本章微课视频内容如下。 1.1 节给出数据挖掘的定义，并通过一个关于企业贷款违约概率的案例介绍在实际应用中数据挖掘的基本流程。 1.2 节讨论关于数据挖掘的 3 个基本问题。第一，建模数据集能代表预测数据集吗？第二，自变量和因变量之间的关系有因果性的解释吗？第三，模型预测精度对于实际应用的价值如何？ 1.3 节介绍 CRISP-DM 数据挖掘方法论。 1.4 节介绍 SEMMA 数据挖掘方法论。 1.5 节对 R 语言以及用于编辑和运行 R 语言程序的 R 软件和 Rstudio 软件进行简单介绍
第 2 章　数据理解	1 小时 10 分钟	本章微课视频内容如下。 2.1 节讨论收集原始数据的工作。 2.2 节讨论刻画各个数据集的特征，包括理解数据的准确含义、数据粒度、变量类型、冗余变量、缺省值、数据链接等。 2.3 节讨论检查每个数据集的质量，包括是否存在抽样偏差、数据取值是否正确、数据缺失情况等。 2.4 节讨论通过计算描述统计量、绘制图表等方式，对现有数据进行初步探索。 2.5 节给出对某移动运营商的数据进行数据理解的 R 语言分析示例

续表

章节	时长	内容简介
第 3 章　数据准备	1 小时 48 分钟	本章微课视频内容如下。 3.1 节讨论如何根据关键字将数据集进行链接，并且生成合适的变量放入整合的数据集。 3.2 节介绍如何处理分类自变量，包括处理定序自变量和定类自变量。 3.3 节介绍如何处理时间信息。 3.4 节讨论清除变量。 3.5 节介绍对异常值的处理。 3.6 节介绍对极值的处理。 3.7 节介绍对缺失数据的处理。 3.8 节介绍如何使用过抽样和欠抽样解决类别不平衡问题。 3.9 节讨论两种减少自变量个数的降维方法——变量选择和主成分分析。 3.10 节给出对移动运行商数据进行数据准备的 R 语言分析示例
第 4 章　关联规则挖掘	52 分钟	本章微课视频内容如下。 4.1 节介绍关联规则的基本概念，包括支持度、置信度、提升值等。 4.2 节介绍挖掘关联规则的 Apriori 算法。 4.3 节介绍序列关联规则挖掘。 4.4 节给出两个使用 R 语言进行关联规则挖掘的示例，包括购物篮分析和泰坦尼克号存活情况分析
第 5 章　聚类分析	1 小时 4 分钟	本章微课视频内容如下。 5.1 节讨论如何度量观测之间的距离。 5.2 节介绍 k 均值聚类法的具体步骤，并给出一些点评。 5.3 节介绍层次聚类法的具体步骤，以及在层次聚类法中如何度量类别之间的距离。 5.4 节介绍确定最优类别数的 3 种不同思路的方法：Dindex 法、Silouette 法和 Pseudo T2 法。 5.5 节给出对一家商场的客户进行聚类的 R 语言分析示例

续表

章节	时长	内容简介
第 6 章　线性模型与广义线性模型	1 小时 47 分钟	本章微课视频内容如下。 6.1 节介绍线性模型，讨论线性模型的假设与估计、线性模型的解释、关于线性模型的理论结果、线性模型的诊断。 6.2 节介绍广义线性模型，并按照因变量为二值变量或比例的情形、因变量为多种取值的定类变量的情形、因变量为定序变量的情形、其他情形分别讨论对应的广义线性模型。 6.3 节介绍线性模型与广义线性模型中两种常用的变量选择方法：逐步回归和 Lasso。 6.4 节给出 3 个 R 语言分析示例：使用线性模型预测房屋价格、使用逻辑回归和 Lasso 分析印第安女性糖尿病数据以及使用逻辑回归和 Lasso 分析移动运营商数据
第 7 章　神经网络的基本方法	1 小时 16 分钟	本章微课视频内容如下。 7.1 节介绍单个神经元和一种常用的神经网络——多层感知器。 7.2 节讨论神经网络的误差函数，并介绍最小化误差函数的神经网络训练算法。 7.3 节介绍提高神经网络模型泛化能力的两种常用方法：穷尽搜索和权衰减法。 7.4 节讨论建立神经网络模型之前的数据预处理。 7.5 节给出对红葡萄酒数据和移动运营商数据建立神经网络模型的两个 R 语言分析示例
第 8 章　决策树	1 小时 18 分钟	本章微课视频内容如下。 8.1 节对决策树模型进行简介。 8.2 节首先介绍决策树建模的一般过程，然后介绍分类树的建模过程，接着介绍回归树的建模过程。 8.3 节讨论决策树模型的优缺点。 8.4 节给出针对移动运营商数据建立决策树模型的 R 语言分析示例

续表

章节	时长	内容简介
第 9 章　基于决策树的模型组合	1 小时 2 分钟	本章微课视频内容如下。 9.1 节介绍袋装决策树。 9.2 节介绍梯度提升决策树。 9.3 节介绍随机森林。 9.4 节介绍贝叶斯可加回归树。 9.5 节给出针对移动运营商数据建立袋装决策树、梯度提升决策树、随机森林和贝叶斯可加回归树的 R 语言分析示例
第 10 章　模型评估与比较	1 小时 14 分钟	本章微课视频内容如下。 10.1 节讨论在因变量为二值变量的情形下的 3 类模型评估方法：基于因变量的预测值进行模型评估、基于累积捕获响应率图进行模型评估、基于 ROC 曲线进行模型评估。 10.2 节讨论在因变量为多种取值的分类变量的情形下，基于因变量的预测值进行模型评估以及更加细致的模型评估。 10.3 节讨论在因变量为连续变量的情形下，通过直接比较因变量预测值和因变量真实值进行评估以及使用决策利润或决策损失进行评估。 10.4 节给出对移动运营商数据的多个模型进行评估和比较的 R 语言分析示例
第 11 章　R 语言数据挖掘大案例	45 分钟	本章微课视频内容如下。 11.1 节使用 R 语言对房屋价格数据集进行数据理解和数据准备。 11.2 节使用 R 语言为房屋价格预测建立多个模型，并进行模型评估

目 录

第 1 章 数据挖掘与R语言概述

在大数据时代，一个组织（政府部门、企业、学校等）在决策与运营活动中面临的各种问题通常可以通过大量数据的收集、存储和分析进行诊断和决策。在数据挖掘项目中，我们根据所需要解决的问题收集相关数据，包括组织内部的数据和组织外部的数据（如来自相关数据服务商的数据，从互联网抓取的数据等），对这些数据进行分析，建立决策运营的统计模型，发现决策运营活动中的关键变量（如利润率、贷款是否违约）受哪些变量影响，并对关键变量进行预测，进而改进决策、改善运营。

本章将讨论数据挖掘的定义及基本流程、数据挖掘项目的 3 个基本问题以及数据挖掘方法论。由于本书使用 R 语言进行数据挖掘，本章也将对 R 语言以及用于编辑和运行 R 语言程序的 R 软件和 RStudio 软件进行简单介绍。

1.1 数据挖掘的定义及基本流程

贝里（Berry）和林那夫（Linoff）(2000) 将数据挖掘定义为对大量数据进行探索和分析，以便发现有意义的模式和规则的过程。这里“有意义”针对的是具体需要用数据分析来回答和解决的问题。数据挖掘活动主要分为无监督数据挖掘和有监督数据挖掘两大类。在无监督数据挖掘中，我们对各个变量不区别对待，而是考查它们之间的关系。这类方法有描述和可视化、关联规则分析、主成分分析、聚类分析等。在有监督数据挖掘中，我们希望建立根据一些变量来预测另一些变量的模型，其中，前者被称为自变量，后者被称为因变量。这类方法有线性及广义线性回归、神经网络、决策树、随机森林等。

下面我们通过一个关于企业贷款违约概率的案例来了解在实际应用中数据挖掘的基本流程。

1. 应用背景

在给企业贷款时，银行不可避免地面临着信用风险，即借款企业不按时归还贷款本息的风险。如果能够很好地预测信用风险，银行就能够根据信用风险的大小，基于自身的风险偏好选择客户群体，为不同的客户提供不同的贷款产品或不同的贷款利率。

企业贷款违约概率是刻画信用风险的重要指标。对违约事件进行的预测可能存在两类错误：第 1 类错误将实际会违约的企业判断为不违约者，这会产生大量的信用损失（贷款的本金、利息等）；第 2 类错误将实际不会违约的企业判断为违约者，这会导致银行失去潜在的业务和盈利机会。最大程度地减少这两类错误，将会为银行带来可观的收益。

巴塞尔协议就特别强调银行内部的信用风险管理。因此，很多银行都使用内部的历史数据建立了内部信用风险评估模型。

2. 数据收集

在企业贷款违约概率评估模型中，因变量为企业贷款是否违约，自变量包含能帮助预测因变量的各种信息。这可能包括企业年龄、企业类型、企业大小、企业所在地区、企业所处行业、反映企业财务状况的财务报表等信息。银行需要根据对自身贷款业务的理解，决定收集哪些自变量。只有对贷款业务理解得透彻，才能有效地定义能帮助预测因变量的自变量。另外，每个变量都需要对所有企业有明确且一致的定义，并能转换为可量化的数据。例如，对于企业所处行业这一变量，需要明确是根据国家标准化管理委员会等机构发布的《国民经济行业分类》还是根据证监会发布的《上市公司行业分类指引》来划分的。

在实际应用中，决定是否收集一个变量，需要考虑该变量的长期可获得性以及获得成本。例如，企业所处行业的行业景气指数——这个变量可以从万德数据库中获得。但万德数据库通常都需要购买，而且万德数据库是需要每年付费的，这牵涉购买成本。为了保持数据的一致性，银行不能一年购买一年不购买，而需要考虑能否保证长期购买。

3. 数据准备

数据中存在的自我矛盾和错误会导致任何建模努力付诸东流，所以通常需要对所收集的数据进行大量的数据清理，尽一切努力保证数据的准确性。此外，通常需要根据原始数据进行计算或转换，从而得到放入模型的一些变量。这些数据准备工作需要自动过程与手动过程的有机结合。

4. 建立模型

根据含有自变量和因变量的值的历史数据，可以建立根据自变量预测企业贷款违约概率的模型。在此基础上，还可以根据预测的违约概率将企业归入各个风险类别，每一个风险类别与一定范围的违约概率相联系。通常我们都会建立多个统计模型以便从中选择最合适的模型。

5. 模型评估与选择

我们需要评估并比较多个模型的预测精度。对信用风险模型最重要的评估是通过对比模型预测结果和企业实际违约情况来实现的，需要查验模型预测为低风险的企业中是否实际违约率更低，预测为高风险的企业中是否实际违约率更高。一般来说，我们可以选择预测精度最高的模型。但在实际应用场景中，有时使用模型的用户很看重模型的可解释性。这时，可能一个模型虽然预测精度很高但是不好解释，用户会选择另一个预测精度相对较低但是好解释的模型。

6. 模型监测与更新

随着时间的推移，由于银行内部营运环境、外部宏观环境和行业环境等因素发生变化，模型评估时可能发现现有信用风险模型的性能逐步下降，所以还需要及时对模型进行更新。这时，可以将新的企业的数据加入建模数据集，同时将时间过久的数据从建模数据集中去除，根据新的建模数据集更新模型。

有时，我们还希望根据对贷款业务的最新理解调整需要收集的自变量。为了保持数据的一致性，需要保证新引入的自变量不仅在未来能收集到，对于历史数据也能收集到。

1.2　关于数据挖掘项目的 3 个基本问题

在数据挖掘项目中，我们往往需要将数据整理为图 1.1 所示的标准形式。其中，X_1 至 X_p 为自变量，Y 为因变量。建模数据集含有自变量和因变量的值，用于建立并评估统计模型。预测数据集只含有自变量的值，不含有因变量的值，所以需要将统计模型应用于预测数据集，以预测因变量的值。

	X_1	…	X_p	Y
建模数据集	√	…	√	√
	…	…	…	…
	√	…	√	√
预测数据集	√	…	√	?
	…	…	…	…
	√	…	√	?

图 1.1　数据挖掘项目中数据的标准形式

此时我们需要问 3 个基本问题。第一，建模数据集能代表预测数据集吗？第二，自变量和因变量之间的关系有因果性的解释吗？第三，模型预测精度对于实际应用的价值如何？

1.2.1　建模数据集对预测数据集的代表性

在一些数据挖掘的应用场景下，建模数据集和预测数据集的来源一样，例如都是来自某个组织内部的数据集，建模数据集代表历史，预测数据集代表未来。在与数据相关的外部和内部环境比较稳定的情况下，由历史可以预见未来，我们可以认为建模数据集对预测数据集具有代表性，因而能够将根据建模数据集建立的统计模型应用于预测数据集。

在另一些应用场景下，建模数据集和预测数据集的来源不一样，这时需要仔细考查建模数据集对预测数据集是否具有代表性。如果建模数据集对预测数据集不具有代表性，我们称建模数据集存在抽样偏差。关于抽样偏差的一个著名案例是 1936 年的美国总统选举。参加竞选的候选人是民主党的罗斯福和共和党的兰登。《文学摘要》杂志给有电话、有车或阅读该杂志的人发出共一千万份调查问卷。回收的问卷中有 1 293 669 份支持兰登，972 897 份支持罗斯福，所以杂志社预测兰登会胜出。而当时不出名的盖洛普公司使用统计抽样的方式进行民意调查，调查了几千人，得到罗斯福会胜出的结论。最终选举结果为罗斯福获胜。在这个案例中，《文学摘要》杂志使用的“建模数据集”是对其读者的调查数据，但“预测数据集”是关于整个人群支持罗斯福还是兰登的数据。在 1936 年，整个人群中只有少量富人拥有电话或汽车，《文学摘要》杂志的读者也是富裕人群，不能代表整个人群。因此，《文学摘要》杂志使用的建模数据集不能代表预测数据集。反之，盖洛普公司使用的“建模数据集”是统计抽样调查的数据，能够代表预测数据集。

虽然现在我们身处在一个很方便就能收集到大量数据的时代，抽样偏差的问题依然不可忽略。2015 年 5 月，谷歌公司更新了其照片应用，加入了一个自动标签功能，可以通过机器识别照片的内容对其进行自动分类并打上标签，方便对照片的管理和搜索。这本是一件好事。但 2015 年 7 月，谷歌照片应用犯了一个十分严重的错误，自动把两位黑人的照片标记为“大猩猩”，引起轩然大波。出现这种现象的原因是：谷歌系统使用的建模数据集没有包含足够的黑人和大猩猩的照片以掌握其中的差异，而预测数据集是谷歌照片应用的用户上传的所有照片，建模数据集有抽样偏差。

再看一个案例。沃森是 IBM 公司的一个通过自然语言处理和机器学习进行洞察的技术平台。IBM 公司在医疗领域推广应用沃森平台，构建了沃森肿瘤医疗系统。该系统学习了美国顶级癌症中心纪念斯隆-凯特琳肿瘤中心（MSKCC）的大量肿瘤病例、300 种以上的医学专业期刊、250 本以上的医学书籍、超过 1 500 万页的资料和临床指南，而且每月还学习最新的研究成果，可根据医生输入的病人指标信息推荐个性化治疗方案。然而，这里也存在抽样偏差问题：建模数据集是 MSKCC 的美国肿瘤病例，而将沃森肿瘤医疗系统推广至中国、韩国、印度等地使用时，预测数据集是这些地方的肿瘤病例。因此，沃森肿瘤医疗系统推荐的个性化治疗方案也会存在偏差。

1.2.2 自变量和因变量之间关系的因果性解释

统计模型通常发现的是相关性，不能确保得出因果结论，但是在建立统计模型时，我们依然希望考虑自变量和因变量之间关系的因果性解释。举例而言，我们可能建立一个统计模型，根据气温预测冰淇淋的销售数量（即气温作为自变量，冰淇淋销售数量作为因变量），因为气温升高是冰淇淋销售数量增加的原因之一。但我们不会建立一个统计模型来根据冰淇淋的销售数量预测气温（即冰淇淋销售数量作为自变量，气温作为因变量），因为冰淇淋销售数量增加可能是由于冰淇淋厂商的促销活动所致，而不会引起气温升高。

因此，不考量任何因果性解释的纯粹的相关性分析，其结果可能是不可靠的。将根据建模数据集建立的统计模型应用于预测数据集时，无法可靠地判断预测效果好还是不好。如果某数据挖掘项目是研究很重大的问题，但无法对自变量和因变量之间的关系进行合理的因果性解释时，需要慎用模型。

我们来看一个案例。2009 年 2 月，谷歌公司的一个研究小组在《自然》杂志上发表论文 (Ginsberg et al., 2009)，推出了谷歌流感趋势。研究小组以“咳嗽”“发烧”等与流感相关的关键词的搜索频率作为自变量，以疾病预防控制中心的流感患病率为因变量，根据历史数据建立了统计模型。他们发现，可以通过监测相关关键词搜索频率的变化趋势，追踪美国境内流感的传播趋势，而这一结果不依赖于任何医疗检查。谷歌公司的追踪结果很及时，而疾病控制中心则需要汇总大量医师的诊断结果才能得到一张传播趋势图，延时为一至两周。

然而，在 2009 年甲型 H1N1 流感（猪流感）流行的时候，谷歌流感趋势模型严重低估了流感患病的数量。谷歌工程师们认为，出现这种现象的原因是：之前谷歌流感趋势模型使用的数据都是关于季节性流感的，而 2009 年的猪流感是病毒性流感，人们搜索的关键词发生了很大变化，所以模型不再适用 (Cook et al., 2011)。他们对模型使用的关键词包进行了大幅度修改，修改后的模型对 2009 年疾病控制中心的数据达到了高度拟合。然而，2013 年 1 月，美国流感发生率达到峰值，谷歌流感趋势模型的估计值比实际数据高两倍。

从因果性解释的角度来看，以与流感相关的关键词搜索频率作为自变量、流感患病率作为因变量，就好像以冰淇淋销售数量作为自变量、气温作为因变量一样，因果关系是倒置的。与流感相关的关键词搜索频率增加可能是由于媒体上报导的种种关于流感的骇人故事，而不会引起流感患病率增加。因此，单纯用关键词搜索频率来估计流感患病率无法达到稳定的预测效果。

值得注意的一点是，因果效果的一个最基本要求是“因”发生在“果”之前。因此，在数据挖掘中，自变量需要发生在因变量之前，如此才能根据自变量的值预测因变量的值。例如，若要预测信用卡客户在某个约定还款日是否违约，自变量必须是信用卡客户在该约定还款日之前的信息，而不能是该日之后的信息。

1.2.3 模型预测精度对于实际应用的价值

数据挖掘模型的预测精度多高才算好依赖于具体的应用。在广告点击率、客户流失率、客户购买金额等商业预测问题中，常常将新建立的模型与当前模型比较，只要新建立的模型比当前模型预测精度更高就说明新建立的模型更好，而并不要求新建立的模型的预测精度达到某个阈值。然而，在预测肿瘤的个性化治疗方案、犯人重复犯罪的概率这样的应用中，则需要数据挖掘模型的预测精度达到比较高的阈值才能进行可靠的应用。

举例而言，在美国一些州，COMPAS 算法被用来基于刑事被告人的个人特征以及犯罪记录等 137 个因素评估他们在未来两年内再次犯罪的可能性，这一风险评估结果会影响法官的判决。《科学进展》(*Science Advance*) 期刊 2018 年 1 月发表的一项研究 (Dressel and Farid, 2018) 表明，该算法的预测准确率大约只有 65%。这可能使一些低风险的被告被判决过长时间，对任何受到影响的人都有重大的伤害。

1.3 CRISP-DM 数据挖掘方法论

世界著名的数据科学网站 KDnuggets 在 2014 年做了一次关于方法论的调查，询问如下问题:“在你的数据分析、数据挖掘或数据科学项目中，你用的主要方法论是什么？”CRISP-DM 受 43% 的被调查者选择，是排名最靠前的方法论。CRISP-DM 全称为 cross-industry standard process for data mining（数据挖掘的跨行业标准过程），是 1996 年由汽车企业 Daimler Chrysler、统计软件企业 SPSS 和市场调查企业 NCR 3 家机构发起的社团开发的数据挖掘方法论。它为数据挖掘项目提供设计和实施的大框架，历经 20 余年而不衰。

CRISP-DM 将数据挖掘的生命周期分为以下 6 个阶段，如图 1.2 所示。

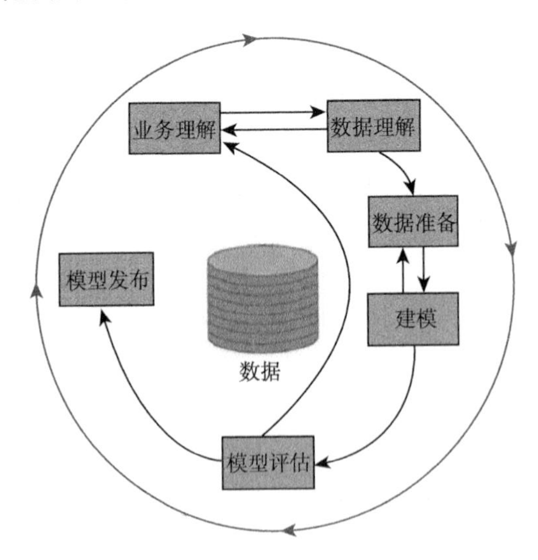

图 1.2 CRISP-DM 数据挖掘方法论

1. 业务理解

从业务的角度，也就是说从需要用数据分析来回答和解决的问题的角度，理解项目实施的目的和要求。将这种理解转化为一个数据挖掘问题，即需要收集哪些变量的数据，这些数据能从什么渠道获得，设计能达成目标的初步方案。这是数据挖掘项目实施的关键步骤。

2. 数据理解

收集原始数据，熟悉它们。考查数据的质量问题，包括可能存在的抽样偏差、数据取值错误、数据缺失情况等，对数据形成初步的洞见。

3. 数据准备

从原始数据中构造建模数据集。构造过程中包含观测选择和变量选择、数据转换和清理等多种活动。

4. 建模

选择并应用多种建模方法，优化各种模型。

5. 模型评估

全面评估模型，回顾建立模型的各个步骤，确保模型与业务目标一致，并决定如何使用模型的结果。

6. 模型发布

在模型评估阶段确认模型可以投入使用的前提下，以用户友好的方式组织并呈现从数据挖掘中获取的知识。这一阶段通常会将模型整合入组织的业务运营和决策过程。

CRISP-DM 数据挖掘方法论小结如下。

从图 1.2 中可以看出，前 5 个阶段不是线性或一蹴而就的。在数据理解阶段可能发现数据能支持的业务目标不同于业务理解阶段所设定的目标，所以需要重新回到业务理解阶段；数据准备阶段和建模阶段互为反馈，需要反复改进建模数据集的构造方法和建模的方法；模型评估阶段可能发现模型的结果与预先设定的业务目标不符，需要重新进行业务理解。图 1.2 中带箭头的外圈表示 6 个阶段为循环往复、持续改进的过程。

1.4 SEMMA 数据挖掘方法论

针对数据挖掘过程中与数据直接相关的部分，SAS 公司提出了 SEMMA 方法论，将数据挖掘分为数据抽样（Sample）、数据探索（Explore）、数据修整（Modify）、建模（Model）、模型评估（Assess）5 个阶段。

1. 数据抽样

如果建模数据集本身的大小便于操作，则使用整个数据集；如果数据集过大，则从中抽取具有代表性的样本。样本应该大到不丢失重要的信息，小到能够便于操作。

首先创建以下 3 个数据子集：

（1）训练数据集，用于拟合各个模型；

（2）验证数据集，用于评估各个模型并进行模型选择；

（3）测试数据集，用于对被选中的模型的普适性形成真实的评价。

我们不能根据各模型对训练数据集的拟合效果来进行模型选择。举例来说，在图 1.3(a) 中，有 12 个训练数据点，因变量 y 和自变量 x 之间呈现线性关系，我们拟合一元线性回归模型，y 的观测值围绕着拟合直线分布，有一定噪声。在图 1.3(b) 中，我们使用 x 的 11 次多项式拟合 y 和 x 之间的关系，这个多项式中有 12 个参数：截距、x 的一次方的斜率、x 的平方的斜率、$\cdots$、x 的 11 次方的斜率，能够完美拟合 12 个训练数据点。从对训练数据集的拟合效果来看，11 次多项式模型比一元线性回归模型更好。但是，这个多项式模型不仅拟合了 y 与 x 之间的关系，也拟合了训练数据集中存在的噪声，我们称这种现象为过度拟合。因为不同数据集的噪声是不同的，将这样的模型推广应用到新的数据集时，模型的效果反而可

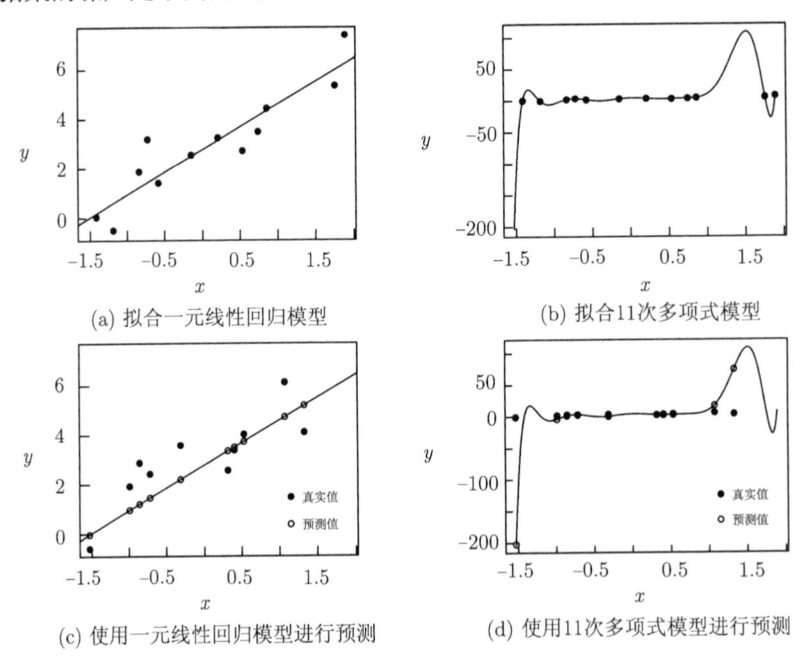

图 1.3 一元线性回归模型和 11 次多项式模型的拟合与预测

能更差，也就是说模型的泛化能力较差。因此，我们需要使用一个与训练数据集不同的验证数据集，根据各模型对验证数据集中因变量的预测效果来比较各模型并进行选择。图 1.3(c) 和图 1.3(d) 分别展示了将前述一元线性回归模型和 11 次多项式模型用于预测 10 个验证数据点的因变量的情形。很显然，一元线性回归模型比 11 次多项式模型的预测效果更好，前者的均方根误差[①]为 1.04，而后者的均方根误差为 67.63。

一些情况下，只需根据验证数据集选择模型。另一些情况下，在模型选择之后，我们还希望评估选择出的模型对未来数据的预测效果。这时，因为在模型选择过程中不仅使用了验证数据集中因变量与自变量之间的关系，也使用了验证数据集中存在的噪声，所以我们无法用验证数据集客观地评价被选择模型对未来数据的预测效果。我们需要使用第 3 个数据集——测试数据集来进行这样的评价。

做个浅显的比喻：假设要考查一群学生的数学科目的学习效果。这些学生通常会做很多训练习题，在通过模拟考试考查学习效果时，模拟考题不能是已经做过的训练习题。而最终通过真实考试考查学习效果时，其中的考题又不同于模拟考题。训练数据集就好比训练习题，验证数据集就好比模拟考题，而测试数据集就好比真实考题。

2. 数据探索

数据探索是使用可视化方法或主成分分析、聚类等无监督数据挖掘方法对数据进行探索性分析，发现未曾预料的趋势和异常情况，对数据形成初步理解，寻求进一步分析的思路。

3. 数据修整

数据修整包括生成新变量（如根据财务报表中的各项指标计算财务比率）、对变量进行转换（如对数转换）、处理异常值、变量选择等。

4. 建模

建模指搜寻能够可靠地预测因变量的数据组合，具体而言是指采用哪些观测、使用哪些自变量能够可靠地预测因变量，然后建立各个模型。

5. 模型评估

本阶段评估模型的预测效果、实用性、可靠性。

1.5　R 语言简介

R 语言是一门用于统计分析和统计制图的编程语言，其语法结构简单、功能强大。R 语言中数据类型包括数值型（numeric，取值为实数，允许为小数）、整数型（integer，取值为整数）、字符型（character，取值为单个字符或字符串）、逻辑型（logical，取值为 TRUE 或 FALSE）、

① 因变量预测值与因变量真实值之差的平方平均之后再开根号。

日期型（date，取值为包含年、月、日的日期）等。R 语言中数据结构包括标量（scalar）、向量（vector）、矩阵（matrix）、数组（array）、数据框（data frame）、列表（list）、因子（factor）等。其中，标量是单个数字、字符串、逻辑值等（如 1.5、"milk"、TRUE）；向量是由标量组成的一维数据；矩阵是由标量组成的有行和列的二维数据；数组是向量和矩阵的推广，可以包含多维数据，一维数组是向量，二维数组是矩阵。向量、矩阵、数组中的元素都是标量，并且只能有一种数据类型。数据框像矩阵一样只有行和列两维，每一列的元素只能有一种数据类型，但允许不同列有不同的数据类型；列表是一维序列，但各个元素可以有不同的数据类型或数据结构（如可以第 1 个元素是字符型向量，第 2 个元素是数据框等）；因子是由向量转换而成的一种数据结构，向量中元素的不同取值被当作因子的不同水平（如一个记录性别的因子可能有“男”和“女”两个水平）。

用于编辑和运行 R 语言程序的 R 软件是一个自由、免费、源代码开放的统计分析软件，可以通过 CRAN 网站下载并安装。R 软件的所有函数和数据集都保存在程序包（package）里，只有当一个程序包被载入时，它的内容才可以被访问。R 软件的标准安装文件中含有一些基本的程序包，除此之外，CRAN 网站上目前含有由全世界各地人们贡献的 10 000 多个程序包。可以在 R 软件中运行 install.packages() 函数安装特定程序包，运行 library() 函数载入特定程序包。关于各程序包和函数都有实例文档。例如，可以在 R 软件中运行 help(install.packages) 查看 install.packages() 函数的帮助文档。

R 软件界面简陋，通常不直接使用，而是通过具有图形界面的 RStudio 软件调用。RStudio 即 R 语言集成开发环境，与 R 软件一样是开源软件，能帮助用户高效地完成 R 语言编程、数据分析、图像绘制等工作。可以通过 RStudio 官网下载并安装 RStudio。

习题

1. 在下列一些使用数据挖掘进行预测的情境中，预测时的两类错误是什么？
   (a) 某互联网企业希望预测访问某产品页面的用户是否会在一周内网购该产品。
   (b) 某银行希望预测个人客户是否会在一年后流失（指客户终止在该行的所有业务）。
   (c) 某司法机构希望预测刑事被告人是否会在未来 3 年内再次犯罪。
   (d) 某医疗机构希望预测病人是否会在一年内患恶性肿瘤。
2. （单选题）在无监督数据挖掘中，以下说法正确的是（　　）。
   A. 对各个变量不区别对待　　B. 有自变量，有因变量
   C. 有原始变量，有转换后变量
3. （单选题）在有监督数据挖掘中，以下说法正确的是（　　）。
   A. 对各个变量不区别对待　　B. 有自变量，有因变量

C. 有原始变量，有转换后变量

4. （单选题）建模数据集对预测数据集不具有代表性时，我们称建模数据集存在（　　）。

A. 第一类错误　　B. 抽样偏差

C. 预测精度低　　D. 过度拟合

5. （单选题）我们不能根据各模型对训练数据集的拟合效果来进行模型选择，是因为会存在下列（　　）问题。

A. 第一类错误　　B. 抽样偏差

C. 预测精度低　　D. 过度拟合

6. （单选题）在 R 软件中，应该使用（　　）命令安装 tidyverse 程序包。

A. library(tidyverse)　　B. install.packages("tidyverse")

C. help(tidyverse)

7. （多选题）CRISP-DM 数据挖掘方法论包含（　　）阶段。

A. 业务理解　　B. 数据收集

C. 数据理解　　D. 数据评估

E. 数据抽样　　F. 数据探索

G. 数据可视化　　H. 数据准备

I. 数据转换　　J. 变量选择

K. 数据修整　　L. 建模

M. 模型评估　　N. 模型发布

8. （多选题）SEMMA 数据挖掘方法论包含（　　）阶段。

A. 业务理解　　B. 数据收集

C. 数据理解　　D. 数据评估

E. 数据抽样　　F. 数据探索

G. 数据可视化　　H. 数据准备

I. 数据转换　　J. 变量选择

K. 数据修整　　L. 建模

M. 模型评估　　N. 模型发布

第2章 数据理解

在图 1.2 所示的 CRISP-DM 数据挖掘方法论的 6 个阶段中，占用时间最多的往往不是建模阶段，而是数据理解和数据准备阶段，它们经常要占用整个项目 70% 以上的时间。经过数据理解和数据准备之后，我们希望得到图 1.1 所示的建模数据集。本章将讨论数据理解的任务，包括收集初始数据、描述数据、检查数据质量、初步探索数据。本章最后还提供了一个使用 R 语言进行数据理解的示例。

2.1 收集初始数据

通常，一个组织内部的数据分散在不同的部门，以不同的格式存储，所属的数据库架构不一致。如果从组织外部获得数据，外部数据的格式和数据库架构与内部数据也会不一致。因此，收集数据和转换数据格式需要花费大量的时间。

我们需要记录收集了哪些数据集、它们的来源是什么、如何获取这些数据集、在收集数据的过程中碰到的问题及解决办法。这些记录有助于未来复制当前的数据挖掘项目或执行类似的数据挖掘项目。

2.2 描述数据

收集到初始数据之后，我们需要刻画各个数据集的特征，理解数据的准确含义、数据粒度、变量类型、冗余变量、缺省值、数据链接等。

2.2.1 数据的准确含义

我们需要准确理解每一个数据集包含什么样的观测。例如，在业务系统中，客户数据集可能包含和企业有过各种联系的人，而在财务系统中客户数据集可能只包含实际与企业进行过交易的人。我们也需要准确理解每一个变量的含义。例如，“企业所处行业”这个变量是根据国家标准化管理委员会等机构发布的《国民经济行业分类》进行分类的，还是根据证监会发布的《上市公司行业分类指引》进行分类的。

2.2.2 数据粒度

数据粒度指的是数据的细化或综合程度的级别。例如，从时间维度上说，数据粒度指精确到分钟、小时、日、周、月、季度还是年。举例而言，我们可能有两个关于上市企业的数据集，一个数据集包含企业的日度股票交易数据，而另一个数据集包含企业的季度财务报表。

2.2.3 变量类型

变量按其测量尺度可分为如下 4 类。

1. 定类变量（或名义变量）

定类变量指只对观测进行分类并给各类别标以名称，类别之间没有顺序的变量。例如，“性别”这个变量的取值为“男”或“女”，它们之间没有顺序。再如，“企业所在省份（不含港澳台）”这个变量有 31 种取值（“北京”“天津”……“新疆”），它们之间也没有顺序。

2. 定序变量

定序变量指对观测进行分类但类别之间存在有意义的排序的变量。例如，“（对某种产品的）满意程度”这个变量的取值为“很不满意”“不满意”“一般”“比较满意”“很满意”，它们对应的满意程度是递增的。再如，“教育程度”这个变量的取值为“未上过学”“小学”“初中”“高中”“大学专科”“大学本科”“研究生”，它们对应的教育程度是递增的。

3. 定距变量

定距变量指不仅变量取值存在有意义的排序，而且变量取值之间的差也有意义的变量。例如，对于“温度”这个变量而言，可以说 20℃比 10℃高 10℃，也可以说 30℃和 20℃之间的差与 20℃和 10℃之间的差相同。但是，定距变量取值之间的商没有意义。例如，不能说 20℃是 10℃的两倍，也不能说 40℃相对于 20℃的倍数与 20℃相对于 10℃的倍数相同。这是因为温度没有一个绝对的零点，华氏零度和摄氏零度不是同一个温度。

4. 定比变量

定比变量指不仅变量取值之间的差有意义，而且存在一个有实际意义的零点，使变量取值之间的商也有意义的变量。例如，对于“企业年度销售额”这个变量而言，既可以说 1 亿元比 5 000 万元高出 5 000 万元，也可以说前者是后者的两倍，或者说 2 亿元相对于 1 亿元的倍数与 1 亿元相对于 5 000 万元的倍数相同。

定类变量和定序变量合起来称作分类变量或离散变量，定距变量和定比变量合起来称作定量变量或连续变量。

2.2.4 冗余变量

有些变量对于所有观测而言取值都相同，显然是冗余变量。还有些变量合起来含有重复信息，也形成冗余。例如，“出生日期”和“年龄”形成冗余，因为用填写日期减去出生日期就得到年龄。

2.2.5 缺省值

我们需要关注各变量的缺省取值。例如，在顾客满意度调查中，“满意度”这个变量的取值为 1、2、3、4、5，对于缺失的情况，缺省值用 9 来表示。如果我们不知道 9 代表缺省值，而直接对满意度进行建模，会出现很大的谬误，因为模型把 9 当作比 5 更满意，但实际上具有缺省值 9 的顾客可能并不关心被调查的产品。

2.2.6 数据链接

在数据理解阶段，我们需要理解各数据集之间如何能链接起来，以便在数据准备阶段能通过合并多个数据集构造建模数据集。

有时，各数据集之间的观测可以通过一些关键字链接起来。例如，一个超市有很多拥有会员卡的顾客，超市的数据库中可能有 3 个数据集：数据集 1 描述在每次购物中顾客购买商品的情况，关键字为购物票号、商品号，也记录会员卡号（因为不是所有顾客都拥有会员卡，所以有些购物记录中没有会员卡号）；数据集 2 描述商品的情况，关键字为商品号；数据集 3 描述会员的情况，关键字为会员卡号。使用会员卡号和商品号可以把 3 个数据集连接起来，帮助我们获取具有各种特征的会员顾客在某时段内所购买商品的详细信息。

当数据不是来自于同一个组织时，常常无法找到关键字能直接将各个数据集链接起来。例如，阿里集团投资新浪微博，双方在用户账户互通等领域进行深入合作，但是有些用户可能没有在淘宝和微博上用同样的账号，在两个平台上的相同账号有时也可能对应于不同用户，需要使用年龄、性别、文本等其他信息将双方的数据链接起来。不同数据链接方法有不同的准确性，在很大程度上影响数据挖掘的效果。

2.3 检查数据质量

我们需要仔细检查每个数据集的质量，包括是否存在抽样偏差、数据取值是否正确、数据缺失情况等。

2.3.1 抽样偏差

如 1.2.1 节所述，抽样偏差指的是用来建立及评估模型的建模数据集无法代表未来应用模型的预测数据集。例如，在车联网尚未广泛推广时，根据使用车联网的车主的驾驶行为数据推断所有车主的驾驶行为会产生抽样偏差。使用车联网的车主可能比不使用车联网的车主驾驶更加小心，因而出险率更低。

遗憾的是，当现有数据明显存在抽样偏差时，无法通过现有数据本身可靠地判断抽样偏差的影响大小。

2.3.2 数据取值检查

我们需要检查数据取值是否都正确，这是一项细致的工作。

1. 数据集之间的关系

当有多个数据集时，需要检查数据集之间的对应关系是否正确。例如，在“贷款合同”这个数据集中，如果一项贷款合同的“贷款发放方式”变量取值为“保证”或“有抵押保证”，那么它在“保证合同”这个数据集中应该有对应的保证合同。

2. 取值范围

每个变量都有允许的取值范围，取值范围之外的值为错误取值。例如，“企业贷款本金（万元）”这个变量取值应该大于或等于 0，如果在数据中发现某条观测的金额为负，那么这条观测取值错误。再如，由于串行等原因导致某些观测的“企业名称”变量中出现数值，或者某些观测的“企业贷款本金（万元）”变量中出现字符，这都是取值错误。有时，一个变量的取值范围是由另一个变量的取值决定的。例如，对于抵押贷款而言，“抵押物类型”变量的取值为“房地产”时，“建筑面积”变量的取值才可能大于 0；当“抵押物类型”变量的取值为“机器设备”时，“建筑面积”变量的取值应该等于 0。

3. 取值的一致性

例如，“北京大学”和“北大”在数据中表现为两种取值，但指的都是北京大学。是否将这两种取值合并为“北京大学”这一种取值需要看具体应用。比如，如果是在一项调查中填写的“我最心仪的大学”这个变量，需要将两种取值合并；但如果是在百度搜索框中输入的“搜索关键字”这个变量，两种取值对应的搜索关键字不一样，可能不需要合并。

4. 异常值

有些异常值是超出常规边界的值，需要查验是否错误。例如，在填写“个人月收入（万元）”这个变量时，如果有人错误地以元作为填写单位，数据中就可能出现月收入为几亿的异常情形。但有些异常值却是正确的。例如，保险数据中“理赔金额（万元）”这个变量的异常值可能源于某地区发生飓风造成的巨额索赔要求，是正确值。

5. 整体正确性

有些观测中各变量的取值单个看起来都是正确的，但整体看起来却不正确，因此需要从整体上考查数据。例如，如果一个企业与财务报表相关的各变量中大部分资产或负债项取值都是几十万，但某一负债项取值却达到几十亿，就需要仔细考查是否填写错误。

数据取值检查小结如下。

检查数据取值是否正确这项工作需要自动过程与手动过程的有机结合。自动过程指的是使用计算机程序计算描述统计量、绘制图表等，手动过程指的是人工校验原始数据来源（如原始的财务报表）。

2.3.3 数据缺失模式

假设某个数据集含有 N 个观测，J 个变量。定义缺失指示变量 m_{ij}（$i=1,\cdots,N$；$j=1,\cdots,J$），其中，$m_{ij}=1$ 表示第 i 个观测的第 j 个变量被观测到，$m_{ij}=0$ 表示第 i 个观测的第 j 个变量缺失。由缺失指示变量组成缺失指示矩阵 $\mathcal{M}=(m_{ij})_{N\times J}$，它给出了数据集的缺失模式。

举例而言，我们考查 $N=5$、$J=4$ 的情形。若缺失指示矩阵 $\mathcal{M}_1$ 为

$$\mathcal{M}_1=\begin{pmatrix}1&1&1&1\\1&1&1&1\\1&1&1&1\\1&1&1&0\\1&1&1&0\end{pmatrix}\tag{2.1}$$

则只有第 4 个变量会出现缺失值，我们称数据集具有单变量缺失模式（univariate missing pattern）。若缺失指示矩阵 $\mathcal{M}_2$ 为

$$\mathcal{M}_2=\begin{pmatrix}1&1&1&1\\1&1&1&1\\1&1&1&0\\1&1&0&0\\1&0&0&0\end{pmatrix}\tag{2.2}$$

则第 2、3、4 个变量都会出现缺失值，但这 3 个变量呈现如下单调模式：如果一个观测的第 2 个变量缺失，则这个观测的第 3、4 个变量必然缺失；如果一个观测的第 3 个变量缺失，则这个观测的第 4 个变量必然缺失。我们称数据集具有单调缺失模式（monotone missing pattern）。若缺失指示矩阵 $\mathcal{M}_3$ 为

$$\mathcal{M}_3=\begin{pmatrix}1&1&1&1\\1&1&0&0\\1&0&1&1\\1&1&0&1\\1&0&1&0\end{pmatrix}\tag{2.3}$$

则有多个变量会出现缺失值，但出现缺失值的变量又不是单调模式，我们称数据集具有一般缺失模式（arbitrary missing pattern）。

缺失指示矩阵中的第 i 行代表了第 i 个观测的缺失模式。例如，在与 $\mathcal{M}_1$ 对应的数据集中，观测的缺失模式有两种：对于前 3 个观测，所有变量都被观测到；对于后两个观测，前 3 个变量被观测到，但第 4 个变量缺失。

2.4　初步探索数据

我们可以通过计算描述统计量、绘制图表等方式，对现有数据进行初步探索。例如，计算单个变量缺失的观测数或观测比例，计算某种观测缺失模式对应的观测数或观测比例，计算单个分类变量的频数分布，计算单个连续变量的最小值、下四分位数、中位数、上四分位数、最大值、均值、标准偏差，使用柱状图查看单个分类变量的分布，使用直方图或盒状图查看单个连续变量的分布，使用列联表查看两个分类变量之间的关系，使用散点图查看两个连续变量之间的关系等。

2.5　R 语言分析示例：数据理解

假设 D:\dma_Rbook\data 目录下有如下一些数据集（本书所有数据集可到人邮教育社区下载）。

ch2_mobile_churn_201401.csv 数据集：记录了某移动运营商 2014 年 3 月流失的 520 位用户 2014 年 1 月使用行为的信息。

ch2_mobile_churn_201402.csv 数据集：记录了这些用户 2014 年 2 月使用行为的信息。

ch2_mobile_churn_basic.csv 数据集：记录了这些用户的基本信息。

ch2_mobile_nochurn_201401.csv 数据集：记录了该移动运营商 2014 年 3 月未流失的 19 503 位用户 2014 年 1 月使用行为的信息。

ch2_mobile_nochurn_201402.csv 数据集：记录了这些用户 2014 年 2 月使用行为的信息。

ch2_mobile_nochurn_basic.csv 数据集：记录了这些用户的基本信息。

记录用户使用行为的 4 个数据集的具体变量如表 2.1 所示，记录用户基本信息的 2 个数据集的具体变量如表 2.2 所示。

表 2.1　关于用户使用行为的变量

变量名称	变量说明
设备编码	设备唯一标识符
彩铃费	单位：元
短信费	单位：元
本地语音通话费	单位：元

续表

变量名称	变量说明
长途语音通话费	单位：元
省内语音漫游费	单位：元
省际语音漫游费	单位：元
国际语音长途费	单位：元
上网及数据通信费	单位：元
综合增值服务费	单位：元
来电显示费	单位：元
总费用	单位：元。当月实际出账费用
上网次数	单位：次
上网时长	单位：计费时长（分钟）
是否延迟缴费	“是”表示延迟缴费，“否”表示未延迟缴费
主叫次数	单位：次
被叫次数	单位：次
本地通话次数	单位：次
省内漫游通话次数	单位：次
省际漫游通话次数	单位：次
国际漫游通话次数	单位：次
主叫通话分钟数	单位：分钟
被叫通话分钟数	单位：分钟
本地通话分钟数	单位：分钟
长途语音通话分钟数	单位：分钟
省内漫游通话分钟数	单位：分钟
省际漫游通话分钟数	单位：分钟
国际漫游通话分钟数	单位：分钟
群内通话次数	单位：次。集团网内通话次数
群内通话分钟数	单位：分钟。集团网内通话时长
群外通话次数	单位：次。非集团网内通话次数
群外通话分钟数	单位：分钟。非集团网内通话时长
忙时通话次数	单位：次。忙时：12:00—24:00
忙时通话分钟数	单位：分钟。忙时：12:00—24:00
闲时通话次数	单位：次。闲时：0:00—12:00
闲时通话分钟数	单位：分钟。闲时：0:00—12:00
呼转次数	单位：次
拨打他网客服次数	单位：次。拨打其他移动运营商客服号码的次数
拨打中电信通话次数	单位：次
拨打中电信通话分钟数	单位：分钟

续表

变量名称	变量说明
拨打中联通通话次数	单位：次
拨打中联通通话分钟数	单位：分钟
拨打中移动通话次数	单位：次
拨打中移动通话分钟数	单位：分钟
拨打固话通话次数	单位：次
拨打固话通话分钟数	单位：分钟
主叫通话联系人数量	月通话 8 次以上（剔除特服号）
被叫通话联系人数量	月通话 8 次以上（剔除特服号）

表 2.2　关于用户基本信息的变量

变量名称	变量说明
设备编码	设备唯一标识符
年龄	用户年龄
性别	用户性别，取值 1 表示男性，2 表示女性
号码等级	取值 0、1、…、9，表示从低到高 10 个等级，用于区分号码资源本身优劣情况
用户分群	取值 1 表示用户级为公众，2 表示用户级为政企
托收方式	用户缴费方式，取值 1 表示现金，2 表示托收（从绑定银行账户扣费）
入网时间	用户开始使用本移动运营服务的时间，取值格式类似于“2004/8/24”
月基本套餐费	单位：元
套餐最低消费	单位：元
是否 VPN 用户	取值 1 表示集团网用户，0 表示非集团网用户
是否融合	取值 1 表示办理了多业务融合优惠套餐，0 表示没有办理

我们将读入这些数据集，并描述这些数据集中的变量，具体 R 语言程序及其注释（用“#”标出）如下[①]。

```
####加载程序包
library(dplyr)
#dplyr是数据处理的程序包，我们将调用其中的管道函数(%>%)、
#mutate_if()函数和na_if()函数。
#如果没有安装该程序包需要用install.packages("dplyr")进行安装。
library(mice)
#mice是处理缺失数据的程序包，我们将调用其中的md.pattern()函数。


####读入数据，生成R数据框
```

① 本书的数据文件和 R 程序都是在 Windows 系统下编辑或运行的。对包含中文的.csv 文件，Mac 用户需要将其格式进行转换。另外，Mac 用户可能需要对极少数 R 语句进行修改以适用于 Mac 系统。

```
setwd("D:/dma_Rbook")
#用setwd()函数设置基本路径为D盘下的dma_Rbook目录。

mobile_churn_201401 <-
  read.csv("data/ch2_mobile_churn_201401.csv",
           colClasses = c("character", rep("numeric", 13),
                          "character", rep("numeric", 33)))
#用read.csv()函数读入基本路径的data子目录下的
#ch2_mobile_churn_201401.csv文件，生成R数据框mobile_churn_201401。
#"colClasses"指明各变量的类型是字符型（"character"）或数值型
#("numeric")。rep()函数表示重复，rep("numeric", 13)得到一个将
#"numeric"重复13次的向量，用于指明接连13个变量都是数值型。c()函
#数将"character"、rep("numeric",13)等合并为向量，用于指明每个变
#量的类型。只有第1个变量“设备编码”和第15个变量“是否延迟缴费”
#按照字符型变量读入，其他变量都按照数值型变量读入。如果不指定变
#量类型，设备编码（取值"1""2" 等）本应为字符型变量，读入数据时
#会把其变为取值为1、2等的整数型变量。
mobile_churn_201402 <-
  read.csv("data/ch2_mobile_churn_201402.csv",
           colClasses = c("character", rep("numeric", 13),
                          "character", rep("numeric", 33)))

mobile_churn_basic <-
  read.csv("data/ch2_mobile_churn_basic.csv",
           colClasses = c("character", rep("numeric",5),
                          "character", rep("numeric",4)))
#只有第1个变量“设备编码”和第7个变量"入网时间”按照字符型变量读入。

mobile_nochurn_201401 <-
  read.csv("data/ch2_mobile_nochurn_201401.csv",
           colClasses = c("character", rep("numeric", 13),
                          "character", rep("numeric", 33)))
```

```
mobile_nochurn_201402 <-
  read.csv("data/ch2_mobile_nochurn_201402.csv",
           colClasses = c("character", rep("numeric", 13),
                          "character", rep("numeric", 33)))

mobile_nochurn_basic <-
  read.csv("data/ch2_mobile_nochurn_basic.csv",
           colClasses = c("character", rep("numeric",5),
                          "character", rep("numeric",4)))

####在屏幕上查看mobile_churn_201401数据框中各个变量的基本情况
str(mobile_churn_201401)
#使用str()函数查看数据框中各个变量的基本情况。
#部分输出结果为:
#'data.frame':  520 obs. of  48 variables:
#$ 设备编码   :  chr  "1" "2" "3" "4" …
#$ 彩铃费     :  num  0 0 4.62 3.14 6.92 0 0 5 3.71 0 …
#…
#
#其解释如下:
#"data.frame"表示mobile_churn_201401是一个数据框，有520条观测和
#48个变量。
#第1个变量为“设备编码”，chr表示它是字符型变量;
#第2个变量为“彩铃费”，num表示它是数值型变量等。
#针对每一个变量，列出了前面一些观测的取值。

str(mobile_churn_201402)
str(mobile_churn_basic)
str(mobile_nochurn_201401)
str(mobile_nochurn_201402)
str(mobile_nochurn_basic)

####将mobile_churn_201401数据框中字符型变量的取值""（空字符串)
```

```
####替代为缺失值。
mobile_churn_201401 <- mobile_churn_201401 %>%
  #"%>%"为管道函数，将上一个步骤的输出作为下一个步骤的输入。
  #这里说明下一步操作的数据框是mobile_churn_201401。
  mutate_if(is.character, list(~na_if(.,"")))
  #is.character()函数判断一个变量是否是字符型。
  #使用mutate_if()函数改变数据框中is.character()取值为TRUE的每一个
  #变量，即每一个字符型变量。
  #list()函数产生一个函数调用的列表，每一次函数调用对应于一个变量。
  #na_if()函数将当前变量（用“.”表示）中的取值""替代为缺失值<NA>。

####取出mobile_churn_201401中所有数值型变量，得到新数据框
####mobile_churn_201401.nvars
mobile_churn_201401.nvars <-
  mobile_churn_201401[,
                      lapply(mobile_churn_201401,class)=="numeric"]
#class()函数判断一个变量的类型，取值“numeric”代表数值型。
#lapply()函数将class()函数应用于mobile_churn_201401数据框中的每个
#变量，得到所有变量的类型。
#lapply(mobile_churn_201401,class)=="numeric"指的是：取出所有类型
#为数值型的变量。

####在屏幕上查看mobile_churn_201401.nvars数据框中各变量的描述统计量
summary(mobile_churn_201401.nvars)
#使用summary()函数查看数据框中各变量的描述统计量。
#这里仅展示一个变量的输出结果作为示例：
#    上网次数
#Min.    :   0.0
#1st Qu.:   2.0
#Median :  66.5
#Mean    : 223.8
#3rd Qu.: 248.8
#Max.    :2880.0
```

```
#NA's   :24
#
#其解释如下:
#“上网次数”为变量名称，“Min.”表示最小值，“1st Qu”表示下四分位数，
#“Median”表示中位数，“Mean”表示均值，“3rd Qu”表示上四分位数，“Max.”
#表示最大值，“NA's”表示缺失观测数。

####将对各数值型变量的描述统计量存为R数据框
####mobile_churn_201401_nvars_description
descrip <- function(nvar)
#定义descrip()函数计算一个数值型变量nvar的描述统计量。
{
  nmiss <- length(which(is.na(nvar)))
  #计算nvar变量缺失的观测数。
  #R中用NA表示缺失值，is.na()函数给出一个逻辑型向量，指出每个观测的
  #nvar变量是否缺失；which()函数给出逻辑型向量中取值为TRUE的元素的
  #序号，这里用来取出nvar变量缺失的观测的序号；length()函数计算向量
  #的长度，这里用来得到nvar变量缺失的观测数。
  mean <- mean(nvar, na.rm=TRUE)
  #使用mean()函数计算nvar变量的均值。
  #na.rm=TRUE说明在计算中去掉缺失值，以免有缺失值时计算结果为NA。
  std <- sd(nvar, na.rm=TRUE)
  #使用sd()函数计算nvar变量的标准偏差
  min <- min(nvar, na.rm=TRUE)
  #使用min()函数计算nvar变量的最小值
  Q1 <- quantile(nvar,0.25, na.rm=TRUE)
  #使用quantile()函数计算nvar变量的指定分位数，这里计算0.25分位数，
  #即下四分位数。
  median <- median(nvar, na.rm=TRUE)
  #使用median()函数计算nvar变量的中位数
  Q3 <- quantile(nvar, 0.75, na.rm=TRUE)
  #使用quantile()函数计算nvar变量的0.75分位数，即上四分位数
  max <- max(nvar, na.rm=TRUE)
```

```
  #使用max()函数计算nvar变量的最大值

  c(nmiss,mean,std,min,Q1,median,Q3,max)
  #c()函数将之前计算的变量nvar的所有描述统计量合并为一个向量。
  #descrip()函数返回该向量。
}

mobile_churn_201401_nvars_description <-
  lapply(mobile_churn_201401.nvars,descrip) %>%
  as.data.frame() %>% t()
#得到mobile_churn_201401.nvars数据框中所有变量的描述统计量，
#存为R数据框mobile_churn_201401_nvars_description。
#lapply()函数将descrip()函数应用于mobile_churn_201401.nvars
#数据框中的每个变量，产生一个关于描述统计量的列表。
#as.data.frame()函数将该列表转换为R数据框。
#t()函数将该数据框转置，数据框的行代表各个变量，列代表各个统计量。

colnames(mobile_churn_201401_nvars_description) <-
  c("nmiss", "mean", "std", "min", "Q1", "median", "Q3", "max")
#用colnames()函数得到mobile_churn_201401_nvars_description的各列的
#名称，这里对各列重新命名。

####如果需要输出，可以使用write.csv()函数将数据框写入.csv文件
write.csv(mobile_churn_201401_nvars_description,
          "out/ch2_mobile_churn_201401_nvars_description.csv")
#write.csv()函数的第1个参数表示需要输出的数据框，第2个参数为
#写入的.csv文件的名称，这里是基本路径的out子目录下的
#ch2_mobile_churn_201401_nvars_description.csv。

####绘制各数值型变量的直方图，输出到.pdf文件中
pdf("fig/ch2_mobile_churn_201401_histogram.pdf", family="GB1")
#设置.pdf文件为基本路径的fig子目录下的
#ch2_mobile_churn_201401_histogram.pdf。
```

```
#family="GB1"选项使得能在.pdf文件中输出中文。

for (i in 1:ncol(mobile_churn_201401.nvars)) {
  #ncol()函数计算mobile_churn_201401.nvars数据框的列数，即变量个数。
  #for循环表示让变量i取遍第一个到最后一个变量。

  hist(mobile_churn_201401.nvars[,i],
       xlab=names(mobile_churn_201401.nvars)[i],
       main=paste0("Histogram of ",
                   names(mobile_churn_201401.nvars)[i]),
       col = "grey")
  #使用hist()函数画第i个变量的直方图:
  #mobile_churn_201401.nvars[,i]指明对mobile_churn_201401.nvars中
  #第i个变量做直方图。
  #xlab语句指定横轴名称为第i个变量的名称:
  #names(mobile_churn_201401.nvars)给出mobile_churn_201401.nvars
  #数据框中所有变量的名称，names(mobile_churn_201401.nvars)[i]
  #表示第i个变量的名称。
  #main语句指定图的标题。
  #paste0()函数将"Histogram of "和第i个变量的名称粘贴在一起。
  #col语句指定直方图中各柱用浅灰色填充。
}
dev.off()
#dev.off()函数结束输出到.pdf文件。


####将mobile_churn_basic数据框中字符型变量的取值""（空字符串）
####替代为缺失值
mobile_churn_basic <- mobile_churn_basic %>%
  mutate_if(is.character, list(~na_if(.,"")))

md.pattern(mobile_churn_basic)
#md.pattern()函数以矩阵形式展示缺失模式，输出结果如下:
```

```
#       设备编码 用户分群 托收方式 入网时间 是否融合 年龄  性别
#119      1      1      1      1      1     1    1
#96       1      1      1      1      1     1    1
#1        1      1      1      1      1     1    1
#59       1      1      1      1      1     1    1
#129      1      1      1      1      1     1    1
#19       1      1      1      1      1     0    0
#17       1      1      1      1      1     0    0
#32       1      1      1      1      1     0    0
#48       1      1      1      1      1     0    0
#         0      0      0      0      0   116  116
#        号码等级 是否VPN用户 月基本套餐费 套餐最低消费
#119      1      1          1          1      0
#96       1      1          1          0      1
#1        1      1          0          0      2
#59       1      0          0          0      3
#129      0      0          0          0      4
#19       1      1          1          1      2
#17       1      1          1          0      3
#32       1      0          0          0      5
#48       0      0          0          0      6
#       177    268        269        382  1 328
#
#输出结果的解释如下:
#第一行给出各变量的名称。除了第一行和最后一行的每一行代表一种观
#测缺失模式，1表示变量被观测到，0表示变量缺失。最左边列表示每种
#观测缺失模式对应的观测数，最右边列表示每种观测缺失模式中缺失变
#量的个数。
#例如：有119个观测的所有变量都被观测到，每个这样的观测有0个变量
#缺失；有96个观测的“套餐最低消费”变量缺失但其他变量都被观测到，
#每个这样的观测有 1 个变量缺失。
#总共有9种观测缺失模式，对应的观测数加起来等于总观测数，
#即119+96+1+59+129+19+17+32+48=520。
```

```
#最后一行表示每个变量的缺失值数。
#有116个观测的“年龄”变量缺失，有116个观测的“性别”变量缺失，有177
#个观测的“号码等级”变量缺失，有268个观测的“是否VPN用户”变量缺失，
#有269个观测的“月基本套餐费”变量缺失，有382个观测的“套餐最低消费”
#变量缺失，总共有1 328（=119*0+96*1+1*2+59*3+129*4+19*2+17*3+32*5+
#48*6）个缺失值。
#由此可计算出，“年龄”变量缺失比例为22.31%（=116/520），
#“号码等级”变量缺失比例为34.04%（=177/520）等。
#数据集的缺失模式是一般缺失模式，原因如下：以“性别”和“号码等级”
#变量为例，既有“性别”被观测到而“号码等级”缺失的观测（第5种观测缺
#失模式），也有“号码等级”被观测到而“性别”缺失的观测（第6种观测缺
#失模式）。

####取出mobile_churn_basic中所有分类变量，得到新数据框
####mobile_churn_basic.cvars
mobile_churn_basic.cvars <- mobile_churn_basic[,c(3:6,10,11)]
#取出mobile_churn_basic的第3至6个变量以及第10、11个变量，
#即“性别”“号码等级”“用户分群”“托收方式”“是否VPN用户”
#“是否融合”这几个变量。

####查看第一个分类变量（性别）的频数分布
table(mobile_churn_basic.cvars[,1])
#使用table()函数查看分类变量的分布。
#输出结果为：
#  1   2
#302 102
#说明有302个观测的取值为1（男性），102个观测的取值为2（女性）。

####查看第1、2个分类变量（“性别”和“号码等级”）的列联表
table(mobile_churn_basic.cvars[,1],mobile_churn_basic.cvars[,2])
#输出结果为：
#     0   1   2   3   4   5   6
#1   10 124  46  11   9   6   1
```

```
#2   4  45  16   1   0   2   0
#说明有10个观测“性别”变量的取值为1且“号码等级”变量的取值为0;
#124个观测“性别”变量的取值为1且“号码等级”变量的取值为1等。

####绘制各分类变量的柱状图，输出到.pdf文件中
pdf("fig/ch2_mobile_churn_basic_barplot.pdf", family = "GB1")
for (i in 1:length(mobile_churn_basic.cvars)) {
  par(mar=c(5,5,2,2))
  #par()函数设置图形的参数。
  #这里设定mar参数，即作图区域中图形到四边（底边、左边、上边、右边）
  #边界的距离。这里图形到左边和底边边界的距离设置得较大，以便能放下图中
  #文字。
  barplot(table(mobile_churn_basic.cvars[,i]),
          main=names(mobile_churn_basic.cvars)[i],las=2)
  #使用barplot()函数绘制柱状图。
  #table(mobile_churn_basic.cvars[,i])指定对第i个分类变量的频数分布
  #进行作图。
  #main指定柱状图的标题为第i个分类变量的名称。
  #las=2指定坐标轴的说明文本与坐标轴的方向垂直，这样柱状图中各
  #柱子的标签文本为竖排。
}
dev.off()
```

上机实验

一、实验目的

1. 掌握 R 语言中读写数据文件的方法
2. 掌握 R 语言中查看数据集中各个变量基本情况的方法
3. 掌握 R 语言中描述连续变量分布的方法
4. 掌握 R 语言中描述分类变量分布的方法
5. 掌握 R 语言中查看缺失模式的方法

二、实验步骤

国债的发行主体是国家，所以它具有最高的信用度，被公认为是最安全的投资工具。数

据集 gz.csv 含有以下变量：国债名称、发行额（亿元）、面额（元）、发行价（元）、期限（年）、年利率（%）、计息日、上市地、发行单位、还本付息方式、发行方式、债券类型，可用于分析影响国债发行价的因素。

1. 读取 gz.csv 中的数据，声明各变量类型，并将数据储存为 R 数据框。将字符型变量的取值 " "（空字符串）替代为缺失值。
2. 在屏幕上查看 R 数据框各个变量的基本情况，并在屏幕上查看所有连续变量的描述统计量。
3. 将所有连续变量的描述统计量存为 R 数据框，并输出到.csv 文件中。
4. 将所有连续变量的直方图输出至.pdf 文件中。说说你的发现。
5. 将所有分类变量的柱状图输出至.pdf 文件中。说说你的发现。
6. 以矩阵形式展示缺失模式。说说你的发现。

三、思考题

R 语言中的数值型变量和 2.2.3 节的连续变量有什么差异？R 语言中的字符型变量和 2.2.3 节的分类变量有什么差异？

习题

1. 说明下面各个变量的测量尺度（定类变量、定序变量、定距变量或定比变量）。

(a) 身高。

(b) 气温。

(c) 家庭月收入，取值为“5 000 元及以下”“5 001~10 000 元”“10 001~20 000 元”“20 000 元以上”。

(d) 对于银行消费贷款的还款方式，取值为“先息后本法”“等额本息还款法”“等额本金还款法”“等比累进还款法”“等额累进还款法”“组合还款法”。

2. （单选题）以下选项（　　）变量有实际意义的零点。

A. 定类　　　　B. 定序

C. 定距　　　　D. 定比

3. （多选题）下列选项正确的是（　　）。

A. 异常值是超出取值范围的值　　　　B. 异常值是超出常规边界的值

C. 异常值一定是错误的　　　　D. 异常值可能是正确的

4. 表 2.3 给出了某个含有 10 个观测的数据集，其中“?”表示缺失。

(a) 写出缺失指示矩阵。

(b) 该数据集的缺失模式是什么？

(c) 数据集中的观测有哪几种缺失模式，每种缺失模式对应于几个观测？

5. 上机题：表 2.4 列出了数据集 stock.csv 中各变量的名称及含义。

(a) 读取 stock.csv 中的数据，声明各变量类型，并将数据储存为 R 数据框。将字符型变量的取值 " "（空字符串）替代为缺失值。

(b) 将所有连续变量的描述统计量存为 R 数据框，并输出到.csv 文件中。

(c) 将所有连续变量的直方图输出至.pdf 文件中。说说你的发现。

(d) 将所有分类变量的柱状图输出至.pdf 文件中。说说你的发现。

(e) 以矩阵形式展示缺失模式。说说你的发现。

表 2.3　含 10 个观测的某数据集

V_1	V_2	V_3
0.56	0.09	1
−0.12	?	1
1.06	0.78	1
2.17	0.60	?
−0.16	0.96	1
0.65	0.62	?
0.06	0.01	1
−0.03	0.93	1
−0.56	?	0
0.76	0.83	0

表 2.4　stock 数据集说明

变量名称	变量说明
证券代码	每一只上市证券均拥有自己的证券代码，证券与代码一一对应，且证券的代码一旦确定，就不再改变
行业名称 A	
行业代码 A	对应于行业名称 A，属于分类变量
是否为综合类企业	0-1 变量，如果是综合类企业，取值为 1，否则为 0
是否为东南沿海企业	0-1 变量，如果企业注册在以下地区（江苏、浙江、上海、福建、广东、海南），取值为 1，否则为 0
首发年份	股票首发年份
公司成立年份	
最终控制人类型	分类变量，0 -国有控股、1 -民营控股、2 -外资控股、3 -集体控股、4 -社会团体控股、5 -职工控股会控股、6 -不能识别
是否国家控股	0-1 变量，1 -最终控制人的类型是国家，或第一大股东持股性质为国家、国有、国有法人股等，0 -其他

续表

变量名称	变量说明
总股本	包括新股发行前的股份和新发行的股份的数量的总和。 单位：元
总收入	企业总收入。包括营业收入、投资净收益和营业外收入。 单位：元
主营业务收入	指企业经常性的、主要业务所产生的基本收入，如制造业的销售产品、非成品和提供工业性劳务作业的收入；商品流通企业的销售商品收入；旅游服务业的门票收入、客户收入、餐饮收入等。单位：元
净利润	指在利润总额中按规定交纳了所得税后公司的利润留成，一般也称为税后利润或净收入。单位：元
总资产	指某一经济实体拥有或控制的、能够带来经济利益的全部资产。 单位：元
股东权益（不含少数股东权益）	又称净资产，是指公司总资产中扣除负债所余下的部分。单位：元
每股收益（摊薄，净利润）	又称每股税后利润、每股盈余，指税后利润与股本总数的比率
净资产收益率（净利润）	又称股东权益收益率，是净利润与平均股东权益的百分比，是公司税后利润除以净资产得到的百分比率。该指标反映股东权益的收益水平，用以衡量公司运用自有资本的效率。指标值越高，说明投资带来的收益越高
资产收益率	也叫资产回报率（ROA），它是用来衡量每单位资产创造多少净利润的指标
净利润率	又称销售净利率，是反映公司盈利能力的一项重要指标，是扣除所有成本、费用和企业所得税后的利润率
净资产增长率	指企业本期净资产总额与上期净资产总额的比率。净资产增长率反映了企业资本规模的扩张速度，是衡量企业总量规模变动和成长状况的重要指标
总资产增长率	又名总资产扩张率，是企业本年总资产增长额同年初资产总额的比率，反映企业本期资产规模的增长情况
主营业务收入增长率	可以用来衡量公司的产品生命周期，判断公司发展所处的阶段
债务资本比率	债务与资本的比率
债务资产比率	债务与资产的比率
每股股利（税前）	股利总额与流通股股数的比值
市盈率	指在一个考查期（通常为 12 个月的时间）内，股票的价格和每股收益的比例。投资者通常利用该比例值估量某股票的投资价值，或者用该指标在不同公司的股票之间进行比较
市净率	每股股价与每股净资产的比率

第3章 数据准备

本章将讨论数据准备的任务，内容包括数据整合、处理分类自变量、处理时间信息、清除变量、处理异常值、处理极值、处理缺失数据、过抽样与欠抽样、降维。本章最后还提供了一个使用 R 语言进行数据准备的示例。

3.1 数据整合

我们可以根据关键字将数据集进行链接，并且生成合适的变量放入整合的数据集。例如，一个超市的数据库中可能有 3 个数据集：数据集 1 记录每次购物的购物票号、购物日期、会员卡号、商品号、商品数量，数据集 2 记录每项商品的商品号、单价等信息，数据集 3 记录每位会员的会员卡号、年龄、性别等信息。我们可以通过会员卡号将数据集 1 和数据集 3 链接起来，根据每次购物的日期计算每位会员在每个月购物的次数。我们也可以按如下方法计算每位会员在每个月购物的总金额。

（1）通过商品号将数据集 1 和数据集 2 链接起来，将商品数量乘以单价得到商品总价，再根据购物票号对商品总价汇总得到每次购物的总金额。

（2）通过会员卡号将数据集 3 也链接在一起，可根据每次购物的日期和总金额计算每位会员在每个月购物的总金额。

3.2 处理分类自变量

某些数据挖掘方法能够直接处理分类自变量，如第 8 章将介绍的决策树；但很多数据挖掘方法都只能处理连续自变量，如线性回归、神经网络等，使用这些方法时需要把分类自变量转换为连续自变量。

对于定序自变量，最常用的一种转换是按各类别的顺序将该变量转换为定距自变量。例如，“（对某种产品的）满意程度”这个变量的取值为“很不满意”“不满意”“一般”“比较满意”“很满意”，它们对应的满意程度是递增的。可以将这些取值转换为 1、2、3、4、5 或者 −2、−1、0、1、2。此外，还可以忽略类别之间的顺序，将定序自变量当作定类自变量，然后使用如下描述的方法进行处理。

对于定类自变量，最常用的转换是将该变量转换为一个或多个取值只能为 0 或 1 的二值变量，这些转换后的二值变量被称为哑变量。例如，对于性别而言，可以生成一个哑变量，取值 1 表示“女”，0 表示“男”。对于有多种取值的定类自变量，可以生成一系列哑变量。例如，“企业所在省份（不含港澳台）”这个变量有 31 种取值（“北京”“天津”“上海”……“新疆”），可以用某个省份作为基准类别，针对其他省份生成 30 个哑变量。举例而言，用“北京”作为基准类别，生成一个“是否天津”的哑变量，取值 1 代表“企业所在省份（不含港澳台）”的取值是“天津”，取值 0 代表“企业所在省份（不含港澳台）”的取值不是“天津”。类似地生成一个“是否上海”的哑变量、……、一个“是否新疆”的哑变量。当“企业所在省份（不含港澳台）”的取值为“北京”时，这 30 个哑变量的取值都为 0。一般而言，对于一个有 K 种取值的定类自变量，我们不能针对每种取值都生成一个哑变量，否则会形成冗余。例如，对于上述“企业所在省份（不含港澳台）”这个变量而言，如果我们再生成一个“是否北京”的哑变量，得到的 31 个哑变量加起来总是等于 1；而在线性回归和神经网络等模型中，通常都有截距项，对应于截距项的自变量取值为常数 1；前述 31 个哑变量加起来等于常数自变量，这就形成了冗余。正确的做法是以某种取值作为基准类别，针对其他取值生成 $(K-1)$ 个哑变量。

如果一个定类自变量取值过多，生成过多的哑变量，则容易造成加入建模的自变量个数过多，形成过度拟合。一个简单而有效的方法是只针对包含观测比较多的类别生成哑变量，而将剩余的类别都归于“其他”这个基准类别。还有一种方法是利用领域知识，将各类别归为几个大类之后再生成哑变量。例如，将 31 个省区市的企业归为东北、华北、华东、华中、华南、西南、西北这 7 个地区，再用某个地区作为基准类别，针对其他地区生成 6 个哑变量。

3.3 处理时间信息

时间自变量（如“购买日期”）无法直接进入建模数据集。因为时间是无限增长的，在建模数据集中出现的时间肯定不同于预测数据集中出现的时间，所以使用建模数据集的时间自变量建立的模型就无法应用于预测数据集。如果要在建模过程中考虑时间自变量，就必须对其进行转换。常用的转换有如下几种。

（1）转换为指示时间是否具备某种特征的哑变量。例如，“是否周末”。

（2）转换为季节性信息。例如，“第几季度”或“第几个月”。

（3）转换为距离某个事件发生的基准时间的时间长度。例如，“距离贷款到期日的天数”“距离因变量观测时点的天数”“距离下一次春节的天数”等。

我们还可以考虑对时间自变量进行多种转换，把所有可能影响因变量的时间信息都放入建模过程中。例如，当因变量为“购买某种食品的数量”时，可能同时存在周末效应、季节性效应、春节等节日效应，这时就需要同时使用上述 3 种转换。

在很多应用中，现有数据中的变量不像“购买日期”一样自身是时间变量，但是与特定时间联系在一起。例如，假设要对信用卡用户 3 个月后是否违约建立预测模型。为了方便描述，假设对于所有用户计费及判断是否违约都发生在月底。我们可以根据用户基本信息（如性别、收入等）及截至 2018 年 5 月 31 日的信用卡使用信息构建自变量来预测 2018 年 8 月 31 日是否违约，也可以根据用户基本信息及截至 2018 年 6 月 30 日的信用卡使用信息构建自变量来预测 2018 年 9 月 30 日是否违约等。在构建建模数据集时，我们往往会将因变量为 2018 年 8 月 31 日是否违约的数据集、因变量为 2018 年 9 月 30 日是否违约的数据集等叠加起来，形成观测数较多的数据集。需要注意的是，同一个信用卡用户往往在叠加数据集中出现多次。在叠加数据集中，与自变量相联系的时间都转换为距离因变量观测时点的相对时间。举例而言，考虑距离因变量观测时点之前第 4 个月的信用卡使用信息。对于因变量为 2018 年 8 月 31 日是否违约的数据集的观测而言，这指的是 2018 年 5 月的信用卡使用信息；而对于因变量为 2018 年 9 月 30 日是否违约的数据集的观测而言，这指的是 2018 年 6 月的信用卡使用信息。

3.4 清除变量

对所有观测取值都相同的冗余变量应该删除，因为它们对因变量没有任何预测能力。如果某个变量的取值大部分或全部缺失，也应该删除。

数据挖掘中，我们将根据建模数据集建立的统计模型应用于预测数据集。因此，需要保证在建模数据集中使用到的自变量都是在将模型应用于预测数据集时能够获得的信息，不满足这一条件的自变量都应该删除。例如，假设要对信用卡用户 3 个月后是否违约建立预测模型。在将模型应用于预测数据集时，自变量是截至当前的信息，因变量是 3 个月后是否违约。那么，建模数据集就不能含有在因变量观测时点之前 3 个月内的信息或在因变量观测时点之后的信息。举例而言，建模数据集中一部分观测对应的因变量指的是 2018 年 8 月 31 日是否违约，它们的自变量必须是截至 2018 年 5 月 31 日的信息，而不能含有 2018 年 6 月 1 日至 2018 年 8 月 31 日的信息或 2018 年 8 月 31 日以后的信息。

3.5 处理异常值

自变量的异常值对一些模型会产生较大影响。在图 3.1(a)[①]所示的示例中，大部分数据点

① 作者注：使用 R 软件作图时，横纵坐标的原点通常不为 0。

的 x 值都分布在 $-3.5\sim1.6$ 之间，但有一个数据点的 x 值为 8，它对拟合的一元线性回归模型会有较大影响：如果不使用这个异常点，拟合出的回归模型为线 a；如果使用这个异常点，拟合出的回归模型为线 b。

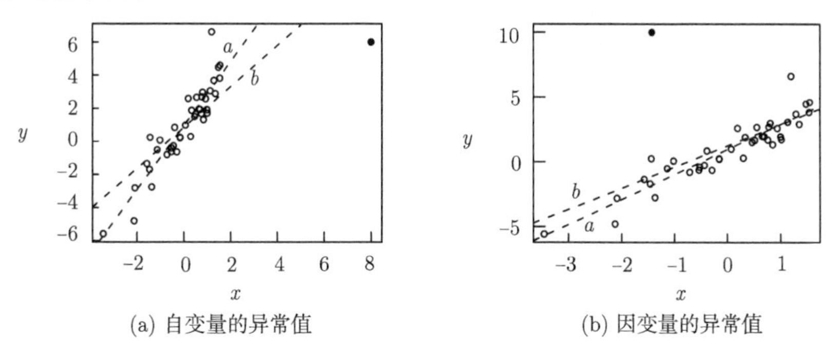

(a) 自变量的异常值 (b) 因变量的异常值

图 3.1 异常值的影响示例

因变量的异常值同样可能对模型有较大影响。在图 3.1(b) 所示的示例中，大部分数据点的 y 值都分布在 $-5.6\sim6.7$ 之间，但有一个数据点的 y 值为 10，它对拟合的一元线性回归模型会有较大影响：如果不使用这个异常点，拟合出的回归模型为线 a；如果使用这个异常点，拟合出的回归模型为线 b。

第 5 章将介绍的聚类算法可以用来发现异常值，如果少数几个观测自成一类，它们很可能含有异常值。发现异常值后需要查看它们为什么异常，如果是数据记录错误，可以进行更正，否则可以考虑下面两种方法。

（1）删除含有异常值的观测，以免对建模造成大的影响，同时明确模型的应用范围。

（2）不删除含有异常值的观测，但使用不太容易受异常值影响的稳健模型。

3.6 处理极值

实际数据中有些自变量或因变量的分布会呈现出偏斜有极值的现象（例如收入、销售额等变量），其直方图分布示意图如图 3.2 所示。这些极值也会对一些模型产生很大影响。

对有极值的变量 U 常常可以使用 Box-Cox 转换：

$$Z=\begin{cases}\dfrac{(U+r)^{\lambda}-1}{\lambda} & \lambda\neq0\\[2ex] \log(U+r) & \lambda=0\end{cases}\tag{3.1}$$

其中，r 是一个常数，对 U 的所有可能取值 u 都满足 $u+r>0$，λ 是 Box-Cox 转换参数。对数转换是 Box-Cox 转换的一种特殊情形。

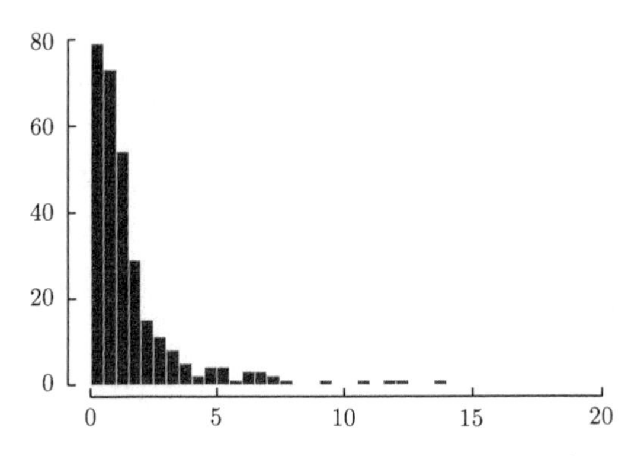

图 3.2 偏斜有极值的变量的直方图分布示意图

3.7 处理缺失数据

某些数据挖掘方法能够直接处理含有缺失值的自变量。例如，第 8 章将介绍的决策树，但线性回归、神经网络等很多数据挖掘方法都只能处理不含缺失值的自变量。

缺失值可分为两类。第 1 类是这个值实际存在但是没有被观测到，例如用户拒绝提供收入状况。第 2 类是这个值实际就不存在，例如，对于没有在淘宝上购买过东西的用户，其在淘宝上的消费记录缺失。对第 1 类情形，插补缺失值（即估计未观测到的真实值）是有意义的。对第 2 类情形，插补缺失值是无意义的，根据是否缺失将数据分组再分别进行分析才更加合适。我们接下来讨论在第 1 类情形下如何插补缺失值。

假设某个数据集含有 N 个观测，J 个变量。令 z_{ij} 表示第 i 个观测的第 j 个变量的真实值（$i=1,\cdots,N$；$j=1,\cdots,J$），由 z_{ij} 组成的矩阵为 $\mathcal{Z}$。在 2.3.3 节，我们讨论了使用缺失指示矩阵 $\mathcal{M}$ 来表示缺失模式，$\mathcal{M}$ 中的缺失指示变量 m_{ij} 取值 1 表示 z_{ij} 被观测到，取值 0 表示 z_{ij} 缺失。在缺失数据分析中，将 $\mathcal{Z}$ 和 $\mathcal{M}$ 都看作随机变量，$\mathcal{M}$ 给定 $\mathcal{Z}$ 的条件分布 $f(\mathcal{M}|\mathcal{Z})$ 被称为缺失数据机制 (Rubin, 1976)。

令 $\mathcal{Z}^{\text{obs}}$ 表示 $\mathcal{Z}$ 中观测到的值，$\mathcal{Z}^{\text{mis}}$ 表示 $\mathcal{Z}$ 中未观测到的值。插补缺失值的常用方法都假设

$$f(\mathcal{M}|\mathcal{Z})=f(\mathcal{M}|\mathcal{Z}^{\text{obs}}) \tag{3.2}$$

即缺失指示矩阵只依赖于已观测数据 $\mathcal{Z}^{\text{obs}}$ 的真实值，不依赖于缺失数据 $\mathcal{Z}^{\text{mis}}$ 的真实值。这种缺失数据机制被称为随机缺失。

MICE（Multivariate Imputation by Chained Equations）(Van Buuren and Groothuis- Oudshoorn, 2011; Van Buuren, 2018) 是一种常用的缺失值插补方法。令 Z_j 表示第 j 个随机变量

($j=1,\cdots,J$)。MICE 首先初始化缺失值 $\mathcal{Z}^{\text{mis}}$ 的插补值，然后在含缺失值的变量中循环进行如下操作直至收敛：估计 Z_j 给定 $Z_1,\cdots,Z_{j-1},Z_{j+1},\cdots,Z_J$ 的条件概率分布，再根据这一分布通过随机抽样插补 Z_j 的缺失值。

另一种常用的插补方法是使用能够直接处理含缺失值的自变量的数据挖掘方法，为每个含缺失值的变量 Z_j 建立基于 $Z_1,\cdots,Z_{j-1},Z_{j+1},\cdots,Z_J$ 预测 Z_j 的模型，再根据该模型插补 Z_j 的缺失值。

考虑到缺失值实际上是未知的，我们可以对缺失值进行多重插补 (Rubin, 1987)。其步骤如下。

（1）对缺失值进行多次插补，得到 K 个插补数据集 $\mathcal{D}_1,\cdots,\mathcal{D}_K$。

（2）对每个插补数据集 $\mathcal{D}_k$ 分别进行分析。

（3）综合对 K 个插补数据集的分析结果。

在数据挖掘项目中，可能在训练数据集、验证数据集、测试数据集和预测数据集中都存在缺失数据。若对训练数据集的缺失数据进行插补，则需要将同样的插补模型应用于其他数据集。因为将模型应用于训练数据集以外的其他数据集时假设因变量的值未知，所以在插补模型中不能使用因变量的信息。

3.8 过抽样与欠抽样

在一些应用中因变量是二值变量，但因变量取值不同的两个类别之间样本量差别很大。例如，建立信用卡违约率的预测模型时，对于发生违约的观测，因变量取值为 1，对于未发生违约的观测，因变量取值为 0；在建模数据集中发生违约的观测只占 2%，而未发生违约的观测占 98%。这种现象被称为类别不平衡（class imbalance）。当存在类别不平衡问题时，如果建模时尽量优化总的预测准确率，直接使用原始数据集建立的模型可能没有什么用处。例如，在上述信用卡违约率的示例中，只需简单地将所有信用卡用户都预测为不违约就能达到 98% 的准确率，但这样的“模型”没有任何实际用途。

解决这个问题的常用方法是过抽样与欠抽样，过抽样在构建建模数据集时针对样本量少的类别添加数据，而欠抽样在构建建模数据集时针对样本量多的类别删除数据。我们仍在关于信用卡违约的情境中来说明。随机过抽样方法随机地复制一些违约观测的数据加入建模数据集，使得建模数据集中违约观测达到一定比例（如 1/2、1/3 等）。随机欠抽样将所有违约观测的数据放入建模数据集，而对于非违约事件的数据只随机抽取一部分放入建模数据集，使得建模数据集中违约观测达到一定比例。此外，还有一些过抽样方法（如 SMOTE(Chawla et al., 2002)）根据违约观测的现有数据进行随机扰动生成新数据加入建模数据集。

3.9 降维

自变量个数过多会给所有数据挖掘方法带来麻烦：①自变量过多会导致建模算法的运行速度慢。②自变量个数增加时，过度拟合的可能性也会随之增大。③自变量个数越多，数据在整个输入空间的分布越稀疏，越难以获得对整个输入空间有代表的样本。例如，如果只有一个均匀分布的二值自变量，那么 1 000 个观测意味着平均每种取值对应于 500 个观测；但如果有 10 个均匀分布的二值自变量，总共有 $2^{10} = 1\ 024$ 种取值，同样 1 000 个观测却意味着平均而言每种取值对应于不到 1 个观测。本节中我们将讨论两种减少自变量个数的降维方法 —— 变量选择和主成分分析。

3.9.1 变量选择

变量选择是降维的一类方法，这些方法从自变量中选出一部分放入模型。在数据准备阶段，可以探索各个自变量与因变量之间的关系，进行一些简单的变量选择。

1. 因变量为二值变量

（1）对于连续自变量而言，可以使用两样本 t 检验考查因变量取一种值时自变量的均值与因变量取另一种值时自变量的均值是否相等，然后选择那些检验结果显著（不相等）的自变量；

（2）对于分类自变量而言，可以使用卡方检验考查自变量的取值是否独立于因变量的取值，然后选择那些检验结果显著（不独立）的自变量。

2. 因变量为分类变量

可以将其取值两两配对，针对每对取值进行上述 t 检验或卡方检验，然后选择那些对因变量的任何一对取值检验结果显著的自变量。

3. 因变量为连续变量

可以将因变量离散化后（如使用因变量的中位数将数据分为两组）再使用上面的方法，或者使用如下方法。

（1）计算各连续自变量与因变量的相关系数，剔除相关系数小或不显著的变量。

（2）对每个分类自变量，将其取值两两配对，针对每对取值使用 t 检验考查因变量的均值是否相等，只要对任何一对取值检验结果显著，就选择该自变量。

除了上述简单的变量选择方法之外，更正规的方法是基于模型进行变量选择。例如，第 6 章的逐步回归和 Lasso、第 8 章的决策树以及第 9 章的随机森林等模型都具有变量选择功能。这些方法将在对应的章节中进行介绍。

3.9.2 主成分分析

针对一组连续的输入变量，主成分分析的目的是构造少数线性组合，以尽可能解释输入变量的数据的变异性。这些线性组合被称为主成分，它们形成的降维数据可以替代输入变量的数据，用于进一步的分析。图 3.3 为有两个输入变量时主成分分析的示意图，第一主成分由图中比较长的直线代表，在这个方向上能最多地解释数据的变异性；第二主成分由图中比较短的直线代表，与第一主成分正交，并且在这个方向上能最多地解释数据中剩余的变异性。

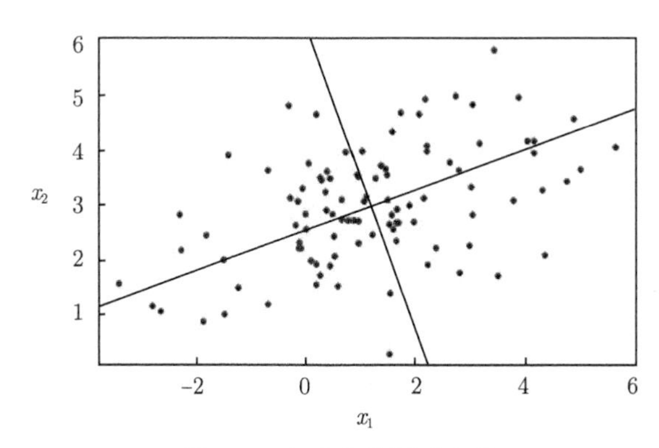

图 3.3 主成分分析示意图

一般而言，假设 $X_1,\cdots,X_p$ 为 p 个随机变量。令 $\boldsymbol{\Sigma}$ 表示 $X_1,\cdots,X_p$ 之间的协方差矩阵，其对角线上的值 σ_k^2 表示 X_k 的方差（$k=1,\cdots,p$）。因为 $\boldsymbol{\Sigma}$ 是一个对称的正定矩阵，其特征值均大于零。令 $\lambda_1 \geqslant \lambda_2 \geqslant \cdots \geqslant \lambda_p > 0$ 表示 $\boldsymbol{\Sigma}$ 的特征值，令 $\boldsymbol{e}_i=(e_{i1},\cdots,e_{ip})^{\mathrm{T}}$ $(i=1,\cdots,p)$ 表示相应的正则化的特征向量。它们满足：$\boldsymbol{e}_i$ 长度为 1（即 $e_{i1}^2+\cdots+e_{ip}^2=1$），$\boldsymbol{\Sigma}\boldsymbol{e}_i=\lambda_i\boldsymbol{e}_i$，对任意 $1 \leqslant i \neq j \leqslant p$，$\boldsymbol{e}_i$ 与 $\boldsymbol{e}_j$ 正交，即 $e_{i1}e_{j1}+\cdots+e_{ip}e_{jp}=0$。

主成分分析的主要结果如下。

（1）对任意 $1 \leqslant i \leqslant p$，第 i 个主成分是 $Y_i=e_{i1}X_1+\cdots+e_{ip}X_p$。

（2）对任意 $1 \leqslant i \neq j \leqslant p$，$\mathrm{Cov}(Y_i,Y_j)=0$，即各主成分之间正交。

（3）对任意 $1 \leqslant i \leqslant p$，第 i 个主成分解释的变异性（即方差）为 $\mathrm{Var}(Y_i)=\lambda_i$。

（4）数据中的总方差定义为 $\sum_{k=1}^p \mathrm{Var}(X_k)=\sum_{k=1}^p \sigma_k^2$，它也等于 $\sum_{i=1}^p \mathrm{Var}(Y_i)=\sum_{i=1}^p \lambda_i$。因此第 i 个主成分解释总方差的比例为 $\lambda_i/\sum_{j=1}^p \lambda_j$，前 q 个主成分解释总方差的比例为 $\sum_{i=1}^q \lambda_i/\sum_{j=1}^p \lambda_j$。

为了降低数据的维度，可以取前 q 个主成分而忽略剩余的 $(p-q)$ 个主成分。选择 q 的常用方法有如下几种。

（1）Kaiser 准则：保留那些对应特征值大于所有特征值的平均值的主成分。因为第 i 个主成分解释总方差的比例为 $\lambda_i/\sum_{j=1}^p \lambda_j$，所有主成分解释总方差的平均比例为 $1/p$，所以当

特征值 λ_i 大于所有特征值的平均值 $\sum_{j=1}^{p}\lambda_j/p$ 时，可得 $\lambda_i/\sum_{j=1}^{p}\lambda_j>1/p$，即第 i 个主成分解释总方差的比例大于所有主成分解释总方差的平均比例。因此，Kaiser 准则保留那些解释总方差的比例大于平均解释比例的主成分。

（2）总方差中被前 q 个主成分解释的比例达到一定大小。

（3）使用崖底碎石图（scree plot）绘出特征值与其顺序的关系（如图 3.4 所示），在图中寻找一个拐点，使得此点及之后对应的特征值都相对比较小，然后选择拐点之前的点。例如，图 3.4 中的拐点为第 3 个主成分，应该选择前两个主成分。

（4）前 q 个主成分都有可解释的实际含义。

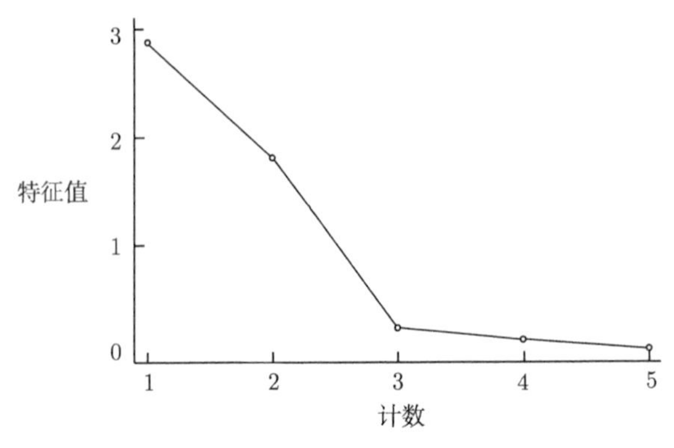

图 3.4　崖底碎石图

因为主成分是通过最大化线性组合的方差得到的，所以它对变量的测量尺度非常敏感。例如，若一个输入变量是“企业销售额（元）”，最大观测和最小观测可以相差几千万元，而另一个变量是“企业雇员数”，最大观测和最小观测只相差几千。因为“企业销售额（元）”的方差比“企业雇员数”的方差大得多，所以它会主导主成分分析的结果，使得第一个主成分可能几乎等于“企业销售额（元）”，而忽略了输入变量之间的关系。另外，使用“万元”作为测量单位和使用“元”作为测量单位得到的主成分分析的结果会相差很大。因此，在实际应用中，通常首先将各输入变量进行标准化，使每个变量均值为 0，方差为 1，这等价于使用相关系数矩阵 $\boldsymbol{R}$ 替代协方差矩阵 $\boldsymbol{\Sigma}$ 来进行主成分分析。

假设仍然用 $\lambda_1,\cdots,\lambda_p$ 和 $\boldsymbol{e}_1,\cdots,\boldsymbol{e}_p$ 来表示 $\boldsymbol{R}$ 的特征值和特征向量。主成分分析的一些结果可以简化如下。

（1）数据中的总方差为 $\sum_{i=1}^{p}\lambda_i=p$。第 i 个主成分解释总方差的比例为 λ_i/p，前 q 个主成分解释总方差的比例为 $\sum_{i=1}^{q}\lambda_i/p$。

（2）Kaiser 准则：保留那些对应的特征值大于 1 的主成分。

在实际应用中，使用样本相关系数矩阵来计算样本主成分。

我们可以考查第 i 个主成分对应的系数（即 $e_{i1},\cdots,e_{ip}$），根据系数绝对值较大的输入变量的含义来解释第 i 个主成分的含义。值得注意的是，在解释主成分含义时系数的正负本身没有意义。这是因为 $\boldsymbol{R}$ 的任意特征向量 $\boldsymbol{e}$ 取负之后仍然是特征向量：如果 $\boldsymbol{Re}=\lambda\boldsymbol{e}$，那么 $\boldsymbol{R}(-\boldsymbol{e})=-\boldsymbol{Re}=-\lambda\boldsymbol{e}=\lambda(-\boldsymbol{e})$，因此 $-\boldsymbol{e}$ 也是 $\boldsymbol{R}$ 的特征向量。但是，系数之间的正负对比是有意义的。

3.10 R 语言分析示例: 数据准备

考查 2.5 节移动运营商的数据。要求首先把流失用户和未流失用户的数据进行整合，再对整合后的数据进行数据准备。

3.10.1 数据整合

相关的 R 语言程序及其注释（用“#”标出）如下。

```
####加载程序包
library(dplyr)
#dplyr是数据处理的程序包，我们将调用其中的管道函数、
#mutate_if()函数、na_if()函数和mutate()函数。

####读入数据，生成R数据框
setwd("D:/dma_Rbook")
mobile_churn_201401 <-
  read.csv("data/ch2_mobile_churn_201401.csv",
           colClasses = c("character", rep("numeric", 13),
                          "character", rep("numeric", 33)))
mobile_churn_201402 <-
  read.csv("data/ch2_mobile_churn_201402.csv",
           colClasses = c("character", rep("numeric", 13),
                          "character", rep("numeric", 33)))
mobile_churn_basic <-
  read.csv("data/ch2_mobile_churn_basic.csv",
           colClasses = c("character", rep("numeric",5),
                          "character", rep("numeric",4)))
mobile_nochurn_201401 <-
```

```
  read.csv("data/ch2_mobile_nochurn_201401.csv",
           colClasses = c("character", rep("numeric", 13),
                          "character", rep("numeric", 33)))
mobile_nochurn_201402 <-
  read.csv("data/ch2_mobile_nochurn_201402.csv",
           colClasses = c("character", rep("numeric", 13),
                          "character", rep("numeric", 33)))
mobile_nochurn_basic <-
  read.csv("data/ch2_mobile_nochurn_basic.csv",
           colClasses = c("character", rep("numeric",5),
                          "character", rep("numeric",4)))

####将各数据框中字符型变量的取值""替代为缺失值NA
mobile_churn_201401 <- mobile_churn_201401 %>%
  mutate_if(is.character, list(~na_if(.,"")))
mobile_churn_201402 <- mobile_churn_201402 %>%
  mutate_if(is.character, list(~na_if(.,"")))
mobile_churn_basic <- mobile_churn_basic %>%
  mutate_if(is.character, list(~na_if(.,"")))
mobile_nochurn_201401 <- mobile_nochurn_201401 %>%
  mutate_if(is.character, list(~na_if(.,"")))
mobile_nochurn_201402 <- mobile_nochurn_201402 %>%
  mutate_if(is.character, list(~na_if(.,"")))
mobile_nochurn_basic <- mobile_nochurn_basic %>%
  mutate_if(is.character, list(~na_if(.,"")))

####将2014年1月与2014年2月的使用行为数据进行综合
####生成关于流失用户的新数据框mobile_churn
####和关于未流失用户的新数据框mobile_nochurn
mobile_churn <-
  summarise(group_by(rbind(mobile_churn_201401,
                           mobile_churn_201402),设备编码),
            彩铃费 = mean(彩铃费),
```

```
短信费 = mean(短信费),
本地语音通话费 = mean(本地语音通话费),
长途语音通话费 = mean(长途语音通话费),
省内语音漫游费 = mean(省内语音漫游费),
省际语音漫游费 = mean(省际语音漫游费),
国际语音长途费 = mean(国际语音长途费),
上网及数据通信费 = mean(上网及数据通信费),
综合增值服务费 = mean(综合增值服务费),
来电显示费 = mean(来电显示费),
总费用 = mean(总费用),
上网次数 = mean(上网次数),
上网时长 = mean(上网时长),
延迟缴费次数 = sum(1*(是否延迟缴费=="是")),
主叫次数 = mean(主叫次数),
被叫次数 = mean(被叫次数),
本地通话次数 = mean(本地通话次数),
省内漫游通话次数 = mean(省内漫游通话次数),
省际漫游通话次数 = mean(省际漫游通话次数),
国际漫游通话次数 = mean(国际漫游通话次数),
主叫通话分钟数 = mean(主叫通话分钟数),
被叫通话分钟数 = mean(被叫通话分钟数),
本地通话分钟数 = mean(本地通话分钟数),
长途语音通话分钟数 = mean(长途语音通话分钟数),
省内漫游通话分钟数 = mean(省内漫游通话分钟数),
省际漫游通话分钟数 = mean(省际漫游通话分钟数),
国际漫游通话分钟数 = mean(国际漫游通话分钟数),
群内通话次数 = mean(群内通话次数),
群内通话分钟数 = mean(群内通话分钟数),
群外通话次数 = mean(群外通话次数),
群外通话分钟数 = mean(群外通话分钟数),
忙时通话次数 = mean(忙时通话次数),
忙时通话分钟数 = mean(忙时通话分钟数),
闲时通话次数 = mean(闲时通话次数),
```

```
            闲时通话分钟数 = mean(闲时通话分钟数),
            呼转次数 = mean(呼转次数),
            拨打他网客服次数 = mean(拨打他网客服次数),
            拨打中电信通话次数 = mean(拨打中电信通话次数),
            拨打中电信通话分钟数 = mean(拨打中电信通话分钟数),
            拨打中联通通话次数 = mean(拨打中联通通话次数),
            拨打中联通通话分钟数 = mean(拨打中联通通话分钟数),
            拨打中移动通话次数 = mean(拨打中移动通话次数),
            拨打中移动通话分钟数 = mean(拨打中移动通话分钟数),
            拨打固话通话次数 = mean(拨打固话通话次数),
            拨打固话通话分钟数 = mean(拨打固话通话分钟数),
            主叫通话联系人数量 = mean(主叫通话联系人数量),
            被叫通话联系人数量 = mean(被叫通话联系人数量)
  )
#rbind()函数可根据行合并变量名完全一样的两个或多个数据框，这里
#被用来合并流失用户2014年1月及2014年2月使用行为的数据框，即
#mobile_churn_201401和mobile_churn_201402数据框。这两个数据框
#各含有520个观测，合并后的数据框含有520+520=1 040行观测。
#group_by()函数指明按照“设备编码”进行分组。
#summarise()函数对各个组分别进行综合。
#综合后的数据框中:
# (1) mean()函数取平均值，例如，“彩铃费”变量为两个月“彩铃费”
#变量的平均值。
# (2) “延迟缴费次数 = sum(1*(是否延迟缴费=="是"))”: 产生新变量
#“延迟缴费次数”，其取值为两个月中“是否延迟缴费”这个变量取值为
#“是”的次数。具体计算方式如下: 若“是否延迟缴费”变量取值为“是”，
#“1*(是否延迟缴费=="是")”的取值为1，否则为0。将两个月的
#“1*(是否延迟缴费=="是")”的值通过sum()函数进行加总，即得到这两
#个月中“是否延迟缴费”这个变量取值为“是”的次数。

mobile_nochurn <-
  summarise(group_by(rbind(mobile_nochurn_201401,
                           mobile_nochurn_201402),设备编码),
```

```
彩铃费 = mean(彩铃费),
短信费 = mean(短信费),
本地语音通话费 = mean(本地语音通话费),
长途语音通话费 = mean(长途语音通话费),
省内语音漫游费 = mean(省内语音漫游费),
省际语音漫游费 = mean(省际语音漫游费),
国际语音长途费 = mean(国际语音长途费),
上网及数据通信费 = mean(上网及数据通信费),
综合增值服务费 = mean(综合增值服务费),
来电显示费 = mean(来电显示费),
总费用 = mean(总费用),
上网次数 = mean(上网次数),
上网时长 = mean(上网时长),
延迟缴费次数 = sum(1*(是否延迟缴费=="是")),
主叫次数 = mean(主叫次数),
被叫次数 = mean(被叫次数),
本地通话次数 = mean(本地通话次数),
省内漫游通话次数 = mean(省内漫游通话次数),
省际漫游通话次数 = mean(省际漫游通话次数),
国际漫游通话次数 = mean(国际漫游通话次数),
主叫通话分钟数 = mean(主叫通话分钟数),
被叫通话分钟数 = mean(被叫通话分钟数),
本地通话分钟数 = mean(本地通话分钟数),
长途语音通话分钟数 = mean(长途语音通话分钟数),
省内漫游通话分钟数 = mean(省内漫游通话分钟数),
省际漫游通话分钟数 = mean(省际漫游通话分钟数),
国际漫游通话分钟数 = mean(国际漫游通话分钟数),
群内通话次数 = mean(群内通话次数),
群内通话分钟数 = mean(群内通话分钟数),
群外通话次数 = mean(群外通话次数),
群外通话分钟数 = mean(群外通话分钟数),
忙时通话次数 = mean(忙时通话次数),
忙时通话分钟数 = mean(忙时通话分钟数),
```

```
            闲时通话次数 = mean(闲时通话次数),
            闲时通话分钟数 = mean(闲时通话分钟数),
            呼转次数 = mean(呼转次数),
            拨打他网客服次数 = mean(拨打他网客服次数),
            拨打中电信通话次数 = mean(拨打中电信通话次数),
            拨打中电信通话分钟数 = mean(拨打中电信通话分钟数),
            拨打中联通通话次数 = mean(拨打中联通通话次数),
            拨打中联通通话分钟数 = mean(拨打中联通通话分钟数),
            拨打中移动通话次数 = mean(拨打中移动通话次数),
            拨打中移动通话分钟数 = mean(拨打中移动通话分钟数),
            拨打固话通话次数 = mean(拨打固话通话次数),
            拨打固话通话分钟数 = mean(拨打固话通话分钟数),
            主叫通话联系人数量 = mean(主叫通话联系人数量),
            被叫通话联系人数量 = mean(被叫通话联系人数量)
  )


####数据整合
mobile_all <- rbind(merge(mobile_churn,
                          mobile_churn_basic,
                          by = "设备编码") %>%
                      mutate("是否流失" = 1),
                    merge(mobile_nochurn,
                          mobile_nochurn_basic,
                          by = "设备编码") %>%
                      mutate("是否流失" = 0))
#用merge()函数将mobile_churn、mobile_churn_basic这两个数据框以
#“设备编码”为链接关键字链接起来，再加上一个新变量“是否流失”
#并令其取值为1，形成流失用户的数据框。
#类似地，用merge()函数将mobile_nochurn、mobile_nochurn_basic这两个
#数据框以“设备编码”为链接关键字链接起来，再加上一个新变量“是否流失”
#并令其取值为0，形成未流失用户的数据框。
#用rbind()函数合并流失用户的数据框（520个观测）和未流失用户的数据框
```

```
#（19 503个观测），最后形成含520+19 503=20 023个观测的数据框。

####将整合后的数据框写入.csv文件
write.csv(mobile_all, "data/ch3_mobile_all.csv", row.names = FALSE)
#row.names = FALSE说明不写入行名称（即观测序号）。
```

3.10.2　其他数据准备

相关的 R 语言程序及其注释（用“#”标出）如下[①]。

```
####加载程序包
library(dplyr)
#dplyr是数据处理的程序包，我们将调用其中的管道函数、mutate()函数、
#select()函数和setdiff()函数。
library(caret)
#caret包可用于在预处理数据时对缺失数据进行插补，我们将调用其中的
#preProcess()函数和predict()函数。

####设置随机数种子
set.seed(12345)

####读入整合后的数据，生成R数据框
setwd("D:/dma_Rbook")
mobile_all <- read.csv("data/ch3_mobile_all.csv",
                       colClasses = c("character",
                                      rep("numeric", 52),
                                      "character",
                                      rep("numeric", 5)))
#只有“设备编码”和"入网时间”按照字符型变量读入。

####处理时间变量，计算入网时间距离2014年3月1日的天数
mobile_all <- mobile_all %>%
  mutate(
```

①本书的 R 程序中经常会用 set.seed() 函数设置随机数种子，以尽量使结果可重复。但是，不同机器上随机数生成算法可能不同，而且有些 R 函数不接受预先设定的随机数种子，所以读者得到的结果可能与书中的结果不同。

```
    入网天数 = as.numeric(as.Date("2014/3/1") -
                        as.Date(入网时间))) %>%
  #as.Date()函数将字符型的取值转换为日期型。
  #计算2014年3月1日减去“入网时间”的天数，再使用as.numeric()函数转换
  #为数值型。mutate()函数生成新变量“入网天数”。
  select(- 入网时间)
  #select()函数可保留或删除变量。
  #这里用来删除“入网时间”变量，删除以符号“-”表示。
  #注：常用的MASS程序包中也含有一个select()函数，如果加载了MASS
  #程序包，这里的select()函数会报如下错误：
  #"Error in select(., -入网时间) : unused argument (-入网时间)"。
  #解决这个错误的办法是改为"dplyr::select(- 入网时间)"，说明是用
  #dplyr程序包里的select()函数。

####取出mobile_all数据框中各数值型变量
mobile_all.nvars <-
  mobile_all[,lapply(mobile_all,class)=="numeric"]

####将对各数值型变量的描述统计量存为R数据框
####mobile_all_nvars_description
descrip <- function(nvar)
{
  nmiss <- length(which(is.na(nvar)))
  mean <- mean(nvar, na.rm=TRUE)
  std <- sd(nvar, na.rm=TRUE)
  min <- min(nvar, na.rm=TRUE)
  Q1 <- quantile(nvar,0.25, na.rm=TRUE)
  median <- median(nvar, na.rm=TRUE)
  Q3 <- quantile(nvar, 0.75, na.rm=TRUE)
  max <- max(nvar, na.rm=TRUE)

  c(nmiss,mean,std,min,Q1,median,Q3,max)
}
```

```
mobile_all_nvars_description <-
  lapply(mobile_all.nvars,descrip) %>%
  as.data.frame() %>% t()
colnames(mobile_all_nvars_description) <-
  c("nmiss", "mean", "std", "min", "Q1", "median", "Q3", "max")

####如果需要输出，可以使用write.csv()函数将数据框写入.csv文件
write.csv(mobile_all_nvars_description,
          "out/ch3_mobile_all_nvars_description.csv")

####绘制各数值型变量的直方图，输出到.pdf文件中
pdf("fig/ch2_mobile_all_histogram.pdf", family="GB1")
for (i in 1:length(mobile_all.nvars)) {
  hist(mobile_all.nvars[,i],
       xlab=names(mobile_all.nvars)[i],
       main=paste("Histogram of", names(mobile_all.nvars)[i]),
       col = "grey")
}
dev.off()
#从直方图中可以看出，“延迟缴费次数”“性别”“号码等级”“用户分群”
#“托收方式”“是否VPN用户”“是否融合”“是否流失”实际上是分类
#变量。

####对有极值的连续变量进行对数转换
mobile_all <- mobile_all %>%
  mutate(彩铃费 = log(彩铃费
                 - min(彩铃费, na.rm = T) +1)) %>%
  #“彩铃费”减去其最小值再加1后才取对数，以保证对数值存在。
  #na.rm=T表示在取最小值时去掉缺失值，否则当有缺失值时min()函数的结果为NA。
  mutate(短信费 = log(短信费
                 - min(短信费, na.rm = T) +1)) %>%
  mutate(本地语音通话费 = log(本地语音通话费
                 - min(本地语音通话费, na.rm = T) +1)) %>%
```

```
mutate(长途语音通话费 = log(长途语音通话费
            - min(长途语音通话费, na.rm = T) +1)) %>%
mutate(省内语音漫游费 = log(省内语音漫游费
            - min(省内语音漫游费, na.rm = T) +1)) %>%
mutate(省际语音漫游费 = log(省际语音漫游费
            - min(省际语音漫游费, na.rm = T) +1)) %>%
mutate(国际语音长途费 = log(国际语音长途费
            - min(国际语音长途费, na.rm = T) +1)) %>%
mutate(上网及数据通信费 = log(上网及数据通信费
            - min(上网及数据通信费, na.rm = T) +1)) %>%
mutate(综合增值服务费 = log(综合增值服务费
            - min(综合增值服务费, na.rm = T) +1)) %>%
mutate(来电显示费 = log(来电显示费
            - min(来电显示费, na.rm = T) +1)) %>%
mutate(总费用 = log(总费用
            - min(总费用, na.rm = T) +1)) %>%
mutate(上网次数 = log(上网次数
            - min(上网次数, na.rm = T) +1)) %>%
mutate(上网时长 = log(上网时长
            - min(上网时长, na.rm = T) +1)) %>%
mutate(主叫次数 = log(主叫次数
            - min(主叫次数, na.rm = T) +1)) %>%
mutate(被叫次数 = log(被叫次数
            - min(被叫次数, na.rm = T) +1)) %>%
mutate(本地通话次数 = log(本地通话次数
            - min(本地通话次数, na.rm = T) +1)) %>%
mutate(省内漫游通话次数 = log(省内漫游通话次数
            - min(省内漫游通话次数, na.rm = T) +1)) %>%
mutate(省际漫游通话次数 = log(省际漫游通话次数
            - min(省际漫游通话次数, na.rm = T) +1)) %>%
mutate(国际漫游通话次数 = log(国际漫游通话次数
            - min(国际漫游通话次数, na.rm = T) +1)) %>%
mutate(主叫通话分钟数 = log(主叫通话分钟数
```

```
            - min(主叫通话分钟数, na.rm = T) +1)) %>%
mutate(被叫通话分钟数 = log(被叫通话分钟数
            - min(被叫通话分钟数, na.rm = T) +1)) %>%
mutate(本地通话分钟数 = log(本地通话分钟数
            - min(本地通话分钟数, na.rm = T) +1)) %>%
mutate(长途语音通话分钟数 = log(长途语音通话分钟数
            - min(长途语音通话分钟数, na.rm = T) +1)) %>%
mutate(省内漫游通话分钟数 = log(省内漫游通话分钟数
            - min(省内漫游通话分钟数, na.rm = T) +1)) %>%
mutate(省际漫游通话分钟数 = log(省际漫游通话分钟数
            - min(省际漫游通话分钟数, na.rm = T) +1)) %>%
mutate(国际漫游通话分钟数 = log(国际漫游通话分钟数
            - min(国际漫游通话分钟数, na.rm = T) +1)) %>%
mutate(群内通话次数 = log(群内通话次数
            - min(群内通话次数, na.rm = T) +1)) %>%
mutate(群内通话分钟数 = log(群内通话分钟数
            - min(群内通话分钟数, na.rm = T) +1)) %>%
mutate(群外通话次数 = log(群外通话次数
            - min(群外通话次数, na.rm = T) +1)) %>%
mutate(群外通话分钟数 = log(群外通话分钟数
            - min(群外通话分钟数, na.rm = T) +1)) %>%
mutate(忙时通话次数 = log(忙时通话次数
            - min(忙时通话次数, na.rm = T) +1)) %>%
mutate(忙时通话分钟数 = log(忙时通话分钟数
            - min(忙时通话分钟数, na.rm = T) +1)) %>%
mutate(闲时通话次数 = log(闲时通话次数
            - min(闲时通话次数, na.rm = T) +1)) %>%
mutate(闲时通话分钟数 = log(闲时通话分钟数
            - min(闲时通话分钟数, na.rm = T) +1)) %>%
mutate(呼转次数 = log(呼转次数
            - min(呼转次数, na.rm = T) +1)) %>%
mutate(拨打他网客服次数 = log(拨打他网客服次数
            - min(拨打他网客服次数, na.rm = T) +1)) %>%
```

```
  mutate(拨打中电信通话次数 = log(拨打中电信通话次数
              - min(拨打中电信移动通话次数, na.rm = T) +1)) %>%
  mutate(拨打中电信通话分钟数 = log(拨打中电信通话分钟数
              - min(拨打中电信移动通话分钟数, na.rm = T) +1)) %>%
  mutate(拨打中联通通话次数 = log(拨打中联通通话次数
              - min(拨打中联通移动通话次数, na.rm = T) +1)) %>%
  mutate(拨打中联通通话分钟数 = log(拨打中联通通话分钟数
              - min(拨打中联通移动通话分钟数, na.rm = T) +1)) %>%
  mutate(拨打中移动通话次数 = log(拨打中移动通话次数
              - min(拨打中移动移动通话次数, na.rm = T) +1)) %>%
  mutate(拨打中移动通话分钟数 = log(拨打中移动通话分钟数
              - min(拨打中移动移动通话分钟数, na.rm = T) +1)) %>%
  mutate(拨打固话通话次数 = log(拨打固话通话次数
              - min(拨打固话通话次数, na.rm = T) +1)) %>%
  mutate(拨打固话通话分钟数 = log(拨打固话通话分钟数
              - min(拨打固话通话分钟数, na.rm = T) +1)) %>%
  mutate(主叫通话联系人数量 = log(主叫通话联系人数量
              - min(主叫通话联系人数量, na.rm = T) +1)) %>%
  mutate(被叫通话联系人数量 = log(被叫通话联系人数量
              - min(被叫通话联系人数量, na.rm = T) +1)) %>%
  mutate(月基本套餐费 = log(月基本套餐费
              - min(月基本套餐费, na.rm = T) +1)) %>%
  mutate(套餐最低消费 = log(套餐最低消费
              - min(套餐最低消费, na.rm = T) +1)) %>%
  mutate(入网天数 = log(入网天数
              - min(入网天数, na.rm = T) +1))

####处理分类变量: 对定类变量生成哑变量
mobile_all <- mobile_all %>%
  mutate(是否女性 = 性别 - 1) %>%
  #使用mutate()函数生成新变量“是否女性”, 其取值如下: “性别”变量
  #的取值1代表男性, 2代表女性; 减去1之后, “是否女性”变量的取值0
  #代表男性, 1代表女性。
```

```
  select(- 性别) %>%
  #删除“性别”变量。
  mutate(是否政企 = 用户分群 - 1) %>%
  #对定类变量“用户分群”生成哑变量“是否政企”。
  select(- 用户分群) %>%
  #删除“用户分群”变量。
  mutate(是否托收 = 托收方式 - 1) %>%
  #对定类变量“托收方式”生成哑变量“是否托收”。
  select(- 托收方式)
  #删除“托收方式”变量。

####指定因变量“是否流失”成为数据框mobile_all的最后一个变量
mobile_all <- mobile_all %>%
  select(- 是否流失, everything())
  #使用select()函数，用负号指定需要放在最后的变量；先用
  #everything()放置所有其他变量，再将指定变量放在最后。

write.csv(mobile_all, "data/ch3_mobile_all_prepared.csv",
          row.names = FALSE)
#将mobile_all数据集写入.csv文件。
```

数据集 mobile_all 中有 520 位流失用户，19 503 位未流失用户，流失用户的比例只占 2.6%。我们首先根据“是否流失”进行分层抽样，将数据分为学习数据集和测试数据集，然后在学习数据集中通过欠抽样抽取 10 个样本数据集。每次抽样时保留所有流失用户的观测，从未流失用户的观测中随机抽取一部分，使样本数据集中流失用户的比例达到 1/2。学习数据集包含 1.4 节所述的训练数据集和验证数据集。在后续章节中，我们将根据学习数据集的每个样本数据集建立统计模型，并应用于测试数据集，然后将各个模型的预测流失概率进行平均，得到对测试数据集的预测流失概率。

```
id_churn <- which(mobile_all$是否流失==1)
#获取mobile_all数据框中满足“是否流失”取值为1的观测的序号，
#即流失用户的序号。
id_churn_learning <-
  sample(id_churn, size = round(length(id_churn)*0.7))
#使用sample()函数从流失用户序号id_churn中随机抽取70%作为放入
```

```
#学习数据集的流失用户序号。length()函数获取id_churn的长度, 乘以0.7
#之后再用round()函数四舍五入取整, 得到需要抽取的用户序号的数量。
id_churn_test <- setdiff(id_churn, id_churn_learning)
#使用setdiff()函数得到没有被抽取的流失用户序号, 作为放入测试数据
#集的流失用户序号。
id_nochurn <- which(mobile_all$是否流失==0)
#获取未流失用户的序号。
id_nochurn_learning <-
  sample(id_nochurn, size = round(length(id_nochurn)*0.7))
#从未流失用户序号中随机抽取70%作为放入学习数据集的未流失用户序号。
id_nochurn_test <- setdiff(id_nochurn, id_nochurn_learning)
#没有被抽取的未流失用户序号将放入测试数据集。

id_test <- c(id_churn_test,id_nochurn_test)
#将放入测试数据集的流失用户序号和未流失用户序号放在同一个向量
#id_test中。
write.csv(mobile_all[id_test,],"data/ch3_mobile_test.csv",
          row.names = FALSE)
#mobile_all[id_test,]取出mobile_all数据集中序号在id_test中的所有
#观测, 即测试数据集。write.csv()函数将测试数据集写入.csv文件。

id_nochurn_learning_samples <- as.list(rep(NA,10))
#初始化记录学习数据集10个样本数据集的未流失用户序号的列表。
#rep(NA,10)生成一个长度为10的向量, 每个元素都是缺失值NA。
#as.list()函数将该向量转换为列表。
for (k in 1:10)
  id_nochurn_learning_samples[[k]] <-
  sample(id_nochurn_learning, size = length(id_churn_learning))
#使用欠抽样, 从学习数据集的未流失用户序号id_nochun_learning中
#随机抽取数量与学习数据集的流失用户数 (length(id_churn_learning))
#相同的样本, 使得在样本数据集中流失用户的比例达到1/2。
```

学习数据集样本和测试数据集中都存在缺失数据。R 软件中的 mice 包实现了对缺失数据进行多重插补的 MICE 算法，但无法将根据学习数据集样本建立的插补模型应用于测试数

据集。我们将使用 R 中的 caret 包，基于能够直接处理含缺失值的自变量的袋装决策树模型（见第 9 章），对缺失数据进行单一插补（即插补数据集的个数 $K = 1$），并把根据学习数据集样本建立的插补模型应用于测试数据集。

```
####获取学习数据集的各个样本数据集，并进行缺失数据插补
for (k in 1:10) {
  id_learning <- c(id_churn_learning,
                   id_nochurn_learning_samples[[k]])
  #将放入学习数据集的流失用户序号和抽取的未流失用户序号放在同一个向量
  #id_learing中，作为学习数据集的当前样本数据集的用户序号。
  write.csv(mobile_all[id_learning,],
            paste0("data/ch3_mobile_learning_sample",k,
                   ".csv"),
            row.names = FALSE)
  #将学习数据集的当前样本数据集写入.csv文件。

  ##进行缺失数据插补
  col_y <- ncol(mobile_all)
  #记录因变量的序号。因为因变量放在最后一列，它的序号等于数据框
  #mobile_all的变量个数（ncol(mobile_all)）。
  mobile_learning_toimpute <-
    mobile_all[id_learning, -c(1,col_y)]
  #第一个变量"设备编码"和因变量不放入插补模型中，所以在建立
  #插补模型时从学习数据集的当前样本数据集中去掉这两个变量。
  mobile_test_toimpute <-
    mobile_all[id_test, -c(1, col_y)]
  #第一个变量"设备编码"和因变量不放入插补模型中，所以在应用
  #插补模型时从测试数据集中去掉这两个变量。

  preProc <- preProcess(mobile_learning_toimpute,
                        method = "bagImpute")
  #使用caret包中的preProcess()函数根据学习数据集的当前样本数据集
  #建立插补模型。插补模型使用的是袋装决策树模型（见本书第9章）。对于
  #每一个需要插补的变量，使用该变量未缺失的那些观测建立根据所有其
```

```
#他变量对该变量进行预测的袋装决策树模型。建模过程中允许其他变量
#有缺失值。该模型将被应用于对该变量的缺失值进行插补。
#注: preProcess()函数只能对数值型变量的缺失值进行插补。在这里,
#mobile_learning_toimpute中所有变量都是数值型, 所以它们的缺失值
#都能被插补。

mobile_learning_imputed <-
  cbind("设备编码"=mobile_all[id_learning,1],
        predict(preProc, mobile_learning_toimpute),
        "是否流失"=mobile_all[id_learning,col_y])
  #使用caret包中的predict()函数将插补模型应用于学习数据集的当前
  #样本数据集, 并补上“设备编码”变量 (mobile_all[id_learning,1])
  #和“是否流失”变量 (mobile_all[id_learning,col_y]) , 形成插补后
  #的学习数据集的样本数据集。
  #因为数值型变量允许取值为小数, 插补后“是否女性”会出现类似于
  #0.622这样的值, “号码等级”会出现类似于1.89这样的值。

write.csv(mobile_learning_imputed,
          paste0("data/ch3_mobile_learning_sample",k,
                 "_imputed.csv"),
          row.names = FALSE)
#将插补后的学习数据集的当前样本数据集写入.csv文件。

mobile_test_imputed <-
  cbind("设备编码"=mobile_all[id_test,1],
        predict(preProc,mobile_test_toimpute),
        "是否流失"=mobile_all[id_test,col_y])
  #使用caret包中的predict()函数将插补模型应用于测试数据集,
  #并补上“设备编码”和“是否流失”变量, 形成插补后的数据集。

write.csv(mobile_test_imputed,
          paste0("data/ch3_mobile_test_sample",k,
                 "_imputed.csv"),
```

```
            row.names = FALSE)
  #将插补后的测试数据集写入.csv文件。
}
```

接下来我们将使用对学习数据集的第一个插补后样本数据集进行简单的变量选择，并进行主成分分析。

```
####读入学习数据集的第一个插补后样本数据集
mobile_learning_imputed <-
  read.csv("data/ch3_mobile_learning_sample1_imputed.csv")

####使用t检验和卡方检验进行简单的变量选择
t.test(mobile_learning_imputed$彩铃费 ~
         mobile_learning_imputed$是否流失)
#将mobile_learning_imputed数据集中的“彩铃费”变量按照“是否流失”变量
#的取值进行分组，再对这两组的均值是否存在显著差异进行t检验。
#p值等于2.994e-05，说明流失用户的彩铃费均值和未流失用户的彩铃费均值
#有显著差异。

chisq.test(mobile_learning_imputed$是否流失,
           mobile_learning_imputed$是否女性)
#对mobile_learning_imputed数据集中的“是否流失”和“是否女性”变量的
#独立性进行卡方检验。
#p值等于0.4755，说明流失用户的性别比例和未流失用户的性别比例没有
#显著差异（显著水平0.05）。

####进行主成分分析
names(mobile_learning_imputed)
#查看mobile_learning_imputed数据集各变量的名称。

mobile_learning_imputed_princomp <-
  princomp(
    mobile_learning_imputed[, -c(1,15,49,50,53,54,56,57,58,59)],
    cor = T)
#princomp()是用于主成分分析的函数。
```

```
#c(1, 15, …)给出不进入主成分分析的变量，包括“设备编码”“延迟缴费次数”
#“年龄”“号码等级”“是否VPN用户”“是否融合”“是否女性”
#“是否政企”“是否托收”“是否流失”。
#cor=T指定用样本相关系数矩阵计算主成分。

##画崖底碎石图
pdf("fig/ch3_mobile_princomp_screeplot.pdf",
    width = 3.5,
    height = 3.5)
screeplot(mobile_learning_imputed_princomp, type = "lines",
          main = "")
#type="lines"指定画图方式为折线图，若不设置则为默认的柱状图。
#main=""指定不显示图的名称。
dev.off()

##显示分析结果
summary(mobile_learning_imputed_princomp, loadings = T)
#loadings=T指定输出结果包含各个主成分对应的系数。
#屏幕上将显示Importance of components和Loadings两部分:
#前者包括每个主成分的标准差、解释的方差比例以及累计比例;
#后者包括每个主成分对应的系数。
```

移动运营商数据的主成分分析的崖底碎石图如图 3.5 所示。根据该图可以选取第一个主

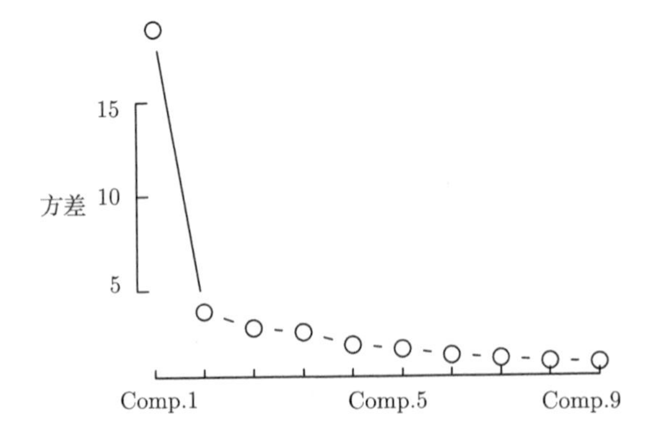

图 3.5 移动运营商数据的主成分分析的崖底碎石图

成分。主成分分析结果的一部分如表 3.1 所示，第一个主成分只解释了方差的 38.51%。因此，在这个例子中不适合使用主成分分析进行降维。

表 3.1 移动运营商数据的主成分分析的结果

项目	Comp.1	Comp.2	Comp.3	···
标准方差	4.343 997 1	1.969 574 1	1.729 590 10	···
方差比例	0.385 108 4	0.079 167 8	0.061 050 65	···
累计比例	**0.385 108 4**	0.464 276 2	0.525 326 83	···

上机实验

一、实验目的

1. 掌握 R 语言中处理分类变量、时间变量以及极值的方法
2. 掌握 R 语言中将建模数据集划分为学习数据集和测试数据集的方法
3. 掌握 R 语言中插补缺失数据的方法
4. 掌握 R 语言中进行简单的变量选择及主成分分析的方法

二、实验步骤

rain.csv 数据集给出了澳大利亚多个气象站的日气象观测数据，需要预测第 2 天是否会下雨。表 3.2 列出了数据集中各变量的名称及含义。

1. 读取 rain.csv 中的数据，声明各变量类型，并将数据储存为 R 数据框。将字符型变量的取值 "" 替代为缺失值。
2. 将变量 Date 转换为月份（取值为 "01"～"12"），删除 RISK_MM 变量。
3. 将变量 RainToday、RainTomorrow 转换为哑变量。
4. 查看连续变量的直方图以及分类变量的柱状图。
5. 删除分类变量取值超出取值范围的观测。对有极值的连续变量进行对数转换。
6. 查看各变量的缺失情况。 删除分类自变量存在缺失值的观测。（caret 包中的 preProcess() 函数只能对数值型变量的缺失值进行插补。当前数据集中有缺失值的分类自变量的缺失比例不超过 8%；其中有些变量取值过多，转换成哑变量后再插补需要的时间比较长。因此这里删除分类自变量存在缺失值的观测。）
7. 根据因变量的取值进行分层抽样，在每层中随机抽取 70% 的观测放入学习数据集，剩余 30% 放入测试数据集。
8. 使用 caret 包中的 preProcess() 函数根据学习数据集建立缺失数据插补模型，并将该模型应用于测试数据集对缺失数据进行插补。

9. 根据插补后的学习数据集，使用 t 检验和卡方检验进行简单的变量选择，找出在按照因变量取值划分的两组观测中有显著差异的自变量（显著性水平 0.05）。
10. 在插补后的学习数据集和测试数据集中，将不是哑变量形式的定类自变量转换为哑变量。
11. 根据插补后的学习数据集，对连续自变量进行主成分分析，显示分析结果并画出崖底碎石图。思考应该选取几个主成分？在插补后的学习数据集和测试数据集加入生成的主成分的数据。

三、思考题

1. 为什么要删除 RISK_MM 变量？
2. 为什么本例中不需要进行过抽样或欠抽样？
3. 针对 preProcess() 函数不能对分类变量缺失值进行插补的问题，本例中的应对方法和 3.10.2 节的应对方法有什么不同？

表 3.2 rain 数据集说明

变量名称	变量说明
Date	观测日期，取值形如“2008-12-01”
Location	气象站地点
MinTemp	最低气温（摄氏度）
MaxTemp	最高气温（摄氏度）
Rainfall	日降水量（毫米）
Evaporation	到上午 9 点（24 小时内）的甲级蒸发量（毫米）
Sunshine	一天中阳光灿烂的小时数
WindGustDir	到午夜（24 小时内）的最强阵风的方向
WindGustSpeed	到午夜（24 小时内）的最强阵风的风速（千米/小时）
WindDir9am	上午 9 点的风向
WindDir3pm	下午 3 点的风向
WindSpeed9am	到上午 9 点（10 分钟内）的平均风速（千米/小时）
WindSpeed3pm	到下午 3 点（10 分钟内）的平均风速（千米/小时）
Humidity9am	上午 9 点的湿度（百分比）
Humidity3pm	下午 3 点的湿度（百分比）
Pressure9am	上午 9 点降至平均海平面的大气压（百帕）
Pressure3pm	下午 3 点降至平均海平面的大气压（百帕）
Cloud9am	上午 9 点天空被云遮住的比例（以 1/8 的倍数计）
Cloud3pm	下午 3 点天空被云遮住的比例（以 1/8 的倍数计）
Temp9am	上午 9 点的气温（摄氏度）
Temp3pm	下午 3 点的气温（摄氏度）

续表

变量名称	变量说明
RainToday	如果到上午 9 点（24 小时内）的降水量（mm）超过 1mm，取值为“Yes”，否则取值为“No”
RISK_MM	第 2 天的降水量（毫米）。用于创建因变量 RainTomorrow。
RainTomorrow	因变量。如果 RISK_MM 超过 1，取值为“Yes”，否则取值为“No”

习题

1. （单选题）以下选项（　　）是正确的。
   A. 自变量的异常值可能对模型有较大影响，因变量的异常值不可能对模型有较大影响
   B. 自变量的异常值不可能对模型有较大影响，因变量的异常值可能对模型有较大影响
   C. 自变量和因变量的异常值都可能对模型有较大影响
   D. 自变量和因变量的异常值都不可能对模型有较大影响
2. （单选题）过抽样是解决（　　）问题的常用方法。
   A. 抽样偏差　　B. 异常值
   C. 类别不平衡　　D. 自变量过多
3. （单选题）主成分分析是解决（　　）问题的常用方法。
   A. 抽样偏差　　B. 异常值
   C. 类别不平衡　　D. 自变量过多
4. （多选题）某个数据集含有“性别”“年龄”“教育程度”“月收入”4 个变量。“性别”“年龄”和“教育程度”没有缺失值，但某些观测的“月收入”缺失。下列（　　）情况不满足随机缺失假设。
   A. “月收入”是否缺失不依赖于任何因素，就像扔硬币一样是完全随机的
   B. “月收入”是否缺失只依赖于“性别”“年龄”和“教育程度”
   C. “月收入”是否缺失除了依赖于“性别”“年龄”和“教育程度”之外，还依赖于不在数据集中的“地区”变量
   D. “月收入”是否缺失除了依赖于“性别”“年龄”和“教育程度”之外，还依赖于“月收入”本身的值
5. （多选题）某银行希望预测个人客户是否会在一年后流失，在构建建模数据集时，下列（　　）做法不合适。
   A. 一位客户于 2012 年 8 月流失，把这位客户加入建模数据集时，加入取值为 2011

年 5 月账户余额的自变量和取值为“流失”的因变量

B. 一位客户于 2012 年 8 月流失，把这位客户加入建模数据集时，加入取值为 2012 年 5 月账户余额的自变量和取值为“流失”的因变量

C. 一位客户在 2012 年 8 月尚未流失，把这位客户加入建模数据集时，加入取值为 2011 年 5 月账户余额的自变量和取值为“未流失”的因变量

D. 一位客户在 2012 年 8 月尚未流失，把这位客户加入建模数据集时，加入取值为 2012 年 5 月账户余额的自变量和取值为“未流失”的因变量

6. 上机题：使用第 2 章习题 5 中的数据集 stock.csv。

(a) 读取 stock.csv 中的数据，声明各变量类型，并将数据储存为 R 数据框。删除“行业代码 A”变量（因为“行业代码 A”与“行业名称 A”的取值一一对应，只保留“行业名称 A”就可以了）。将字符型变量的取值 "" (空字符串) 替代为缺失值。对于“最终控制人类型”变量，将取值 6（代表“不能识别”）替代为缺失值，将取值 2、3、4、5 合并为一个类别，代表除“国有控股”和“民营控股”之外的“其他控股”。

(b) 对有极值的连续变量进行对数转换。

(c) 考虑以“市盈率”或“市净率”作为因变量。删除分类自变量存在缺失值的观测。删除“市盈率”或“市净率”存在缺失值的观测。

(d) 随机抽取 70% 的观测放入学习数据集，剩余 30% 放入测试数据集。

(e) 使用 caret 包中的 preProcess() 函数根据学习数据集建立缺失数据插补模型，并将该模型应用于测试数据集对缺失数据进行插补。

(f) 在插补后的学习数据集和测试数据集中，将不是哑变量形式的定类变量转换为哑变量。

(g) 根据插补后的学习数据集，对连续自变量进行主成分分析，显示分析结果并画出崖底碎石图。思考应该选取几个主成分？在插补后的学习数据集和测试数据集加入生成的主成分的数据。

第 4 章 关联规则挖掘

关联规则挖掘是一种无向数据挖掘方法，它从大量数据项中寻找有意义的关联性关系。它的一个典型应用是购物篮分析，即分析消费者购物篮中各种商品之间的关联。本章首先讲述关联规则的基本概念，接着介绍挖掘关联规则的 Apriori 算法，并对序列关联规则挖掘进行简介。本章最后还提供了两个使用 R 语言进行关联规则挖掘的示例。

4.1 关联规则的基本概念

令 $\mathcal{T}=\{i_1,i_2,\cdots,i_m\}$ 表示所有项的集合。例如，对于超市而言，$\mathcal{T}=\{$啤酒,尿布,$\cdots\}$。$\mathcal{T}$ 的子集称为项集，含有 k 个项的项集被称为 k–项集。令 $\boldsymbol{D}$ 表示观测到的数据集，其中每条观测都是一个项集（如一次消费中购买的各种商品）。关联规则的形式为 $\boldsymbol{A}\Rightarrow\boldsymbol{B}$，其中 $\boldsymbol{A}$、$\boldsymbol{B}$ 为两个项集，满足 $\boldsymbol{A}\cap\boldsymbol{B}=\varnothing$；$\boldsymbol{A}$ 称为关联规则的前项集，$\boldsymbol{B}$ 称为后项集。例如，在关联规则 $\{$尿布$\}\Rightarrow\{$啤酒$\}$ 中，前项集和后项集都是 1–项集；而在关联规则 $\{$牙膏, 牙刷, 毛巾$\}\Rightarrow\{$洗发液, 沐浴液$\}$ 中，前项集为 3–项集，后项集为 2–项集。

任何一个项集 $\boldsymbol{X}$ 的支持观测数定义为数据集 $\boldsymbol{D}$ 中包含 $\boldsymbol{X}$ 中所有项的观测数，支持度 $\text{support}(\boldsymbol{X})$ 定义为 $\boldsymbol{X}$ 的支持观测数占数据集 $\boldsymbol{D}$ 所有观测数的比例。如果令事件 $\widetilde{\boldsymbol{X}}$ 表示包含 $\boldsymbol{X}$ 中所有项，$\text{support}(\boldsymbol{X})$ 等价于 $\widetilde{\boldsymbol{X}}$ 的概率。关联规则 $\boldsymbol{A}\Rightarrow\boldsymbol{B}$ 的支持观测数定义为数据集 $\boldsymbol{D}$ 中同时包含 $\boldsymbol{A}$ 和 $\boldsymbol{B}$ 中所有项的观测数，支持度 $\text{support}(\boldsymbol{A}\Rightarrow\boldsymbol{B})$ 定义为 $\boldsymbol{A}\Rightarrow\boldsymbol{B}$ 的支持观测数占数据集 $\boldsymbol{D}$ 所有观测数的比例。$\text{support}(\boldsymbol{A}\Rightarrow\boldsymbol{B})$ 等价于 $\widetilde{\boldsymbol{A}}$ 和 $\widetilde{\boldsymbol{B}}$ 的联合概率。例如，若有 3% 的顾客同时购买了尿布和啤酒，那么 $\{$尿布$\}\Rightarrow\{$啤酒$\}$ 的支持度为 3%。关联规则 $\boldsymbol{A}\Rightarrow\boldsymbol{B}$ 的置信度 $\text{confidence}(\boldsymbol{A}\Rightarrow\boldsymbol{B})$ 定义为数据集 $\boldsymbol{D}$ 中包含 $\boldsymbol{A}$ 的观测中同时包含 $\boldsymbol{B}$ 的比例，即 $\text{support}(\boldsymbol{A}\Rightarrow\boldsymbol{B})/\text{support}(\boldsymbol{A})$，这等价于 $\widetilde{\boldsymbol{B}}$ 给定 $\widetilde{\boldsymbol{A}}$ 的条件概率。例如，若购买尿布的顾客中有 20% 的顾客同时购买了啤酒，那么 $\{$尿布$\}\Rightarrow\{$啤酒$\}$ 的置信度为 20%。在进行关联规则挖掘时，需事先指定最小支持度阈值（min_sup）和最小置信度阈值（min_conf），

支持度不小于 min_sup 且置信度不小于 min_conf 的关联规则被称为强关联规则。关联规则挖掘需要根据数据集 $\boldsymbol{D}$ 找出所有的强关联规则。很容易看出，如果项集 $\boldsymbol{A}$ 的支持度不小于 min_sup，那么 $\boldsymbol{A} \Rightarrow \varnothing$ 的支持度不小于 min_sup 且置信度等于 1，所以 $\boldsymbol{A} \Rightarrow \varnothing$ 是强关联规则。

关联规则挖掘的另外一个基本度量是提升值。关联规则 $\boldsymbol{A} \Rightarrow \boldsymbol{B}$ 的提升值 $\text{lift}(\boldsymbol{A} \Rightarrow \boldsymbol{B})$ 定义为该规则的置信度与 $\boldsymbol{B}$ 的支持度的比率，即 $\text{confidence}(\boldsymbol{A} \Rightarrow \boldsymbol{B})/\text{support}(\boldsymbol{B}) = \text{support}(\boldsymbol{A} \Rightarrow \boldsymbol{B})/[\text{support}(\boldsymbol{A})\text{support}(\boldsymbol{B})]$。提升值等价于 $\widetilde{\boldsymbol{B}}$ 给定 $\widetilde{\boldsymbol{A}}$ 的条件概率与 $\widetilde{\boldsymbol{B}}$ 的边缘概率之比。强关联规则需要提升值大于 1 才有意义。例如，如果在所有顾客中，有 25% 的顾客购买了啤酒，而购买尿布的顾客中只有 20% 的顾客同时购买了啤酒，那么购买尿布会阻碍顾客购买啤酒，规则 {尿布} ⇒ {啤酒} 就没有意义。

4.2 Apriori 算法简介

Apriori 算法 (Agrawal et al., 1994) 是关联规则挖掘的基础算法。它将强关联规则的挖掘过程分为以下两个步骤。

1. 找出所有频繁项集（支持度不小于 min_sup 的项集被称作频繁项集）

令 $\boldsymbol{L}_k$ 表示所有频繁 k–项集的集合。Apriori 算法使用递推的方法找出所有的频繁项集：首先找出 $\boldsymbol{L}_1$，再用 $\boldsymbol{L}_1$ 找出 $\boldsymbol{L}_2$，用 $\boldsymbol{L}_2$ 找出 $\boldsymbol{L}_3 \cdots\cdots$ 依此类推，直至无法找到更多的频繁项集。

2. 从频繁项集中生成所有强关联规则

一条强关联规则 $\boldsymbol{A} \Rightarrow \boldsymbol{B}$ 必须满足以下两个条件：

（1）$\text{support}(\boldsymbol{A} \Rightarrow \boldsymbol{B}) \geqslant \text{min\_sup}$；

（2）$\text{confidence}(\boldsymbol{A} \Rightarrow \boldsymbol{B}) = \text{support}(\boldsymbol{A} \Rightarrow \boldsymbol{B})/\text{support}(\boldsymbol{A}) \geqslant \text{min\_conf}$。

因此，可以如下生成强关联规则：

（1）对于每个频繁项集 $\boldsymbol{l}$，生成它所有的非空子集；

（2）对于 $\boldsymbol{l}$ 的每个非空子集 $\boldsymbol{s}$，令 $\boldsymbol{l}\backslash\boldsymbol{s}$ 表示 $\boldsymbol{s}$ 在 $\boldsymbol{l}$ 中的补集，它们满足 $\boldsymbol{s} \cup (\boldsymbol{l}\backslash\boldsymbol{s}) = \boldsymbol{l}$。考查规则 $\boldsymbol{s} \Rightarrow \boldsymbol{l}\backslash\boldsymbol{s}$，其支持度为 $\text{support}[\boldsymbol{s} \Rightarrow (\boldsymbol{l}\backslash\boldsymbol{s})] = \text{support}(\boldsymbol{l}) \geqslant \text{min\_sup}$；如果其置信度 $\text{support}(\boldsymbol{l})/\text{support}(\boldsymbol{s})$ 不小于 min_conf，那么该规则是强关联规则。

4.3 序列关联规则挖掘

序列关联规则挖掘也称为序列模式挖掘（Sequential Pattern Mining）。它牵涉时间顺序，可回答的问题如下。

- 对于一家在线零售商的网站，用户常见的网页浏览顺序是什么？
- 如果为顾客提供某项服务需要完成一系列步骤，常见的顺序是什么？是否存在重复步骤？
- 对于糖尿病患者，常见的用药顺序是什么？(Wright et al., 2015)

一个序列关联规则的形式如下：

$$\boldsymbol{A}_1 > \boldsymbol{A}_2 > \cdots > \boldsymbol{A}_n \Rightarrow \boldsymbol{B} \tag{4.1}$$

其中，前项集 $\boldsymbol{A}_1, \boldsymbol{A}_2, \cdots, \boldsymbol{A}_n$ 和后项集 $\boldsymbol{B}$ 按时间顺序发生（但不一定是相邻发生，中间可能跳过一些步骤）。支持度定义为数据集中按时间顺序出现 $\boldsymbol{A}_1, \boldsymbol{A}_2, \cdots, \boldsymbol{A}_n$ 和 $\boldsymbol{B}$ 的观测比例，置信度定义为数据集中按时间顺序出现 $\boldsymbol{A}_1, \boldsymbol{A}_2, \cdots, \boldsymbol{A}_n$ 的那些观测中，之后又出现 $\boldsymbol{B}$ 的比例，提升值仍然定义为置信度与 $\boldsymbol{B}$ 的支持度的比率。

表 4.1 列出了某地区糖尿病患者的用药记录示例。当 min_sup = 0.001 且 min_conf = 0.1 时，挖掘所有用药记录可能发现某条有意义的关联规则为：

Biguanide > Sulfonylurea > DPP-4 inhibitor ⇒ Insulin
[支持度 =0.0013，置信度 =10%，提升值 =4.25]

表 4.1 某地区糖尿病患者的用药记录

患者编号	用药日期	用药类型
1	2008/8/2	{Biguanide,Sulfonylurea}
1	2008/11/3	{GLP-1 agonist}
1	2009/7/1	{Insulin}
2	2008/12/3	{Biguanide}
2	2009/8/5	{DPP-4 inhibitor}
...	...	...

4.4 R 语言分析示例：关联规则挖掘

4.4.1 购物篮分析

R 语言的 arules 程序包自带的 Groceries 数据集 (Hahsler et al., 2006) 包含了 9 835 条消费记录、169 项商品。该数据集为交易（transaction）数据集，每条观测为一条交易记录，包含一项或多项商品。读者可以使用 Apriori 算法挖掘各商品之间的关联。下面介绍相关的 R 语言程序。

```
####加载程序包
library(arules)
#arules是用于关联规则挖掘的程序包，我们将调用其中的Groceries数据集，
#以及itemFrequencyPlot()、apriori()、inspect()等函数。
library(arulesViz)
#arulesViz是用于关联规则可视化的程序包，我们将调用其中的plot()函数。

####调用arules包中的Groceries数据集
data("Groceries")

####查看数据集Groceries的摘要
summary(Groceries)
#部分结果如下：
#transactions as itemMatrix in sparse format with
#9835 rows (elements/itemsets/transactions) and
#169 columns (items) and a density of 0.02609146
#说明一共有9 835条交易记录，169个不同的项。

####逐条查看数据集Groceries的前6条记录
inspect(head(Groceries))
#head()函数取出前6条记录，inspect()函数进行查看。
#第1条记录如下：
#items
#[1] {citrus fruit,
#     semi-finished bread,
#     margarine,
#     ready soups}
#说明第1条交易记录中包含的项。

####为Groceries数据集中频数排名前20的项绘制频数图
itemFrequencyPlot(Groceries,topN=20,type="absolute")
#itemFrequencyPlot()函数绘制频数图。
#topN=20指定取频数排名前20的项。
```

```
#type="absolute"指定绘图时使用绝对频数。
```

图 4.1 展示了绘制的绝对频数图。其中，购买频数最高的商品是 whole milk，有超过 2 500 条交易记录包含 whole milk。购买频数次高的商品是 other vegetables，等等。

```
####对Groceries数据集进行关联分析
rules <- apriori(Groceries,
                 parameter=list(support=0.001, confidence=0.8,
                                target="rules"))
#apriori()函数用Apriori算法挖掘关联规则。parameter参数可以对支持度
# (support) 、置信度 (confidence) 、每条规则包含最大项数/最小项数
# (maxlen/minlen) 以及输出结果 (target) 等参数进行设置。这里设定
#最小支持度为0.001，最小置信度为0.8；target="rules"指定输出关联规则。

####查看输出的关联规则的基本信息
summary(rules)
#结果如下:
#set of 410 rules
#rule length distribution (lhs + rhs):sizes
#3   4   5   6
#29 229 140  12
# Min.   1st Qu. Median  Mean    3rd Qu.  Max.
#3.000   4.000   4.000   4.329   5.000   6.000
#summary of quality measures:
#    support           confidence          lift               count
#Min.   :0.001017   Min.   :0.8000   Min.   : 3.131   Min.   :10.00
#1st Qu.:0.001017   1st Qu.:0.8333   1st Qu.: 3.312   1st Qu.:10.00
#Median :0.001220   Median :0.8462   Median : 3.588   Median :12.00
#Mean   :0.001247   Mean   :0.8663   Mean   : 3.951   Mean   :12.27
#3rd Qu.:0.001322   3rd Qu.:0.9091   3rd Qu.: 4.341   3rd Qu.:13.00
#Max.   :0.003152   Max.   :1.0000   Max.   :11.235   Max.   :31.00
#mining info:
#  data      ntransactions support confidence
#Groceries        9835      0.001       0.8
#
```

```
#对结果的解释如下:
#所生成的关联规则数共有410条;
#关联规则长度（前项集lhs的项数+后项集rhs的项数）的分布：大多数规则长度
#为4或5;
#关联规则的支持度、置信度、提升值和支持观测数的描述统计（最小值、下四
#分位数、中位数、均值、上四分位数、最大值）;
#关联规则挖掘的信息：使用的数据集为Groceries，共有9 835条数据，最小支持度
#为0.001，最小置信度为0.8。

####查看分析结果
options(digits=4)
#设置输出小数位数为4位数
inspect(head(rules,by="lift"))
#head()函数取出前6条规则，by="lift"指定按提升值降序排列各条规则，
#inspect()函数逐条查看关联规则。
```

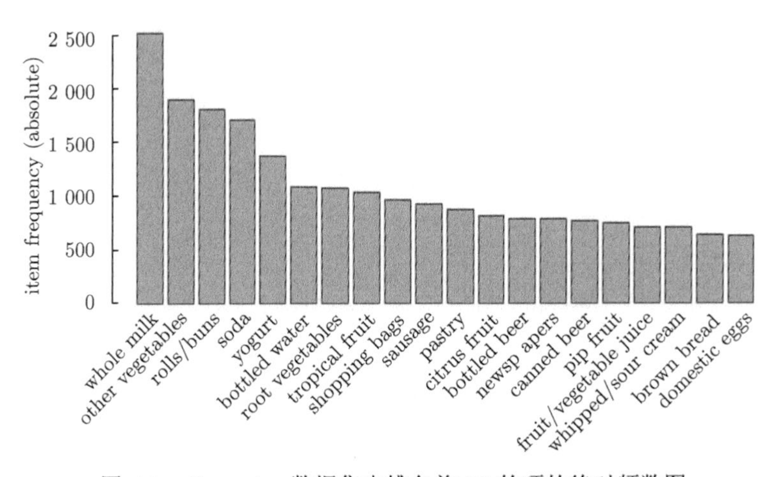

图 4.1 Groceries 数据集中排名前 20 的项的绝对频数图

表 4.2 展示了 Groceries 数据的前两条关联规则，各列分别表示规则的前项集、后项集、支持度、置信度、提升值和支持观测数。

```
####关联分析结果可视化
plot(rules)
#对关联规则的支持度、置信度和提升值进行可视化
```

表 4.2 Groceries 数据集的前两条关联规则

lhs		rhs	support	confidence	lift	count
{liquor,red/blush wine}	⇒	{bottled beer}	0.001932	0.9048	11.235	19
{citrus fruit,...,fruit/vegetable juice}	⇒	{root vegetables}	0.001017	0.9091	8.340	10
...	...	...	...	...	...	...

图 4.2 展示了 Groceries 数据的关联规则可视化的结果。图中的横轴表示支持度，纵轴表示置信度，每个点的颜色深浅表示提升值。

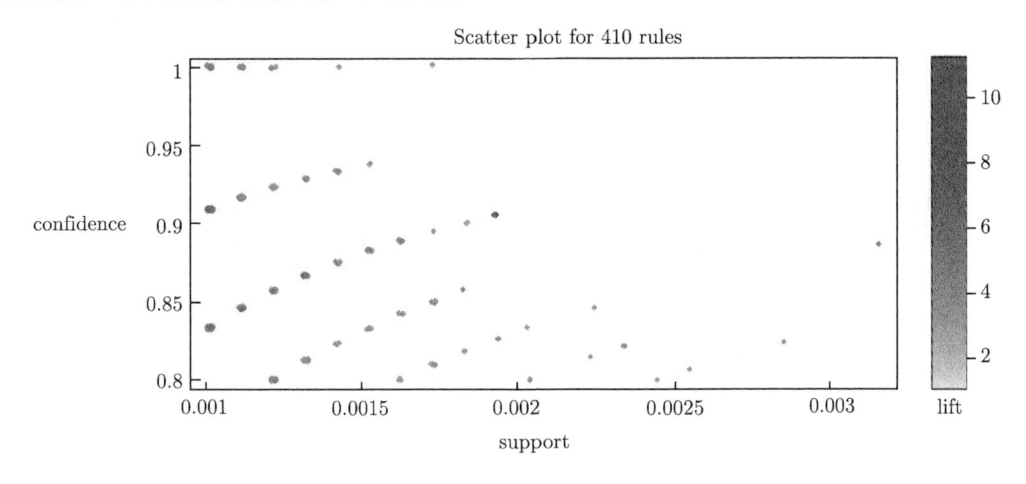

图 4.2 Groceries 数据集的关联规则可视化的结果

在挖掘出的强关联规则中，有一些是冗余的。对于规则 $\boldsymbol{A} \Rightarrow \boldsymbol{B}$ 而言，如果有另一条关联规则 $\boldsymbol{A}' \Rightarrow \boldsymbol{B}$，后项集一样，但前项集 $\boldsymbol{A}'$ 是 $\boldsymbol{A}$ 的真子集（即 $\boldsymbol{A}'$ 相比于 $\boldsymbol{A}$ 而言少了一个或多个项），那么我们称规则 $\boldsymbol{A}' \Rightarrow \boldsymbol{B}$ 比规则 $\boldsymbol{A} \Rightarrow \boldsymbol{B}$ 更一般化，或者规则 $\boldsymbol{A} \Rightarrow \boldsymbol{B}$ 比规则 $\boldsymbol{A}' \Rightarrow \boldsymbol{B}$ 更具体化。如果存在比规则 $\boldsymbol{A} \Rightarrow \boldsymbol{B}$ 更一般化的规则 $\boldsymbol{A}' \Rightarrow \boldsymbol{B}$，其置信度等于或大于 $\boldsymbol{A} \Rightarrow \boldsymbol{B}$ 的置信度，那么我们称规则 $\boldsymbol{A} \Rightarrow \boldsymbol{B}$ 是冗余的。例如，从 Groceries 数据集得到的强关联规则中，有一条规则 {whole milk,butter,whipped/sour cream,soda} ⇒ {other vegetables}，其置信度为 0.9091，但有另一条更一般化的规则 {butter,whipped/sour cream,soda} ⇒ {other vegetables}，其置信度为 0.9286，所以前面那条规则是冗余的。除了置信度，还可以用提升值等度量来判断一条规则是否冗余。我们可以按照如下程序去除冗余规则。

```
####去除冗余规则
rules_pruned<- rules[!is.redundant(rules)]
#is.redundant()函数返回一个逻辑型向量，向量中的元素取值为TRUE说明
```

```
#对应规则是冗余的，取值为FALSE说明对应规则不是冗余的。
#使用“!”对is.redundant()函数得到的向量进行取反操作。
#rules[!is.redundant(rules)]取出该向量中元素取值不等于TRUE
#（即取值为FALSE）的规则，即不冗余的规则。
```

我们还可以进行一些其他分析。

```
####根据置信度对输出规则进行排序
rules <- sort(rules, by="confidence", decreasing=T)
#sort()函数对规则进行排序。
#by="confidence"指定按照变量confidence进行排序
#decreasing=T 指定按降序排列

####控制关联规则的长度
rules_maxlen <- apriori(Groceries,
                        parameter = list(supp = 0.001, conf = 0.8,
                                         maxlen=3))
#若要对关联规则的长度进行控制，可使用apriori()函数中的maxlen选项。
#maxlen=3指定关联规则的最大长度为3。

####查看分析结果
inspect(head(rules_maxlen,by="lift"))

####指定后项集的关联规则挖掘:
####探究顾客在购买什么商品的同时会购买whole milk
rules_rhs_wholemilk <- apriori(Groceries,
                               parameter=list(supp=0.001, conf=0.8),
                               appearance=list(rhs="whole milk"),
                               control=list(verbose=F))
#appearance选项中，rhs="whole milk"表示指定后项集（rhs）为"whole milk"。
#control选项中，verbose=F表示不输出分析进度。

####查看分析结果
inspect(head(rules_rhs_wholemilk,by="lift"))
```

```
####关联分析结果可视化
plot(head(rules_rhs_wholemilk,by="lift"), method="graph")
#对提升值排前6位的关联规则进行可视化。
#method="graph"表示将关联规则展示为有向图。
#图中文字表示项，顶点表示关联规则，顶点的大小和颜色分别代表关联规则的
#支持度和提升值。由文字指向顶点的箭头说明相应项为关联规则的前项，由
#顶点指向文字的箭头说明相应项为关联规则的后项。
```

图 4.3 展示了 Groceries 数据集指定后项集为 whole milk 时提升值排前 6 位的关联规则的有向图。图中文字表示项，顶点表示关联规则，顶点的大小和颜色分别代表关联规则的支持度和提升值。由文字指向顶点的箭头说明相应项为关联规则的前项，由顶点指向文字的箭头说明相应项为关联规则的后项。例如，最左边的顶点代表关联规则 {root vegetables, flour,whipped/sour cream} ⇒ {whole milk}，它的支持度在展示的 6 条规则中是最大的。图中展示的 6 条规则的提升值都是 3.914。

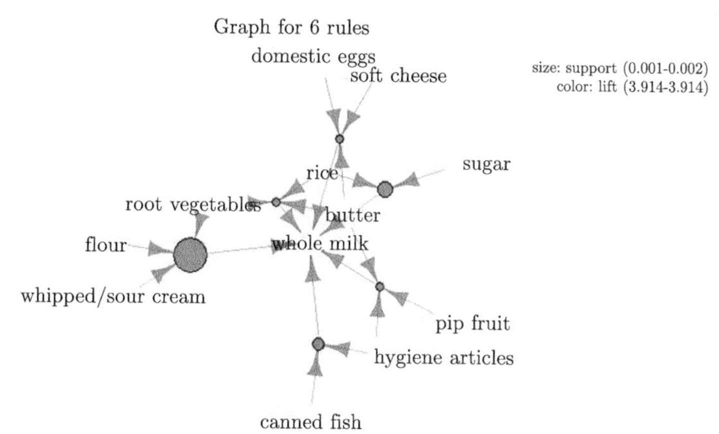

图 4.3 Groceries 数据集指定后项集为 whole milk 时提升值排前 6 位的关联规则的有向图

```
####指定前项集的关联规则挖掘:
####探究顾客在购买cereals的同时会购买什么商品
rules_lhs_cereals <- apriori(Groceries,
                             parameter=list(supp=0.001,conf=0.15),
                             appearance=list(lhs="cereals"),
                             control=list(verbose=F))
#appearance选项中，lhs="cereals"表示指定前项集 (lhs) 为{cereals}。
```

```
####查看分析结果
inspect(head(rules_lhs_cereals, by="lift"))
```

4.4.2 泰坦尼克号存活情况分析

假设 D:\dma_Rbook\data 目录下的 ch4_titanic_train.csv 数据集记录了 891 位泰坦尼克号乘客如表 4.3 所示的 12 个变量的信息。我们希望挖掘乘客的存活情况与其他变量的关联规则。在进行关联规则分析前，我们对数据集进行简单的分析与预处理。我们注意到，数据集中每位乘客的 PassengerId（乘客编号）、Name（姓名）和 Ticket（船票号）都不同，故删去这 3 个变量；Cabin（船舱号）缺失过多，故删去这个变量；Fare（船票价格）变动较大且直接与 Pclass（船舱等级）有关，故删去 Fare 变量。此外，删除 Age（年龄）缺失的观测，并将 Age 进行分组转化为分类变量。

表 4.3 titanic 数据集说明

变量名称	变量说明
PassengerId	乘客编号
Survival	是否存活（0 = 没有，1 = 存活）
Pclass	船舱等级（1 = 一等舱，2 = 二等舱，3 = 三等舱）
Name	姓名
Sex	性别（male 代表男性，female 代表女性）
Age	年龄
Sibsp	船上的兄妹/配偶数目
Parch	船上的父母/孩子数目
Ticket	船票号
Fare	船票价格
Cabin	船舱号
Embarked	登船港口（C = 瑟堡，Q = 皇后镇，S = 南安普敦）

在挖掘关联规则时，我们将每条观测当作一条交易，每个分类变量的每种可能取值当作一个项。因为任意属于同一个变量可能取值的两个项都不可能在一条观测中同时出现，所以任意一条关联规则中每个变量至多出现一次。因此，挖掘各个项之间的关联等价于挖掘各个变量取值之间的关联。以下介绍相关的 R 语言程序。

```
####加载程序包
library(arules)
#arules是用于关联规则挖掘的程序包，我们将调用其中的apriori()函数和
#inspect()函数。
library(arulesViz)
```

```
#arulesViz是用于关联规则可视化的程序包，我们将调用其中的plot()函数。
library(dplyr)
#dplyr是数据处理的程序包，我们将调用其中的管道函数以及select()、
#mutate_all()、na_if()等函数。
library(ggplot2)
#ggplot2是用于可视化的程序包，我们将调用其中的ggplot()函数和
#geom_histogram()函数。

####读入数据，生成R数据框
setwd("D:/dma_Rbook")
#设置基本路径。
titanic <- read.csv("data/ch4_titanic_train.csv",
                    colClasses = c("character",
                                   rep("numeric", 2),
                                   rep("character", 2),
                                   rep("numeric", 3),
                                   "character",
                                   "numeric",
                                   rep("character", 2)))
#读入基本路径的data子目录下的ch4_titanic_train文件，生成titanic
#数据框。PassengerId、Name、Sex、Ticket、Cabin、Embarked这几个变量
#按照字符型变量读入，其他变量按照数值型变量读入。

####查看数据集titanic的基本描述
summary(titanic)
#Age所在列的下方会显示“NA's=177”，表示变量Age中有177条缺失观测。

####对原始数据集进行处理
titanic <- titanic %>%
  select(-c(PassengerId,Name,Ticket,Cabin,Fare)) %>%
  #删去PassengerId、Name、Ticket、Cabin和Fare变量。
  mutate_all(., list(~na_if(.,""))) %>%
  #将字符型变量的取值""替代为缺失值。
```

```
  filter(complete.cases(.))
  #只保留没有缺失值的完整观测。

####查看年龄的分布
ggplot(titanic, aes(x=Age)) +
  geom_histogram(binwidth=5, fill="lightblue", colour="black")
#ggplot()是绘图函数，对数据框titanic进行操作。
#aes()用于说明绘图的基本参数，x=Age说明横轴表示Age。
#geom_histogram()是附加函数，表明绘制直方图，
#binwidth=5设置组距为5，fill="lightblue"指定直方图中各柱形用
#淡蓝色填充，colour="black"指定直方图中各柱的边缘用黑色。

titanic <- titanic %>%
  mutate(Survived = as.factor(Survived)) %>%
  mutate(Pclass = as.factor(Pclass)) %>%
  mutate(Sex = as.factor(Sex)) %>%
  mutate(SibSp = as.factor(SibSp)) %>%
  mutate(Parch = as.factor(Parch)) %>%
  mutate(Embarked = as.factor(Embarked)) %>%
  #将Survived、PClass、Sex、Sibsp、Parch、Embarked变量转换为因子型。
  mutate(Age =
    as.factor(cut(Age, breaks = c(0, 20, 40, 100))))
  #使用cut()函数将Age变量按照(0,20],(20,40],(40,100]这3个区间
  #进行分组，再用as.factor()函数转换为因子型变量。
  #注：下面的apriori()函数要求加入关联分析的各个变量为因子型。

####对titanic数据集进行关联分析
rules <- apriori(titanic)
#这里使用apriori函数默认的参数值：support=0.1，confidence=0.8。

####查看输出的关联规则的基本信息
summary(rules)
```

```
####查看分析结果
options(digits=4)
inspect(head(rules,by="lift"))

####关联分析结果可视化
plot(rules)
#对关联规则的支持度、置信度和提升值进行可视化。

####指定后项集的关联规则挖掘:
####探究顾客特征取什么值时会存活 (Survived变量取值为1)
rules_rhs_survive <-
  apriori(titanic,
          parameter = list(supp=0.05,conf=0.8),
          appearance = list(rhs=c("Survived=1")),
          control=list(verbose=F))
#appearance选项中, rhs=c("Survived=1")表示指定后项集为"Survived=1"。

####查看分析结果
inspect(head(rules_rhs_survive, by="lift"))
#查看提升值排前6位的原始规则。
inspect(head(rules_rhs_survive[!is.redundant(rules_rhs_survive)],
             by="lift"))
#查看提升值排前6位的非冗余规则。

####指定后项集的关联规则挖掘:
####探究顾客特征取什么值时不会存活 (Survived变量取值为0)
rules_rhs_not_survive <-
  apriori(titanic,
          parameter = list(supp=0.05,conf=0.8),
          appearance = list(rhs=c("Survived=0")),
          control=list(verbose=F))
#appearance选项中, rhs=c("Survived=0")表示指定后项集为"Survived=0"。
```

```
####查看分析结果
inspect(head(rules_rhs_not_survive, by="lift"))
#查看提升值排前6位的原始规则。
inspect(
  head(rules_rhs_not_survive[!is.redundant(rules_rhs_not_survive)],
       by="lift"))
#查看提升值排前6位的非冗余规则。
```

表 4.4 展示了 titanic 数据集后项集为 {Survived=1}时的前两条非冗余关联规则，表 4.5 展示了 titanic 数据集后项集为 {Survived=0}时的前两条非冗余关联规则。各列分别表示规则的前项集、后项集、支持度、置信度、提升值和支持观测数。例如，一等舱年龄在 20~40 之间的女乘客中，有 97.73% 的概率存活，而二等舱年龄在 20~40 之间的男乘客中，有 94.92% 的概率不会存活。

表 4.4　titanic 数据集后项集为 {Survived=1}时前两条非冗余关联规则

lhs		rhs	support	confidence	lift	count
{Pclass=1,Sex=female,Parch=0}	⇒	{Survived=1}	0.07444	0.9815	2.426	53
{Pclass=1,Sex=female,Age=(20,40]}	⇒	{Survived=1}	0.06039	0.9773	2.416	43
...	...	...	...	...	...	...

表 4.5　titanic 数据集后项集为 {Survived=0}时前两条非冗余关联规则

lhs		rhs	support	confidence	lift	count
{Pclass=2,Sex=male,Age=(20,40],SibSp=0}	⇒	{Survived=0}	0.05337	0.9500	1.595	38
{Pclass=2,Sex=male,Age=(20,40]}	⇒	{Survived=0}	0.07865	0.9492	1.594	56
...	...	...	...	...	...	...

上机实验

一、实验目的

1. 掌握关联规则的基本概念
2. 掌握 R 语言中应用 Apriori 算法进行关联规则挖掘的方法
3. 掌握 R 语言中查看并可视化关联规则挖掘结果的方法

二、实验步骤

StudentsPerformance.csv 数据集给出了一些学生的特征及考试成绩。表 4.6 列出了数据集中各变量的名称及含义。

1. 读取 StudentsPerformance.csv 中的数据，声明各变量类型，并将数据储存为 R 数据框。将关于学生特征的各变量转换为因子型变量。
2. 将数学、阅读、写作每项成绩按照小于 60 分、大于或等于 60 分且小于 85 分、大于或等于 85 分划分为 3 组，转换为因子型变量。
3. 设最小支持度阈值 min_sup = 0.1，最小置信度阈值 min_conf = 0.5。挖掘学生特征与数学、阅读、写作每项成绩的关联规则。
4. 分别查看提升值排前 6 位的无冗余规则。
5. 分别绘制提升值大于 1 的无冗余规则的关联规则有向图。

三、思考题

1. 将最小支持度阈值调大对关联规则挖掘的结果有何影响？
2. 将最小置信度阈值调大对关联规则挖掘的结果有何影响？

表 4.6 StudentsPerformance 数据集说明

变量名称	变量说明
gender	性别
race/ethnicity	种族
parental level of education	父母教育水平
lunch	参与的午餐计划
test preparation course	测验准备课程完成情况
math score	数学成绩
reading score	阅读成绩
writing score	写作成绩

习题

1. （单选题）下列选项中，关联规则 $\boldsymbol{A} \Rightarrow \boldsymbol{B}$ 的支持度为（ ）。
   A. 数据集中同时包含 $\boldsymbol{A}$ 和 $\boldsymbol{B}$ 中所有项的观测数
   B. 数据集中同时包含 $\boldsymbol{A}$ 和 $\boldsymbol{B}$ 中所有项的观测数占数据集中所有观测数的比例
   C. 数据集中包含 $\boldsymbol{A}$ 中所有项的那些观测中，同时包含 $\boldsymbol{B}$ 中所有项的观测所占的比例
   D. 数据集中包含 $\boldsymbol{B}$ 中所有项的那些观测中，同时包含 $\boldsymbol{A}$ 中所有项的观测所占的比例
2. （单选题）下列选项中，关联规则 $\boldsymbol{A} \Rightarrow \boldsymbol{B}$ 的置信度为（ ）。
   A. 数据集中同时包含 $\boldsymbol{A}$ 和 $\boldsymbol{B}$ 中所有项的观测数
   B. 数据集中同时包含 $\boldsymbol{A}$ 和 $\boldsymbol{B}$ 中所有项的观测数占数据集中所有观测数的比例
   C. 数据集中包含 $\boldsymbol{A}$ 中所有项的那些观测中，同时包含 $\boldsymbol{B}$ 中所有项的观测所占的比例
   D. 数据集中包含 $\boldsymbol{B}$ 中所有项的那些观测中，同时包含 $\boldsymbol{A}$ 中所有项的观测所占的比例
3. （单选题）下列选项中，关联规则 $\boldsymbol{A} \Rightarrow \boldsymbol{B}$ 的提升值为（ ）。

A. $\boldsymbol{A} \Rightarrow \boldsymbol{B}$ 的支持度与 $\boldsymbol{A}$ 的支持度的比

B. $\boldsymbol{A} \Rightarrow \boldsymbol{B}$ 的支持度与 $\boldsymbol{B}$ 的置信度的比

C. $\boldsymbol{A} \Rightarrow \boldsymbol{B}$ 的置信度与 $\boldsymbol{B}$ 的支持度的比

D. $\boldsymbol{A} \Rightarrow \boldsymbol{B}$ 的置信度与 $\boldsymbol{A}$ 的置信度的比

4. （多选题）有意义的关联规则应满足下列选项（　　）。

A. 支持度不小于最小支持度阈值

B. 支持度不大于最小支持度阈值

C. 置信度不小于最小置信度阈值

D. 置信度不大于最小置信度阈值

E. 提升值大于 1

F. 提升值不大于 1

5. 上机题：shopping.csv 数据集给出了某超市一些顾客的特征以及他们购买某些类型商品的情况。表 4.7 列出了数据集中各变量的名称及含义。

(a) 读取 shopping.csv 中的数据，声明各变量类型，并将数据储存为 R 数据框。将各变量转换为因子型变量。

(b) 不考虑顾客特征。设最小支持度阈值 min_sup = 0.8，最小置信度阈值 min_conf = 0.8。挖掘各类商品之间的关联规则。绘制提升值大于 1 的无冗余规则的关联规则有向图。

(c) 设最小支持度阈值 min_sup = 0.1，最小置信度阈值 min_conf = 0.5。针对每一类商品，探究顾客特征取什么值时会购买该类商品。分别查看提升值排前 6 位的无冗余规则。

表 4.7　shopping 数据集说明

变量名称	变量说明
Ready_made	如果购买现成品，取值为 1；否则取值为 0
Frozen_foods	如果购买冰冻食品，取值为 1；否则取值为 0
Alcohol	如果购买酒，取值为 1；否则取值为 0
Fresh_Vegetables	如果购买新鲜蔬菜，取值为 1；否则取值为 0
Milk	如果购买牛奶，取值为 1；否则取值为 0
Bakery_goods	如果购买烘烤食品，取值为 1；否则取值为 0
Fresh_meat	如果购买新鲜的肉，取值为 1；否则取值为 0
Toiletries	如果购买洗漱用品，取值为 1；否则取值为 0
Snacks	如果购买零食，取值为 1；否则取值为 0
Tinned_goods	如果购买罐头食品，取值为 1；否则取值为 0
Gender	性别，取值为“Female”（女）或“Male”（男）
Age	年龄段
Marital	婚姻状况
Children	如果有孩子，取值为“Yes”；否则取值为“No”
Working	如果有工作，取值为“Yes”；否则取值为“No”

第 5 章 聚类分析

聚类分析是一种无监督数据挖掘方法，它基于观测之间的距离度量将观测分组。一个好的聚类方法会产生高质量的聚类结果，使同一类别的观测比较相似，而不同类别的观测差异比较大。聚类分析应用广泛，例如它可用来对客户进行细分，以便为细分客户群体制定针对性的营销策略。本章将首先讨论如何度量观测之间的距离，其次介绍两种常用的聚类方法：k 均值聚类法和层次聚类法，并讨论如何确定最优类别数，最后提供一个使用 R 语言进行聚类的示例。

5.1 观测之间的距离度量

我们先讨论如何度量两个观测之间的距离。在聚类前，通常需要对各连续变量进行标准化，使每个连续变量的均值为 0、标准差为 1。这是因为方差大的变量比方差小的变量对距离的影响更大，从而对聚类结果的影响更大。假设 $\boldsymbol{x} = (x_1, x_2, \cdots, x_p)^{\mathrm{T}}$ 和 $\boldsymbol{y} = (y_1, y_2, \cdots, y_p)^{\mathrm{T}}$ 为标准化之后的两个观测。

当 p 个变量都是连续变量时，常用的一些距离度量如下。

- 欧式（Euclidean）距离：$d(\boldsymbol{x}, \boldsymbol{y}) = \sqrt{\sum_{j=1}^{p}(x_j - y_j)^2}$
- 切比雪夫（Chebychev）距离：$d(\boldsymbol{x}, \boldsymbol{y}) = \max_{j=1}^{p} |x_j - y_j|$
- 曼哈顿（Manhattan）距离（也称为街区距离）：$d(\boldsymbol{x}, \boldsymbol{y}) = \sum_{j=1}^{p} |x_j - y_j|$
- 闵可夫斯基（Minkowski）距离：$d(\boldsymbol{x}, \boldsymbol{y}) = \left[\sum_{j=1}^{p} |x_j - y_j|^m\right]^{1/m}$，其中 m 是一个正数。$m = 1$ 对应于曼哈顿距离，$m = 2$ 对应于欧式距离，$m = \infty$ 对应于切比雪夫距离。

当 p 个变量都是非负定比变量（如计数变量）时，常用堪培拉（Canberra）距离：

$$d(\boldsymbol{x}, \boldsymbol{y}) = \sum_{j=1}^{p} \frac{|x_j - y_j|}{|x_j| + |y_j|} \tag{5.1}$$

在计算时，分母取值为 0 的变量被忽略掉。

有时，p 个变量都是非对称二值变量，取值 1 和取值 0 的重要程度不同。例如，假设 $\boldsymbol{x}$ 和 $\boldsymbol{y}$ 代表两位来医院就诊的病人，各个变量的取值如表 5.1 所示。对于“是否发烧”“是否咳嗽”或检验的结果而言，取值 1 比取值 0 更重要。一种常用的距离度量为：在至少有一个观测取值为 1 的变量中，只有一个观测取值为 1 的变量所占的比例。对于表 5.1 所示的两个观测，“是否咳嗽”“检验 2 结果”“检验 3 结果”“检验 4 结果”这 4 个变量至少有一个观测取值为 1，其中“是否咳嗽”“检验 2 结果”“检验 3 结果”这 3 个变量只有一个观测取值为 1，因此两个观测之间的距离为 $d(\boldsymbol{x},\boldsymbol{y}) = 3/4 = 0.75$。

表 5.1　关于两位就诊病人的记录

病人	是否发烧	是否咳嗽	检验 1 结果	检验 2 结果	检验 3 结果	检验 4 结果
$\boldsymbol{x}$	否（0）	是（1）	阴性（0）	阳性（1）	阴性（0）	阳性（1）
$\boldsymbol{y}$	否（0）	否（0）	阴性（0）	阴性（0）	阳性（1）	阳性（1）

在实际情况中，p 个变量常常有不同的测量尺度，有连续变量，也有定类变量、定序变量。一种常用的方法是将定类变量转换为哑变量，将定序变量转换为定距变量，然后将所有变量都当作连续变量，使用相应的距离变量。另一种方法是遵从变量的原始测量尺度，使用 Gower 距离（Gower，1971），对每个变量单独使用合适的距离度量，再根据各个变量计算的距离进行线性组合，这里不详述。

有时，聚类方法被用来对变量进行聚类。例如，当自变量个数过多时，可以考虑根据变量间相关性的强弱进行变量聚类，然后在每类中选择一个较典型的变量去代表这一类变量，达到变量选择的目的。这时，$\boldsymbol{x}$ 和 $\boldsymbol{y}$ 分别代表两个变量在各个观测上的取值，它们之间的非负距离度量可取为：

$$d(\boldsymbol{x},\boldsymbol{y}) = (1-\mathrm{corr}(\boldsymbol{x},\boldsymbol{y}))/2 \tag{5.2}$$

其中 $\mathrm{corr}(\boldsymbol{x},\boldsymbol{y})$ 代表两个变量之间的相关系数。

5.2　k 均值聚类法

令 N 表示观测数，$\boldsymbol{x}_i$ 表示第 i 个观测。令 K 表示类别个数，$\boldsymbol{C}_l$（$l=1,\cdots,K$）表示属于第 l 个类别的观测序号的集合，$C(i)$（$i=1,\cdots,N$）表示观测 i 所属类别的序号。例如，如果有 5 个观测，第 1、2、4 个观测属于类别 1，第 3、5 个观测属于类别 2，那么 $\boldsymbol{C}_1=\{1,2,4\}$，$\boldsymbol{C}_2=\{3,5\}$，$C(1)=1$，$C(2)=1$，$C(3)=2$，$C(4)=1$，$C(5)=2$。可以看出，$\boldsymbol{C}_l$（$l=1,\cdots,K$）和 $C(i)$（$i=1,\cdots,N$）代表了描述观测所属类别的两种不同方式。令 $\boldsymbol{v}_1,\cdots,\boldsymbol{v}_K$ 表示各个类别的中心。

k 均值聚类法的具体步骤如下。

步骤 1　随机初始化各个类别的中心（或者随机初始化各个观测所属的类别）。

步骤 2　在每次循环中，重复执行（a）和（b）（或者重复执行（b）和（a））。

(a) 将每个观测分配到类别中心与它距离最小的类：

$$C(i) = \text{argmin}_{1\leqslant l\leqslant K} d(\boldsymbol{x}_i, \boldsymbol{v}_l),\ i = 1,\cdots,N \tag{5.3}$$

其中 argmin 表示寻找参数（l）的值，使得函数 $d(\boldsymbol{x}_i, \boldsymbol{v}_l)$ 达到最小。

(b) 令每个类别的中心为与该类别内所有观测的距离之和最小的向量：

$$\boldsymbol{v}_l = \text{argmin}_{\boldsymbol{v}} \sum_{i\in C_l} d(\boldsymbol{x}_i, \boldsymbol{v}),\ l = 1,\cdots,K \tag{5.4}$$

持续循环直到观测分类不变或者达到事先规定的最大循环次数。

图 5.1 所示为 k 均值聚类法的示意图。各步骤如下。

步骤 1　随机初始化各个观测所属的类别。

步骤 2　计算类别中心。

步骤 3　为观测分配类别，坐标为 (2,6) 和 (6,6) 的观测距离第 1 个类别的中心更近，因此被改分配到第 1 个类别；坐标为 (3,4) 和 (6,4) 的观测距离第 2 个类别的中心更近，因此被改分配到第 2 个类别。

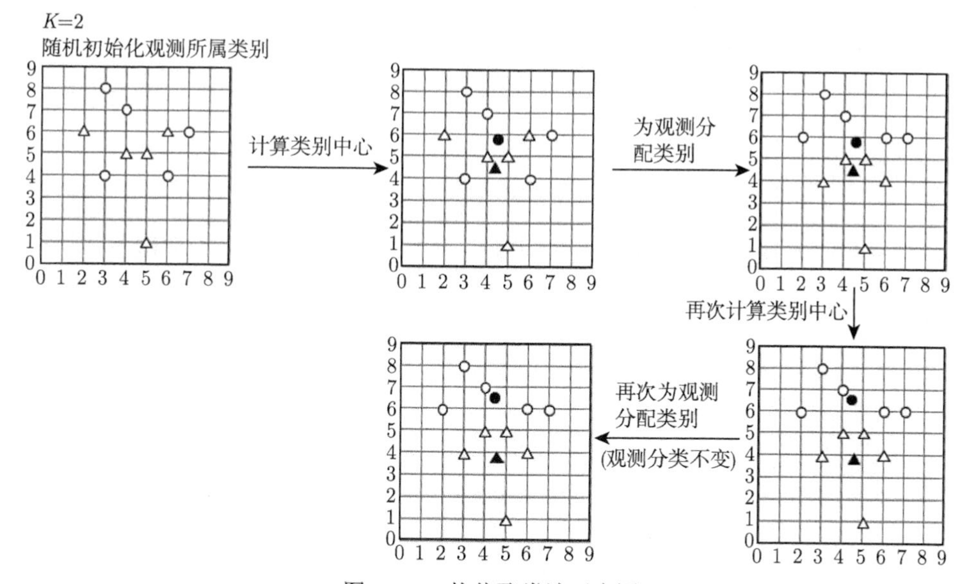

图 5.1　k 均值聚类法示意图

其中，空心圆形代表属于第 1 个类别的观测，实心圆形代表该类别的中心；空心三角形代表属于第 2 个类别的观测，实心三角形代表该类别的中心。

步骤 4　再次计算类别中心。

步骤 5　再次为观测分配类别，观测分类不改变，算法停止。

下面给出关于 k 均值聚类法的一些点评。

点评 1　考查目标函数 $\sum_{i=1}^{N} d(\boldsymbol{x}_i, \boldsymbol{v}_{C(i)})$，它代表每个观测与其所属类别的中心的距离之和。如果按照类别分别汇总之后再加和，该函数也可写作 $\sum_{l=1}^{K} \sum_{i \in C_l} d(\boldsymbol{x}_i, \boldsymbol{v}_l)$。该函数中有以下两组参数。

（1）类别中心：$\boldsymbol{v}_l$（$l = 1, \cdots, K$）。

（2）观测所属类别：$\boldsymbol{C}_l$（$l = 1, \cdots, K$）或 $C(i)$（$i = 1, \cdots, N$）。

在步骤 2 的每次循环中，执行 (a) 时，k 均值聚类法固定类别中心，寻找观测所属类别以使目标函数最小化；执行 (b) 时，k 均值聚类法固定观测所属类别，寻找类别中心以使目标函数最小化。因此，k 均值聚类法实际上通过循环优化使得目标函数达到最小值。

点评 2　优化算法通常只能找到局部最优值而不是全局最优值。因此，从不同的初始点出发，k 均值聚类法得到的聚类结果不同。弥补这个缺点的一种方法是使用不同初始点进行多次聚类，最后取对应目标函数值最小的聚类结果。

点评 3　k 均值聚类法的优点是计算量小、处理速度快，特别适合大样本的聚类分析。

点评 4　k 均值聚类法是发现异常值的有效方法，因为异常值通常会出现在只有少数观测的类别中。当使用闵可夫斯基距离度量时，m 越大，异常值对于聚类结果的影响越大；反之，m 越小，异常值对于聚类结果的影响越小。

点评 5　k 均值聚类法不适合于发现数据分布形状非凸（如香蕉形）的类别。

5.3　层次聚类法

本节将介绍层次聚类法的具体步骤，以及在层次聚类法中如何度量类别之间的距离。

5.3.1　层次聚类法的具体步骤

常用的层次聚类法是合并式，其具体步骤如下。

（1）初始化时每个观测单独形成一个类别。

（2）迭代地将距离最小的两个类别合并。

（3）随着合并的两个类别的距离增加，最终所有观测都归于同一个类别。

（4）按照距离的某个值做截断，可以得到观测的聚类结果。

图 5.2 所示为层次聚类法的示意图，其中有 38 个观测。初始化时每个观测单独形成一个类别，观测 23 单独形成的类别与观测 24 单独形成的类别之间的距离最近，因此首先被合并为一个更大的类别。接下来观测 2 单独形成的类别与观测 3 单独形成的类别之间的距离最

近，被合并为一个更大的类别。再接下来，由观测 23 和 24 组成的类别与观测 25 单独形成的类别的距离最近，被合并为一个更大的类别……按照距离 1.25 做截断，38 个观测聚为两个类别；按照距离 0.85 做截断，观测聚为 3 个类别；按照距离 0.6 做截断，观测聚为 5 个类别。

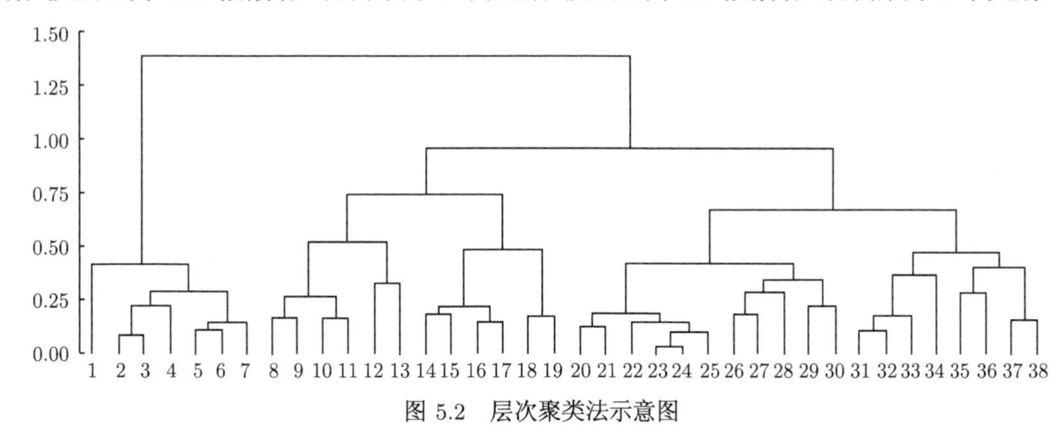

图 5.2 层次聚类法示意图

层次聚类法不像 k 均值聚类法一样试图去最优化某个目标函数，所以它不能保证分类结果的（局部）最优。

5.3.2 类别之间距离的度量

令 N_l 表示第 l 个类别内观测的个数，令 $D_{ll'}$ 表示类别 l 与类别 l' 之间的距离，常用的一些度量类别之间距离的方法如下。

1. 完全连接法

将两个类别之间的距离定义为这两个类别各取一个观测形成的所有可能的观测对之间的距离的最大值：

$$D_{ll'} = \max_{i \in C_l} \max_{j \in C_{l'}} d(\boldsymbol{x}_i, \boldsymbol{x}_j) \tag{5.5}$$

这种方法强烈偏向于产生直径（类别内两个观测之间最大的距离）大致相等的类别，并且受异常值的影响很大。

2. 单连接法

将两个类别之间的距离定义为这两个类别各取一个观测形成的所有可能的观测对之间的距离的最小值：

$$D_{ll'} = \min_{i \in C_l} \min_{j \in C_{l'}} d(\boldsymbol{x}_i, \boldsymbol{x}_j) \tag{5.6}$$

这种方法不太适于寻找数据分布形状紧密的类别，但却能够发现数据分布形状拉长或不规则的类别，并且常常在发现含有观测数较多的主要类别之前先使数据分布尾部的观测形成小类别。

3. 平均连接法

将两个类别之间的距离定义为这两个类别各取一个观测形成的所有可能的观测对之间的距离的平均值:

$$D_{ll'} = \frac{1}{N_l N_{l'}} \sum_{i \in C_l} \sum_{j \in C_{l'}} d(\boldsymbol{x}_i, \boldsymbol{x}_j) \tag{5.7}$$

这种方法倾向于产生协方差矩阵比较相近的类别。

4. McQuitty 法

在每个观测单独形成一个类别时，任意两个类别的距离为相应的两个观测之间的距离。类别 l 和 l' 合并之后形成的类别 M 与其他任何一个类别 k 之间的距离为

$$D_{M,k} = \frac{D_{lk} + D_{l'k}}{2} \tag{5.8}$$

5. Median 法

在每个观测单独形成一个类别时，任意两个类别的距离为相应的两个观测之间的距离。类别 l 和 l' 合并之后形成的类别 M 与其他任何一个类别 k 之间的距离为

$$D_{M,k} = \frac{D_{lk} + D_{l'k}}{2} - \frac{D_{ll'}}{4} \tag{5.9}$$

6. Centroid 法

将两个类别之间的距离定义为这两个类别的均值向量的欧式距离的平方。即

$$D_{ll'} = ||\bar{\boldsymbol{x}}_l - \bar{\boldsymbol{x}}_{l'}||^2 \tag{5.10}$$

其中 $\bar{\boldsymbol{x}}_l = \frac{1}{N_l} \sum_{i \in C_l} \boldsymbol{x}_i$，$\bar{\boldsymbol{x}}_{l'} = \frac{1}{N_{l'}} \sum_{j \in C_{l'}} \boldsymbol{x}_j$。

7. Ward 法

在每个观测单独形成一个类别时，任意两个类别的距离为相应的两个观测的欧式距离的平方。在每次合并时，寻找满足如下条件的两个类别 l 和 l' 进行合并：合并后类别内观测距离类别均值 $\bar{\boldsymbol{x}}_M$ 的欧式距离的平方和与合并前两个类别内观测距离各自类别均值 $\bar{\boldsymbol{x}}_l$ 和 $\bar{\boldsymbol{x}}_{l'}$ 的欧式距离的平方和的差异最小，这等价于 $||\bar{\boldsymbol{x}}_l - \bar{\boldsymbol{x}}_{l'}||^2/(1/N_l + 1/N_{l'})$ 最小。

在图 5.2 中，每次合并的两个类别的距离都不小于前一次合并的两个类别的距离，可以根据距离值截断将观测进行聚类。但使用 Median 法或 Centroid 法可能会产生反转（inversion），即某次合并的两个类别的距离小于前一次合并的两个类别的距离。

5.4 确定最优类别数

确定最优类别数的统计方法比较多，这里仅介绍 3 种不同思路的方法：Dindex 法 (Lebart et al., 2000)、Silouette 法 (Rousseeuw, 1987) 和 Pseudo T2 法 (Duda and Hart, 1973)。

当有 K 个类别时，Dindex 值定义为：

$$\text{Dindex}(K) = \frac{1}{K}\sum_{l=1}^{K}\frac{1}{N_l}\sum_{i\in C_l} d(\boldsymbol{x}_i, \boldsymbol{v}_l) \tag{5.11}$$

其中类别中心 $\boldsymbol{v}_l = \text{argmin}_{\boldsymbol{v}} \sum_{i\in C_l} d(\boldsymbol{x}_i, \boldsymbol{v})$。Dindex 值衡量的是各个类别内观测距类别中心的平均距离的平均值。K 越大，Dindex 值越小。Dindex 的一阶差分为 $\text{Dindex}(K-1) - \text{Dindex}(K)$，二阶差分为 $(\text{Dindex}(K-1) - \text{Dindex}(K)) - (\text{Dindex}(K) - \text{Dindex}(K+1))$。通常用绘图的方式可确定最优类别数：绘制 Dindex 值的二阶差分与类别数的关系，在图中寻找一个峰值，其对应的类别数为最优类别数。这对应于寻找 Dindex 值与类别数的图的拐点，使拐点及之后的 Dindex 值都比较小。图 5.3 所示为 Dindex 图的示例，该例最优类别数为 4。

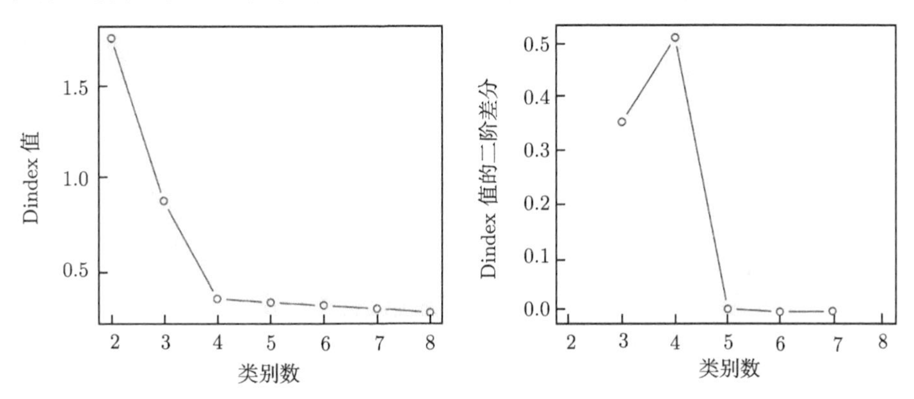

图 5.3 Dindex 图的示例

Silhouette 值的定义为

$$\text{Silhouette} = \frac{1}{N}\sum_{i=1}^{N}\frac{b(i) - a(i)}{\max\{a(i), b(i)\}} \tag{5.12}$$

其中，

$$a(i) = \frac{1}{N_{C(i)} - 1}\sum_{C(j)=C(i),\ j\neq i} d(\boldsymbol{x}_i, \boldsymbol{x}_j) \tag{5.13}$$

是第 i 个观测与其所属类别的其他观测的平均距离；

$$b(i) = \min_{l\neq C(i)} \frac{1}{N_l}\sum_{j\in C_l} d(\boldsymbol{x}_i, \boldsymbol{x}_j) \tag{5.14}$$

是第 i 个观测与不包含它的其他类别的观测的平均距离的最小值。最优类别数对应于使 Silouette 值最大的类别数 (Kaufman and Rousseeuw, 1990)。

Pseudo T2 法适用于层次聚类法。设层次聚类法的某个步骤将类别 l 和 l' 合并为一个类别 M，那么 $C_M = C_l \cup C_{l'}$。该步骤的 Pseudot2 值（伪 t^2 统计量）的计算公式如下：

$$\begin{aligned}
\text{类别}l\text{内的平方和 } \mathrm{SSW}_l &= \sum_{i \in C_l} ||\boldsymbol{x}_i - \bar{\boldsymbol{x}}_l||^2 \\
\text{类别}l'\text{内的平方和 } \mathrm{SSW}_{l'} &= \sum_{i \in C_{l'}} ||\boldsymbol{x}_i - \bar{\boldsymbol{x}}_{l'}||^2 \\
\text{类别}M\text{内的平方和 } \mathrm{SSW}_M &= \sum_{i \in C_M} ||\boldsymbol{x}_i - \bar{\boldsymbol{x}}_M||^2 \\
\mathrm{Pseudot2} &= \frac{[\mathrm{SSW}_M - (\mathrm{SSW}_l + \mathrm{SSW}_{l'})]/p}{(\mathrm{SSW}_l + \mathrm{SSW}_{l'})/[(N_l + N_{l'} - 2)p]} \\
&= \frac{\mathrm{SSW}_M - (\mathrm{SSW}_l + \mathrm{SSW}_{l'})}{(\mathrm{SSW}_l + \mathrm{SSW}_{l'})/(N_l + N_{l'} - 2)}
\end{aligned} \tag{5.15}$$

Pseudo T2 值衡量的是合并后组内平方和增加值的平均值与合并前组内均方的比率。当合并步骤质量较高时，Pseudo T2 值较小。哥顿（Gordon）(1999) 指出，最优类别数应为使 Pseudo T2 值不小于某个临界值的最小的 K 值，该临界值依赖于 N_l、$N_{l'}$ 和 p 的大小。

5.5 R 语言分析示例: 聚类

假设 D:\dma_Rbook\data 目录下的 ch5_mall.csv 数据集记录了一家商场的 200 位客户如表 5.2 所示的 5 个变量的信息。我们将使用客户年龄、客户年收入和客户消费得分进行聚类分析。

表 5.2 mall 数据集说明

变量名称	变量说明
CustomerID	客户 ID
Gender	客户性别，取值“Male”（男）或“Female”（女）
Age	客户年龄
Annual Income(k$)	客户年收入（单位：千美元）
Spending Score(1-100)	客户消费得分（商场根据客户行为和消费性质赋予客户的分值），取值 1-100

我们首先使用 k 均值聚类法聚类，并对聚类结果进行可视化。相关 R 语言程序如下。

```
####加载程序包
library(ggplot2)
#ggplot2是数据可视化的包，我们将调用其中的ggplot()函数、
```

```
#geom_point()函数和scale_shape_manual()函数。
library(ggpubr)
#ggpubr是数据可视化的包，我们将调用其中的ggarrange()函数。

#####设置随机数种子
set.seed(12345)

####读入数据，生成R数据框
setwd("D:/dma_Rbook")
#设置基本路径
mall <- read.csv("data/ch5_mall.csv",
                 colClasses = c(rep("character",2),
                                rep("numeric", 3)))
#读入基本路径的data子目录下的ch5_mall文件，生成mall数据框。
#CustomerID、Gender这两个变量按照字符型变量读入;
#Age、Annual Income (k$)、Spending Score (1-100)这3个变量按照
#数值型变量读入。

####重新命名mall数据集的第4、5个变量
colnames(mall)[4] <- "AnnualIncome"
colnames(mall)[5] <- "SpendingScore"

####将数据进行预处理
stdmall <- scale(mall[,3:5],center = T,scale = T)
#对变量Age、AnnualIncome和SpendingScore进行标准化，使它们均值为0、
#标准偏差为1（center=T表示减去均值，scale=T表示除以标准偏差）。
#输出数据集stdmall中仅含有标准化后的3个变量。
row.names(stdmall) <- mall$CustomerID
#指定stdmall数据集的行（观测）名称为数据集mall中变量CustomerID的值，
#便于后续根据聚类结果辨别各观测所属类别。

####k均值聚类
mall.kmeans <- kmeans(stdmall,centers=5,iter.max=99,nstart=25)
```

```
#使用kmeans()函数对数据集stdmall进行k均值聚类:
#centers=5表示聚为5个类别;
#iter.max=99表示算法最多循环99次;
#nstart=25表示进行25次随机初始化，取目标函数值最小的聚类结果。

##查看mall.kmeans包含的分析结果项
names(mall.kmeans)
#mall.kmeans$cluster记录了各个观测所属的类别;
#mall.kmeans$centers记录了各个类别的中心;
#mall.kmeans$totss记录了总平方和;
#mall.kmeans$tot.withinss记录了组内平方和;
#mall.kmeans$betweenss记录了组间平方和;
#mall.kmeans$size记录了各个类别的观测数。

##k均值聚类结果
mall.kmeans.cluster <- mall.kmeans$cluster

##查看k均值聚类结果中各类别的观测个数
table(mall.kmeans.cluster)

##将k均值聚类结果加入原始数据集
mall.kmeans.withcluster <-
  data.frame(mall, cluster=mall.kmeans.cluster)

##将k均值聚类结果可视化，输出到.pdf文件
pdf("fig/ch5_mall_kmeans.pdf")
p1 <- ggplot(mall.kmeans.withcluster,
             aes(x=Age, y=AnnualIncome, shape=as.factor(cluster)))+
  geom_point()+
  scale_shape_manual(
    values=c("circle","square","triangle","plus","cross")).
#ggplot()是绘图函数。mall.withcluster.kmeans为指定的数据集;
#aes()函数用于说明绘图的基本参数，指定横轴表示Age、纵轴表示AnnualIncome、
```

```
#绘图时数据点不同形状的分组依据为cluster转换为因子型变量后的取值。
#geom_point()指定绘制点图。
#scale_shape_manual()指定图形中各组数据点对应的形状。
p2 <- ggplot(mall.kmeans.withcluster,
             aes(x=Age, y=SpendingScore, shape=as.factor(cluster)))+
  geom_point()+
  scale_shape_manual(
    values=c("circle", "square", "triangle", "plus", "cross")).
p3 <- ggplot(mall.kmeans.withcluster,
             aes(x=AnnualIncome, y=SpendingScore,
                 shape=as.factor(cluster)))+
  geom_point()+
  scale_shape_manual(
    values=c("circle", "square", "triangle", "plus", "cross")).
ggarrange(p1,p2,p3,ncol=2,nrow=2,common.legend=T)
#ggarrange()函数可用于拼接ggplot()函数绘制的图像。
#ncol和nrow分别说明拼接图像的行列数,
#common.legend=T指定使用公共的图例。
dev.off()
```

图 5.4 展现了使用 k 均值聚类法将客户聚为 5 类得到的各类别的客户年龄、客户年收入和客户消费得分之间的散点图。

接下来我们使用层次聚类法，并对聚类结果进行可视化。

```
####层次聚类法
tree <- hclust(dist(stdmall),method = "average")
#使用hclust()函数对数据集stdmall进行层次聚类。
#dist()函数计算stdmall中各个观测之间的距离的矩阵，缺省使用的距离度量
#为欧式距离。method="average"指定使用平均连接法。

##画聚类树图
plot(tree)

##类别数为5时的层次聚类结果
mall.hclust.cluster <- cutree(tree,k = 5)
```

```
#mall.hclust.cluster记录了类别数为5时，各个观测所属的类别。

##查看层次聚类结果中各类别的观测个数
table(mall.hclust.cluster)

##在树图上叠加各类别的划分
rect.hclust(tree,k=5)

##将层次聚类结果加入原始数据集
mall.hclust.withcluster <-
  data.frame(mall, cluster=mall.hclust.cluster)

##将层次聚类结果可视化，输出到.pdf文件
pdf("fig/ch5_mall_hclust.pdf")
p4 <- ggplot(mall.hclust.withcluster,
            aes(x=Age, y=AnnualIncome, shape=as.factor(cluster)))+
  geom_point()+
  scale_shape_manual(
    values=c("square", "circle", "plus", "triangle", "cross"))
  #更换形状的次序以便与k均值聚类的类别相对应。
p5 <- ggplot(mall.hclust.withcluster,
            aes(x=Age, y=SpendingScore, shape=as.factor(cluster)))+
  geom_point()+
  scale_shape_manual(
    values=c("square", "circle", "plus", "triangle", "cross"))
p6 <- ggplot(mall.hclust.withcluster,
            aes(x=AnnualIncome, y=SpendingScore,
                shape=as.factor(cluster)))+
  geom_point()+
  scale_shape_manual(
    values=c("square", "circle", "plus", "triangle", "cross"))
ggarrange(p4,p5,p6,ncol=2,nrow=2,common.legend=T)
dev.off()
```

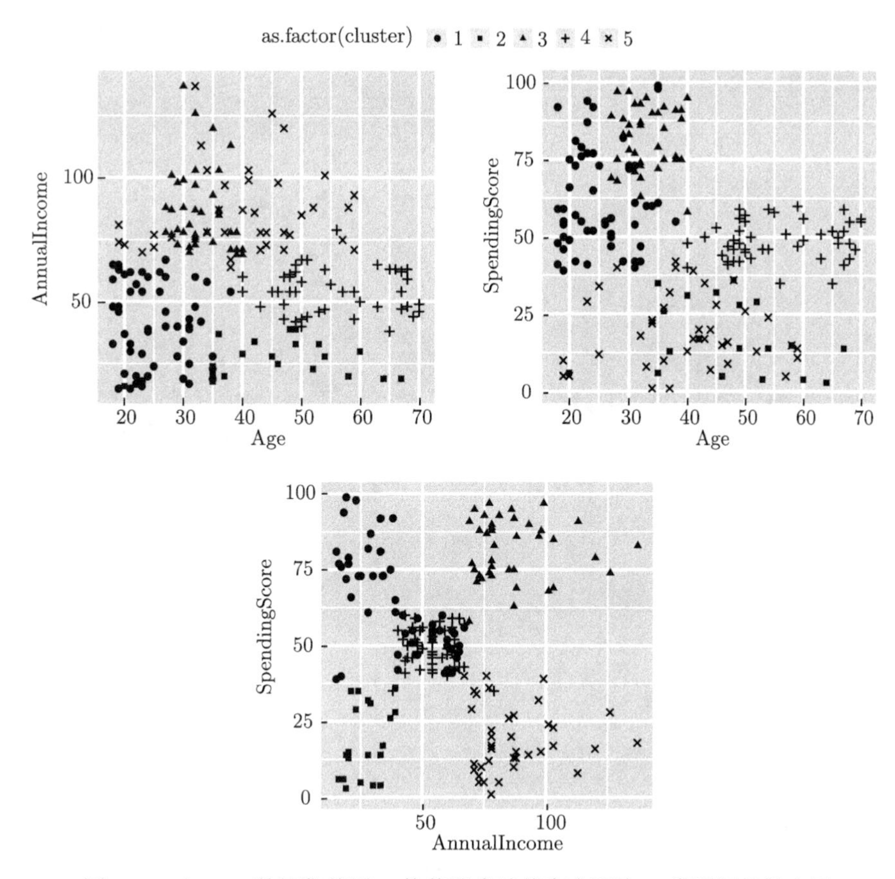

图 5.4 对 mall 数据集使用 k 均值聚类法将客户聚为 5 类所得的散点图

图 5.5 展示了对 mall 数据集使用层次聚类法将客户聚为 5 类所得的树图。图 5.6 展现了

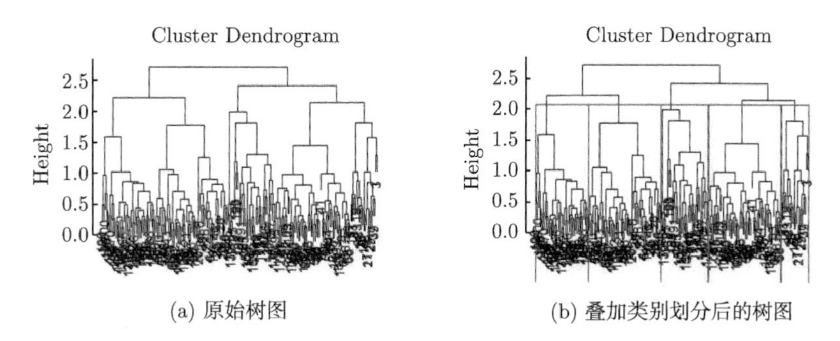

(a) 原始树图

(b) 叠加类别划分后的树图

图 5.5 对 mall 数据集使用层次聚类法将客户聚为 5 类所得的树图

使用层次聚类法得到的各类别的客户年龄、客户年收入和客户消费得分之间的散点图。可以看出，层次聚类和 k 均值聚类的结果比较相似。

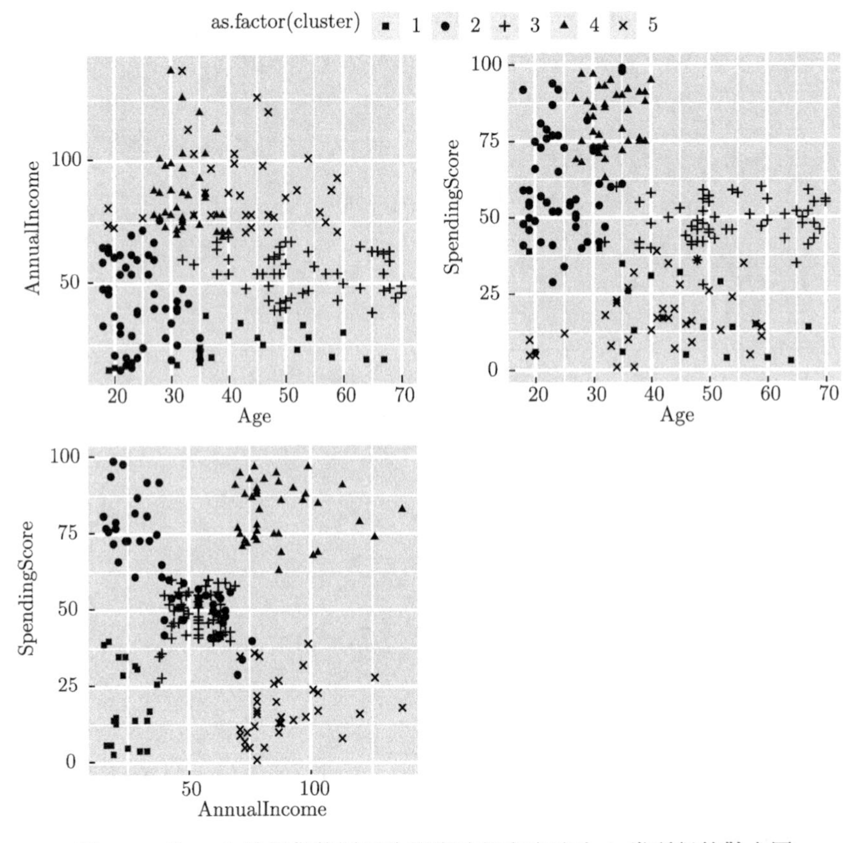

图 5.6　对 mall 数据集使用层次聚类法将客户聚为 5 类所得的散点图

R 软件中有一个 NbClust 程序包，其中的 NbClust() 函数提供了判断最佳类别数的 30 种统计方法，并综合各统计方法得到最佳类别数。我们接下来将使用 NbClust() 函数对 mall 数据集进行聚类。

```
####使用NbClust()函数进行聚类
library(NbClust)
#加载程序包NbClust，其中含有NbClust()函数。


##使用NbClust()函数进行k均值聚类
mall.nbclust.kmeans <- NbClust(stdmall,method = "kmeans")
```

```
#NbClust()函数根据给定的观测之间距离的度量（这里取缺省的欧式距离）
#和聚类方法（由method选项指定，这里取值"kmeans"，表示使用k均值聚类法），
#将数据进行聚类。接着，它根据多种判断最佳类别数的统计方法
#（缺省只用26种）进行综合分析，给出最终的最佳类别数。
#屏幕上将显示一个摘要性的结果，说明Hubert指数法和Dindex法是图形化方法，
#接着将显示剩余24种方法给出的最佳类别数，并根据多数票原则给
#出综合分析后的最佳类别数。

##查看mall.nbclust.kmeans包含的分析结果项
names(mall.nbclust.kmeans)
#mall.nbclust.kmeans$All.index记录了各个统计指标在各类别数下的值;
#mall.nbclust.kmeans$Best.nc记录了各个统计指标给出的最佳类别数以及
#在该类别数下对应的指标值;
#mall.nbclust.kmeans$Best.partition记录了综合各个统计指标所得的最佳类别数下,
#各个观测所属的类别。

##综合各个统计指标所得的最佳类别数下，各个观测所属的类别
mall.nbclust.kmeans.cluster <- mall.nbclust.kmeans$Best.partition

##查看各类别的观测个数
table(mall.nbclust.kmeans.cluster)
#结果为:
#  1   2
#103  97
#分为两个类别。

##将k均值聚类结果加入原始数据集
mall.nbclust.kmeans.withcluster <-
  data.frame(mall,cluster=mall.nbclust.kmeans.cluster)

##将k均值聚类结果可视化，输出到.pdf文件
pdf("fig/ch5_mall_nbclust_kmeans.pdf")
p7 <- ggplot(mall.nbclust.kmeans.withcluster,
```

```
           aes(x=Age, y=AnnualIncome, shape=as.factor(cluster)))+
  geom_point()+
  scale_shape_manual(values=c("circle", "square"))
p8 <- ggplot(mall.nbclust.kmeans.withcluster,
           aes(x=Age, y=SpendingScore, shape=as.factor(cluster)))+
  geom_point()+
  scale_shape_manual(values=c("circle", "square"))
p9 <- ggplot(mall.nbclust.kmeans.withcluster,
           aes(x=AnnualIncome, y=SpendingScore,
               shape=as.factor(cluster)))+
  geom_point()+
  scale_shape_manual(values=c("circle", "square"))
ggarrange(p7,p8,p9,ncol=2,nrow=2,common.legend=T)
dev.off()


##使用NbClust()函数进行平均连接层次聚类
mall.nbclust.average <- NbClust(stdmall,method = "average")
#这里method取值"average", 表示使用平均连接的层次聚类法。

##综合各个统计指标所得的最佳类别数下, 各个观测所属的类别
mall.nbclust.average.cluster <- mall.nbclust.average$Best.partition

##查看各类别的观测个数
table(mall.nbclust.average.cluster)
#结果为:
#  1   2
#109  91
#分为两个类别。

##将层次聚类结果加入原始数据集
mall.nbclust.average.withcluster <-
  data.frame(mall,cluster=mall.nbclust.average.cluster)
```

```
##将层次聚类结果可视化，输出到.pdf文件
pdf("fig/ch5_mall_nbclust_average.pdf")
p10 <- ggplot(mall.nbclust.average.withcluster,
             aes(x=Age, y=AnnualIncome, shape=as.factor(cluster)))+
  geom_point()+
  scale_shape_manual(values=c("circle", "square"))
p11 <- ggplot(mall.nbclust.average.withcluster,
             aes(x=Age, y=SpendingScore, shape=as.factor(cluster)))+
  geom_point()+
  scale_shape_manual(values=c("circle", "square"))
p12 <- ggplot(mall.nbclust.average.withcluster,
             aes(x=AnnualIncome, y=SpendingScore,
                 colour=as.factor(cluster)))+
  geom_point()+
  scale_shape_manual(values=c("circle", "square"))
ggarrange(p10,p11,p12,ncol=2,nrow=2,common.legend=T)
dev.off()
```

不论使用 k 均值聚类法还是平均连接层次聚类法，NbClust() 函数对多个统计指标进行综合分析所得的最优类别数都是 2。图 5.7 和图 5.8 所示为 k 均值聚类法和平均连接层次聚类法得到的各类别的客户年龄、客户年收入和客户消费得分之间的散点图。第 1 类客户较年长，但消费得分较低；第 2 类客户较年轻，但消费得分较高。两类客户的年收入没有什么差别。在使用平均连接层次聚类法时，NbClust() 函数的聚类结果实际上是对之前使用 hclust() 函数所得的聚类树按照不同距离进行截断而得的；NbClust() 函数得到的第 1 类客户对应于之前所得的第 1、3、5 类客户；NbClust() 函数得到的第 2 类客户对应于之前所得的第 2、4 类客户。

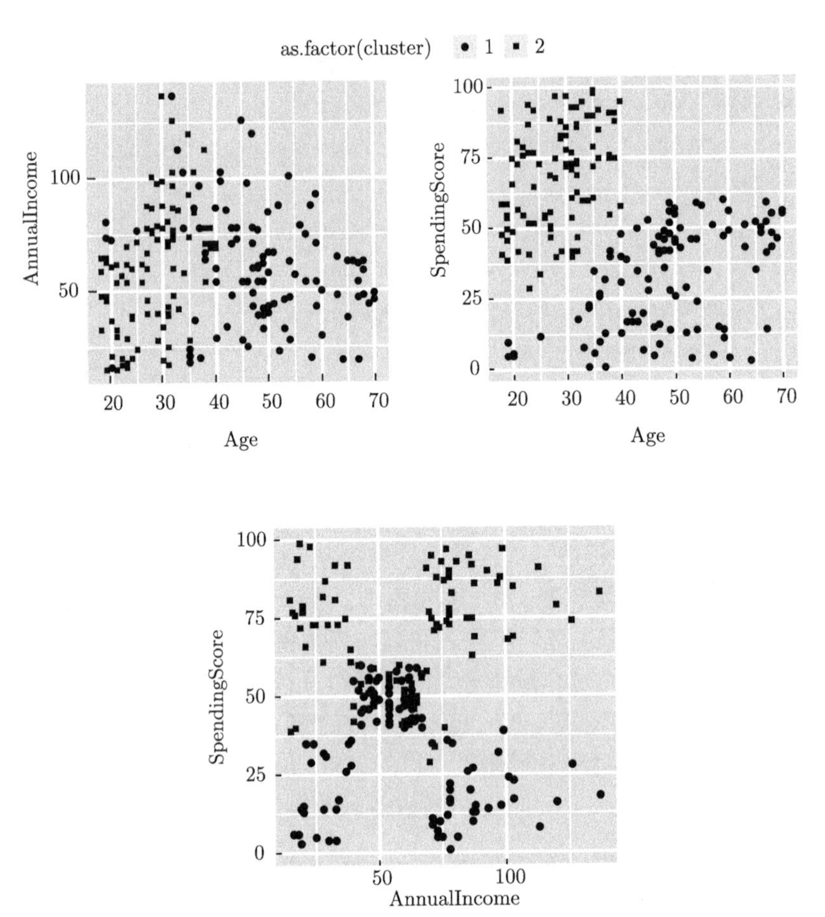

图 5.7 对 mall 数据集使用 NbClust() 函数进行 k 均值聚类后所得的散点图

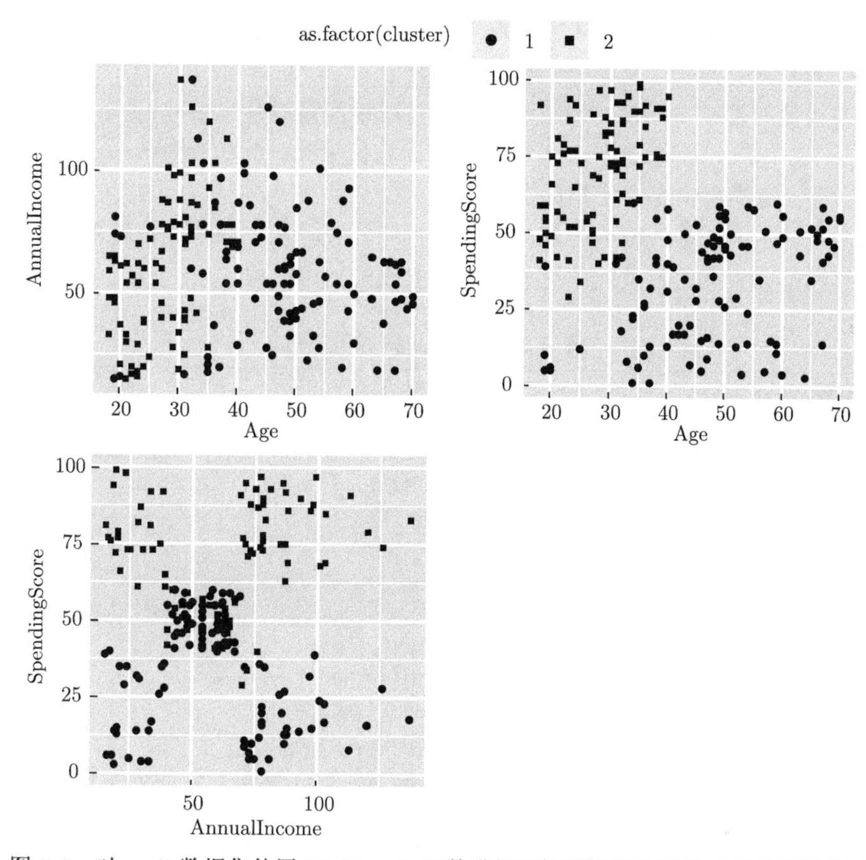

图 5.8 对 mall 数据集使用 NbClust() 函数进行平均连接层次聚类后所得的散点图

上机实验

一、实验目的

1. 掌握 k 均值聚类法以及层次聚类法的理论基础
2. 掌握 R 语言中进行 k 均值聚类的方法
3. 掌握 R 语言中进行层次聚类的方法
4. 掌握 R 语言中可视化聚类结果的方法

二、实验步骤

college.csv 数据集给出了 1995 年美国众多高校的统计数据。表 5.3 列出了数据集中各变量的名称及含义。

1. 读取 college.csv 中的数据，声明各变量类型，并将数据储存为 R 数据框。只保留私立学校的数据。
2. 对有极值的连续变量进行对数转换，并对连续变量进行标准化。
3. 使用 NbClust() 函数根据连续变量进行 k 均值聚类。查看聚类结果。选择一些连续变量，画出各类别中这些变量的散点图。
4. 使用 NbClust() 函数根据各连续变量进行平均连接层次聚类。查看聚类结果。选择一些连续变量，画出各类别中这些变量的散点图。

表 5.3　college 数据集说明

变量名称	变量说明
Name	高校名称
Private	如果是私立学校，取值为“Yes”，否则取值为“No”
Apps	收到的申请数
Accept	接受的申请数
Enroll	新生入学人数
Top10perc	新生中在高中排名为前 10% 的百分比
Top25perc	新生中在高中排名为前 25% 的百分比
F.Undergrad	全日制本科生人数
P.Undergrad	兼职本科生人数
Outstate	外州的学费（单位：美元）
Room.Board	食宿费（单位：美元）
Books	估计的书本费（单位：美元）
Personal	估计的个人开支（单位：美元）
PhD	教师中拥有博士学位的百分比
Terminal	教师中拥有终端学位的百分比
S.F.Ratio	学生人数与教师人数的比
perc.alumni	捐赠的校友的百分比
Expend	每个学生的教学支出（单位：美元）
Grad.Rate	毕业百分比

三、思考题

不同聚类方法给出的聚类结果可能不一样，实际中应怎么应对？

习题

1. （单选题）高质量的聚类结果中，（　　）。

   A. 同一类别的观测差异比较大，不同类别的观测比较相似

   B. 同一类别的观测比较相似，不同类别的观测差异比较大

C. 类别数应尽可能多

D. 每个类别的观测数大致相等

2. （单选题）下列选项正确的是（　　）。

A. 聚类方法只能用于对观测聚类，不能用于对变量聚类

B. 聚类方法只能用于对变量聚类，不能用于对观测聚类

C. 聚类方法既能用于对观测聚类，也能用于对变量聚类

3. （单选题）下列选项正确的是（　　）。

A. 从任何初始点出发，k 均值聚类法都能得到相同的聚类结果

B. k 均值聚类法计算量大，因此不适合大样本的聚类分析

C. k 均值聚类法适合于发现数据分布形状非凸的类别

D. k 均值聚类法实际上在优化某个目标函数

4. （单选题）下列选项正确的是（　　）。

A. 在层次聚类法的各种度量类别之间距离的方法中，平均连接法最好

B. 如果在层次聚类法中使用单连接法度量类别之间的距离，适合于寻找数据分布形状紧密的类别

C. 如果在层次聚类法中使用 Centroid 法度量类别之间的距离，可能会产生反转

D. 层次聚类法实际上在优化某个目标函数

5. 上机题：firm.csv 数据集给出了 22 家美国公用事业公司的相关数据。表 5.4 列出了数据集中各变量的名称及含义。

(a) 读取 firm.csv 中的数据，声明各变量类型，并将数据储存为 R 数据框。

(b) 对各变量进行标准化。

(c) 使用 NbClust() 函数进行 k 均值聚类。查看聚类结果。画出各类别中 X1 和 X2、X3 和 X4、X5 和 X6 的散点图。

(d) 使用 NbClust() 函数进行平均连接层次聚类。查看聚类结果。画出各类别中 X1 和 X2、X3 和 X4、X5 和 X6 的散点图。

表 5.4　firm 数据集说明

变量名称	变量说明
X1	固定费用周转比（收入/债务）
X2	资本回报率
X3	每千瓦容量成本
X4	年载荷因子
X5	1974—1975 年高峰期千瓦时增长需求
X6	销售量（年千瓦时用量）
X7	核能所占百分比

第6章 线性模型与广义线性模型

线性模型与广义线性模型是实际应用中最常用的统计模型。本章首先介绍线性模型，然后介绍广义线性模型，再介绍线性模型与广义线性模型中的变量选择。本章最后还提供了使用 R 语言建立线性模型与广义线性模型的示例。

6.1 线性模型

本节首先讨论线性模型的假设以及如何估计线性模型，接着讨论线性模型的解释，然后给出一些关于线性模型的理论结果，最后讨论线性模型的诊断。

6.1.1 模型假设与估计

在经典线性模型中，自变量 $\boldsymbol{x} = (x_1, \cdots, x_p)^{\mathrm{T}}$ 被看作是给定的，而因变量 Y 来自均值为 μ、方差为 σ^2 的正态分布 $N(\mu, \sigma^2)$，其中 μ 与自变量 $\boldsymbol{x}$ 之间的关系为

$$\mu = \alpha + \boldsymbol{x}^{\mathrm{T}}\boldsymbol{\beta} = \alpha + \beta_1 x_1 + \cdots + \beta_p x_p \tag{6.1}$$

σ^2 是不依赖于 $\boldsymbol{x}$ 的常量。这里回归系数 α 是截距项，回归系数 $\boldsymbol{\beta} = (\beta_1, \cdots, \beta_p)^{\mathrm{T}}$ 是对自变量的斜率。

设训练数据集为 $\{(\boldsymbol{x}_i, y_i), i = 1, \cdots, N\}$，$y_i$ 是相互独立的随机变量 Y_i 的观测值。系数 α 和 $\boldsymbol{\beta}$ 由最小二乘法估计，即最小化

$$\sum_{i=1}^{N}(y_i - \alpha - \boldsymbol{x}_i^{\mathrm{T}}\boldsymbol{\beta})^2 \tag{6.2}$$

这等价于通过最大化对数似然函数

$$-\frac{N}{2}\log(\sigma^2) - \frac{1}{2\sigma^2}\sum_{i=1}^{N}(y_i - \alpha - \boldsymbol{x}_i^{\mathrm{T}}\boldsymbol{\beta})^2 \tag{6.3}$$

得到 α 和 $\boldsymbol{\beta}$ 的最大似然估计值。令 $\hat{\alpha}$ 和 $\hat{\boldsymbol{\beta}}$ 分别表示 α 和 $\boldsymbol{\beta}$ 的最小二乘估计值（等价于最大似然估计值），参数 σ^2 的最大似然估计值为

$$\hat{\sigma}^2=\frac{\sum_{i=1}^{N}(y_i-\hat{\alpha}-\boldsymbol{x}_i^{\mathrm{T}}\hat{\boldsymbol{\beta}})^2}{N} \tag{6.4}$$

无偏估计值为

$$\tilde{\sigma}^2=\frac{\sum_{i=1}^{N}(y_i-\hat{\alpha}-\boldsymbol{x}_i^{\mathrm{T}}\hat{\boldsymbol{\beta}})^2}{N-p-1} \tag{6.5}$$

6.1.2　模型解释

对所得线性模型的解释可通过解释系数 β_r 的估计值 $\hat{\beta}_r$ 获得。其解释如下：自变量 x_r 的值增加一个单位而其他自变量的值不变时，因变量 Y 的均值变化的估计值为 $\hat{\beta}_r$。对于根据一个定类变量生成的一系列哑变量而言，某个哑变量的回归系数代表的是该哑变量对应的类别和基准类别之间因变量的平均差异。例如，“企业所在省份（不含港澳台）”这个变量有 31 种取值（“北京”“天津”“上海”……“新疆”），以“北京”作为基准类别，可生成“是否天津”“是否上海”……“是否新疆”这 30 个哑变量。哑变量“是否天津”的系数估计值的含义为：当除了“企业所在省份（不含港澳台）”之外的其他自变量的值保持不变时，“天津”和“北京”之间因变量的平均差异的估计值。

自变量也可能含有一些更基础的变量的二次或高次项（形如 $x_r=z_{r_1}^2$、$x_r=z_{r_1}^3$ 等）或交互项（形如 $x_r=z_{r_1}z_{r_2}$、$x_r=z_{r_1}z_{r_2}z_{r_3}$ 等），此时对回归系数的解释可综合考虑某个基础变量的值增加一个单位而其他基础变量的值不变时，因变量均值的变化。例如，当自变量为 $x_1=z_1$、$x_2=z_2$、$x_3=z_1z_2$ 时，因变量均值的估计值为 $\hat{\alpha}+\hat{\beta}_1z_1+\hat{\beta}_2z_2+\hat{\beta}_3z_1z_2$。$z_1$ 的值增加一个单位而 z_2 的值保持不变时，因变量均值的估计值变为 $\hat{\alpha}+\hat{\beta}_1(z_1+1)+\hat{\beta}_2z_2+\hat{\beta}_3(z_1+1)z_2$，因变量均值的变化的估计值为 $\hat{\beta}_1+\hat{\beta}_3z_2$ 个单位。这一变化依赖于 z_2 的值，$\hat{\beta}_1$ 代表了该变化的截距，而 $\hat{\beta}_3$ 代表了该变化对 z_2 的斜率。

当自变量与基础变量的关系比较复杂时，也可以只变化某个指定基础变量而固定其他基础变量的值（如对分类变量固定在某个类别，对连续变量固定在中位数），考查因变量均值的估计值如何随指定基础变量的变化而变化。

6.1.3　一些理论结果

令 $\boldsymbol{X}$ 表示第 i 行是 $(1,\boldsymbol{x}_i^{\mathrm{T}})$ 的 $N\times(p+1)$ 维设计矩阵，$\boldsymbol{y}=(y_1,\cdots,y_N)^{\mathrm{T}}$ 表示因变量观测值的 $N\times1$ 维向量。令 $\hat{y}_i=\hat{\alpha}+\boldsymbol{x}_i^{\mathrm{T}}\hat{\boldsymbol{\beta}}$ 表示对第 i 个观测的因变量的拟合值，令 $\hat{\boldsymbol{y}}=(\hat{y}_1,\cdots,\hat{y}_N)^{\mathrm{T}}$ 表示因变量拟合值的 $N\times1$ 维向量。线性模型的一些理论结果如下。

（1）系数估计值的向量 $(\hat{\alpha}, \hat{\boldsymbol{\beta}}^{\mathrm{T}})^{\mathrm{T}} = (\boldsymbol{X}^{\mathrm{T}}\boldsymbol{X})^{-1}\boldsymbol{X}^{\mathrm{T}}\boldsymbol{y}$。

（2）$\hat{\boldsymbol{y}}$ 可写作 $\boldsymbol{y}$ 的线性变换：$\hat{\boldsymbol{y}} = \boldsymbol{H}\boldsymbol{y}$，其中 $N \times N$ 维矩阵 $\boldsymbol{H} = \boldsymbol{X}\left(\boldsymbol{X}^{\mathrm{T}}\boldsymbol{X}\right)^{-1}\boldsymbol{X}^{\mathrm{T}}$ 称为投影矩阵。投影矩阵是对称的幂等矩阵：$\boldsymbol{H}^{\mathrm{T}} = \boldsymbol{H}$，$\boldsymbol{H}^2 = \boldsymbol{H}$。

（3）令 $e_i = y_i - \hat{y}_i$ 表示第 i 个观测的残差，令 $\boldsymbol{e} = (e_1, \cdots, e_N)^{\mathrm{T}}$ 表示残差的 $N \times 1$ 维向量。可得 $\boldsymbol{e} = \boldsymbol{y} - \hat{\boldsymbol{y}} = (\boldsymbol{I} - \boldsymbol{H})\,\boldsymbol{y}$，其中 $\boldsymbol{I}$ 为 $N \times N$ 维恒等矩阵。

（4）σ^2 的无偏估计值可写成 $\tilde{\sigma^2} = \dfrac{\boldsymbol{y}^{\mathrm{T}}(\boldsymbol{I} - \boldsymbol{H})\,\boldsymbol{y}}{N - p - 1}$。

（5）残差的协方差矩阵为 $\mathrm{Var}(\boldsymbol{e}) = \sigma^2(\boldsymbol{I} - \boldsymbol{H})$，其中对角线元素 $\sigma^2(1 - H_{ii})$ 为残差 e_i 的方差。由此，定义标准化残差为

$$r_i = \frac{e_i}{\tilde{\sigma}\sqrt{1 - H_{ii}}}, \qquad i = 1, \cdots, N \tag{6.6}$$

在模型假设成立且样本大的情况下，标准化残差近似满足标准正态分布，且标准化残差之间的不独立性可忽略。

6.1.4 模型诊断

1. 标准化残差图

经典线性模型可写作如下形式：

$$Y = \alpha + \boldsymbol{x}^{\mathrm{T}}\boldsymbol{\beta} + \epsilon \tag{6.7}$$

其中，ϵ 满足以下个假设。

（1）线性：对所有 $\boldsymbol{x}$ 值，ϵ 的均值为 0。

（2）同方差：对所有 $\boldsymbol{x}$ 值，ϵ 的方差为 σ^2。

（3）独立：不同观测的 ϵ 之间相互独立。

（4）正态：ϵ 满足正态分布。

这里可使用训练数据集的标准化残差图检验这些模型假设是否成立。

（1）标准化残差对每个自变量的散点图。在模型假设下，图中的点应随机散落而没有什么规律。在图 6.1(a) 所示的标准化残差图中，线性假设不成立；在图 6.1(b) 所示的标准化残差图中，同方差假设不成立。

（2）标准化残差对因变量拟合值的散点图。在模型假设下，图中的点应随机散落而没有什么规律。

（3）标准化残差的正态 QQ 图（Quantile-Quantile Plot）。在正态情况下，图中应近似呈现一条直线。

（4）标准化残差对观测序号的散点图。如果观测序号有时间或空间顺序，这个图可以用来检验独立假设。在独立假设下，图中的点应该随机散落在围绕 0 的水平带中。图 6.1(c) 展现了一张标准化残差图对观测序号的散点图，很明显残差之间存在自相关性。

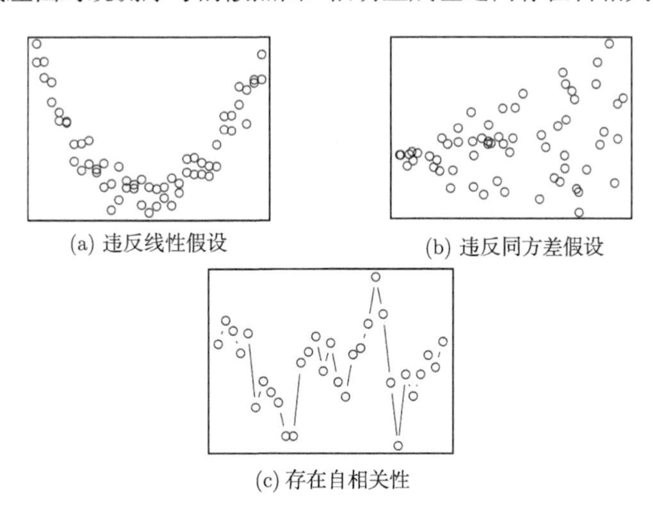

(a) 违反线性假设　(b) 违反同方差假设　(c) 存在自相关性

图 6.1　线性模型的标准化残差图示例

2. 异常点

异常点可能出现在以下两个方面。

（1）因变量上的异常点：表现为标准化残差 r_i 的绝对值很大。因为标准化残差应该近似服从均值为 0、标准差为 1 的正态分布，所以其绝对值大于 2 或 3 的观测是异常点。

（2）自变量上的异常点：表现为杠杆值（leverage）H_{ii} 很大。从理论结果 $\hat{\boldsymbol{y}} = \boldsymbol{H}\boldsymbol{y}$ 可以推出 $\hat{y}_i = H_{i1}y_1 + \cdots + H_{ii}y_i + \cdots + H_{iN}y_N$，因此 H_{ii} 说明第 i 个观测的因变量真实值 y_i 在多大程度上决定了其自身的因变量拟合值。H_{ii} 过大说明这种影响过大。

Cook 距离可用来发现异常点。第 i 个观测的 Cook 距离反映了使用整个训练数据集和使用不包含第 i 个观测的训练数据集所得到的因变量拟合值的差异。令 $\hat{y}_{j(i)}$ 表示去掉第 i 个观测之后所得到的模型方程对 y_j 的拟合值。第 i 个观测的 Cook 距离的定义如下：

$$
\begin{aligned}
C_i &= \frac{\sum\limits_{j=1}^{N}(\hat{y}_j - \hat{y}_{j(i)})^2}{\tilde{\sigma}^2(p+1)} \\
&= \frac{r_i^2}{p+1} \times \frac{H_{ii}}{1-H_{ii}}, \qquad i = 1, 2, \cdots, N
\end{aligned}
$$

可以看出，r_i 的绝对值越大或者 H_{ii} 的值越大，Cook 距离越大。

3. 自相关性

在残差存在自相关性的情形下，回归系数的最小二乘估计依然是无偏的，但残差方差 σ^2 和回归系数的标准误差被低估，通常所用的置信区间以及各种显著性检验不再正确。

Durbin-Watson 统计量（简称 DW 统计量）可用于检验自相关性的存在。它假设模型是 $y_t = \alpha + \boldsymbol{x}_t^{\mathrm{T}}\boldsymbol{\beta} + \epsilon_t$，误差项 ϵ_t 满足如下一阶自相关模型：

$$\epsilon_t = \rho\epsilon_{t-1} + \omega_t,\ |\rho| < 1 \tag{6.8}$$

其中，ρ 是 ϵ_t 和 ϵ_{t-1} 之间的相关系数，ω_t 服从均值为 0、方差为常数的正态分布且互相独立。Durbin-Watson 统计量用于检验如下假设：

$$H_0:\ \rho = 0 \tag{6.9}$$

$$H_1:\ \rho > 0 \tag{6.10}$$

其具体定义如下：

$$d = \frac{\sum_{t=2}^{N}(e_t - e_{t-1})^2}{\sum_{t=1}^{N} e_t^2} \tag{6.11}$$

令 ρ 的估计为

$$\hat{\rho} = \frac{\sum_{t=2}^{N} e_t e_{t-1}}{\sum_{t=1}^{N} e_t^2} \tag{6.12}$$

DW 统计量与 $\hat{\rho}$ 的关系如下：

$$d \approx 2(1 - \hat{\rho}) \tag{6.13}$$

具体检验过程如下。

首先，根据样本量 N 和自变量数 p 查 DW 统计量临界值表，得到临界值 d_L 和 d_U，其次计算样本 DW 统计量 d。

（1）若 $d < d_L$，拒绝 H_0;

（2）若 $d > d_U$，不拒绝 H_0;

（3）若 $d_L < d < d_U$，检验无定论。

4. 多重共线性

在线性模型中，如果有一个或者多个自变量能够很好地被其他自变量线性表示，则说明数据中存在多重共线性的问题。多重共线性经常表现在如下方面。

（1）自变量之间的相关系数很大。

（2）模型系数估计值的符号与预期或经验不相符。

（3）预期重要的自变量的系数的标准误差很大。在极端情形下，模型的 F 检验是显著的，但是所有斜率的 t 检验都不显著。（注：F 检验用于检验所有自变量的斜率是否都等于 0，t 检验用于检验单个自变量的斜率是否等于 0。）

这里使用方差膨胀因子来检测多重共线性。对于第 r 个自变量（$r=1,\cdots,p$），其方差膨胀因子的定义为

$$\mathrm{VIF}_r=\frac{1}{1-R_r^2} \tag{6.14}$$

其中 R_r^2 是将第 r 个自变量当作因变量，对其他自变量建立线性模型所得到的 R 方。一般而言，方差膨胀因子大于 10（等价于 $R_r^2>0.9$），就认为存在多重共线性。

还可以使用条件数（condition number）来检测多重共线性，其定义为：

$$\kappa=\sqrt{\frac{p\text{ 个自变量的相关系数矩阵的最大特征值}}{p\text{ 个自变量的相关系数矩阵的最小特征值}}} \tag{6.15}$$

当条件数大于 15 时，就认为存在多重共线性。从 3.9.2 节的主成分分析可以看出，相关系数矩阵的最大特征值是第一个主成分所解释的总方差的比例，最小特征值是第 p 个主成分所解释的总方差的比例。如果最小特征值相对于最大特征值而言很小，第 p 个主成分解释总方差的比例相对就可以忽略，相关系数矩阵的信息用 $(p-1)$ 维（而不需要 p 维）就能得到较好的表示，因此存在多重共线性。

当存在多重共线性的时候，可采取的应对方案如下。

（1）删除一部分自变量，得到一个不存在多重共线性的数据集。

（2）对自变量进行主成分分析，保留最前面的几个主成分作为自变量。

（3）使用变量选择方法，选择部分自变量加入模型。

6.2 广义线性模型

本节将首先对广义线性模型进行简介，然后按照因变量为二值变量或比例的情形、因变量为多种取值的定类变量的情形、因变量为定序变量的情形、其他情形分别讨论对应的广义线性模型。

6.2.1 广义线性模型简介

广义线性模型对线性模型进行了推广，适用于因变量是定类变量、定序变量等的情形。对广义线性模型的详细介绍可见*McCullagh and Nelder* (1989)。广义线性模型有 3 个成分。

1. 随机成分

因变量 Y 的分布，通常取指数族分布，其均值为 μ。（注：常见的正态分布、泊松分布、二项分布、伽玛分布等都属于指数族分布。）

2. 系统成分

与自变量 $\boldsymbol{x}$ 的关系为线性，即

$$\eta = \alpha + \boldsymbol{x}^{\mathrm{T}}\boldsymbol{\beta} \tag{6.16}$$

3. 连接函数

随机成分和系统成分通过连接函数 $\eta = g(\mu)$ 连接起来，其中 g 为一对一、连续可导的变换，使得 η 的取值范围变成 $(-\infty, \infty)$。可以得到

$$\mu = g^{-1}(\eta) = g^{-1}(\alpha + \boldsymbol{x}^{\mathrm{T}}\boldsymbol{\beta}) \tag{6.17}$$

其中，g^{-1} 为 g 的逆转换。

通常使用最大似然估计法估计广义线性模型。系数的最大似然估计值 $\hat{\alpha}$ 和 $\hat{\boldsymbol{\beta}}$ 具有一致性、渐进正态性等良好性质，因此可以使用 t 检验查看各个系数是否显著。

6.2.2 因变量为二值变量或比例的情形

设因变量 $Y \sim \text{Binomial}(n, \mu)/n$，其中，$\text{Binomial}(n, \mu)$ 表示试验次数为 n、每次试验有概率 μ 得到结果 1 以及有概率 $(1-\mu)$ 得到结果 0 的二项分布。常见的一种情形是对所有观测，$n=1$，Y 的取值为 0 或 1。例如，数据中含有多位某移动运营商的用户，$Y=1$ 表示用户流失，$Y=0$ 表示用户未流失。但也有一种情形，对不同观测 n 的取值可能不同，Y 的取值为比例。例如，数据中含有多个地区，n 表示一个地区的人数，Y 表示该地区教育程度在大学及以上的比例。

常用的两种连接函数如下。

1. 逻辑（Logit）连接函数

$$\eta = \log\frac{\mu}{1-\mu} \Longrightarrow \mu = \frac{\exp(\alpha + \boldsymbol{x}^{\mathrm{T}}\boldsymbol{\beta})}{1 + \exp(\alpha + \boldsymbol{x}^{\mathrm{T}}\boldsymbol{\beta})} \tag{6.18}$$

对应的广义线性模型称为逻辑（Logistic 或 Logit）回归。

由公式 (6.16) 可得，当 x_r 的值增加一个单位而其他自变量的值不变时，η 的值变化了 β_r，从而 $\mu/(1-\mu)$ 是原来的 $\exp(\beta_r)$ 倍。因此，系数 β_r 可以解释为：当 x_r 的值增加一个单

位而其他自变量的值不变时，得到结果 1 的概率与得到结果 0 的概率的比是原来的 $\exp(\beta_r)$ 倍。

2. Probit 连接函数

$$\eta = \Phi^{-1}(\mu) \Longrightarrow \mu = \Phi(\alpha + \boldsymbol{x}^{\mathrm{T}}\boldsymbol{\beta}) \tag{6.19}$$

其中 $\Phi()$ 是标准正态分布的分布函数。对应的广义线性模型称为 Probit 回归。

6.2.3　因变量为多种取值的定类变量的情形

因变量 Y 的取值为 $1,\cdots,K$，各取值之间是无序的，这时可采用多项逻辑回归。举例而言，考虑投资者对投资地区的选择，多项逻辑回归考查的是投资者特征 $\boldsymbol{x}$ 对地区选择的影响。

令 μ_k 表示 Y 取值为 k 的概率（$k=1,\cdots,K$），它们满足 $\mu_1+\cdots+\mu_K=1$。将第 K 个类别作为基准类别，使用如下连接函数：

$$\eta_k = \log\frac{\mu_k}{\mu_K}, \quad k=1,\cdots,K-1 \tag{6.20}$$

令 $\eta_k = \alpha_k + \boldsymbol{x}^{\mathrm{T}}\boldsymbol{\beta}_k$（$k=1,\cdots,K-1$）。当 x_r 的值增加一个单位而其他自变量的值不变时，η_k 的值变化了 β_{kr}，从而 μ_k/μ_K 是原来的 $\exp(\beta_{kr})$ 倍。因此，系数 β_{kr} 可以解释为：当 x_r 的值增加一个单位而其他自变量的值不变时，Y 取值为 k 的概率与 Y 取值为 K 的概率的比是原来的 $\exp(\beta_{kr})$ 倍。

可以得到：

$$\begin{aligned}
\mu_k &= \frac{\exp(\alpha_k + \boldsymbol{x}^{\mathrm{T}}\boldsymbol{\beta}_k)}{1+\exp(\alpha_1 + \boldsymbol{x}^{\mathrm{T}}\boldsymbol{\beta}_1)+\cdots+\exp(\alpha_{K-1} + \boldsymbol{x}^{\mathrm{T}}\boldsymbol{\beta}_{K-1})} \\
&\quad k=1,\cdots,K-1 \\
\mu_K &= \frac{1}{1+\exp(\alpha_1 + \boldsymbol{x}^{\mathrm{T}}\boldsymbol{\beta}_1)+\cdots+\exp(\alpha_{K-1} + \boldsymbol{x}^{\mathrm{T}}\boldsymbol{\beta}_{K-1})}
\end{aligned} \tag{6.21}$$

6.2.4　因变量为定序变量的情形

因变量 Y 的取值为 $1,\cdots,K$，但各取值之间是有序的。可采用序次逻辑回归。

令 π_k 表示 Y 取值小于或等于 k 的概率（$k=1,\cdots,K-1$），即 $\pi_k=\mu_1+\cdots+\mu_k$。它们满足 $\pi_1 \leqslant \pi_2 \leqslant \cdots \leqslant \pi_{K-1}$。使用如下连接函数：

$$\eta_k = \log\frac{\pi_k}{1-\pi_k}, \quad k=1,\cdots,K-1 \tag{6.22}$$

它们须满足 $\eta_1 \leqslant \eta_2 \leqslant \cdots \leqslant \eta_{K-1}$。令 $\eta_k = \alpha_k + \boldsymbol{x}^{\mathrm{T}}\boldsymbol{\beta}$（$k=1,\cdots,K-1$），其中 $\boldsymbol{\beta}$ 不随 k 变化，而 $\alpha_1 \leqslant \alpha_2 \leqslant \cdots \leqslant \alpha_{K-1}$，这样可以保证满足 $\eta_1 \leqslant \eta_2 \leqslant \cdots \leqslant \eta_{K-1}$。当 x_r

的值增加一个单位而其他自变量的值不变时，η_k（$k = 1, \cdots, K-1$）的值变化了 β_r，从而 $\pi_k/(1-\pi_k)$（$k = 1, \cdots, K-1$）是原来的 $\exp(\beta_r)$ 倍。因此，系数 β_r 可以解释为：当 x_r 的值增加一个单位而其他自变量的值不变时，对 $k = 1, \cdots, K-1$，Y 取值小于或等于 k 的概率与 Y 取值大于 k 的概率的比是原来的 $\exp(\beta_r)$ 倍。

可以得到：

$$
\begin{aligned}
&\pi_k = \frac{\exp(\alpha_k + \boldsymbol{x}^{\mathrm{T}}\boldsymbol{\beta})}{1 + \exp(\alpha_k + \boldsymbol{x}^{\mathrm{T}}\boldsymbol{\beta})}, \quad k = 1, \cdots, K-1 \\
&\mu_1 = \pi_1 \\
&\mu_k = \pi_k - \pi_{k-1}, \quad k = 2, \cdots, K-1 \\
&\mu_K = 1 - \pi_{K-1}
\end{aligned} \tag{6.23}
$$

6.2.5 其他情形

1. 因变量为计数变量的情形

因变量 Y 的取值为 $0, 1, 2, \cdots$，代表某事件发生的次数。可采用泊松回归。设 Y 满足泊松分布：$Y \sim \text{Poisson}(\mu)$，其中 μ 表示事件发生的平均次数。使用对数连接函数：

$$
\eta = \log(\mu) \Longrightarrow \mu = \exp(\alpha + \boldsymbol{x}^{\mathrm{T}}\boldsymbol{\beta}) \tag{6.24}
$$

当 x_r 的值增加一个单位而其他自变量的值不变时，η 的值变化了 β_r，从而 μ 是原来的 $\exp(\beta_r)$ 倍。因此，系数 β_r 可以解释为：当 x_r 的值增加一个单位而其他自变量的值不变时，事件发生的平均次数是原来的 $\exp(\beta_r)$ 倍。

2. 因变量为取值可正可负的连续变量的情形

假设 Y 满足均值为 μ、方差为 σ^2 的正态分布。采用恒等连接函数：

$$
\eta = \mu \Longrightarrow \mu = \alpha + \boldsymbol{x}^{\mathrm{T}}\boldsymbol{\beta} \tag{6.25}
$$

所得模型就是一般的线性模型。

3. 因变量为非负连续变量的情形

因变量 Y 的取值连续非负（如收入、销售额）时，通常对因变量进行 Box-Cox 转换（见 3.6 节，对数转换是 Box-Cox 转换的一种特殊情形），再使用一般的线性模型。

6.3 线性模型与广义线性模型中的变量选择

本节将讨论线性模型与广义线性模型中两种常用的变量选择方法：逐步回归和 Lasso。

6.3.1　逐步回归

使用以下 3 种方法之一逐步建立一系列的线性模型或广义线性模型，在这一过程中使用的数据集都是训练数据集。

1. 向前选择（forward selection）

从不含有任何自变量的零模型开始，逐个从模型外选择最能帮助预测因变量的自变量加入模型，直至模型外的任何一个自变量对于预测因变量的贡献值都低于某个临界值，或者模型中已经包含所有的自变量。

2. 向后剔除（backward elimination）

从含有所有自变量的全模型开始，逐个从模型中剔除对预测因变量贡献最小的自变量，直至模型内的任何一个自变量对于预测因变量的贡献值都高于某个临界值，或者模型中不含有任何自变量。

3. 向前选择与向后剔除的结合

从零模型开始，每次给模型添加一个新的自变量后，就对模型中所有自变量进行一次向后剔除的检查，直至所有已经在模型中的自变量都不能被剔除，并且所有在模型外的自变量都不能被添加。

不论采取哪种逐步回归方法，每次添加或剔除一个自变量都得到一个新的模型，这样可获得一系列模型。根据训练数据集计算 AIC（Akaike Information Criterion）、BIC（Bayesian Information Criterion）等统计准则的值，或者根据验证数据集评估预测效果，可从这一系列模型中选择最优的模型。

类似于 AIC 和 BIC 的统计准则都考虑了对训练数据集的模型拟合度和模型复杂度的权衡。模型复杂度越高，对训练数据集的拟合度越高，但可能过度拟合。因此，统计准则要对模型复杂度进行惩罚。

AIC 和 BIC 的具体形式如下。

（1）AIC 的公式为

$$\text{AIC}_p = -2\ln(\hat{L}_p) + 2p \tag{6.26}$$

其中，p 是所考查模型的自变量个数，$\hat{L}_p$ 是所考查模型拟合训练数据集的似然函数的最大值。AIC 对模型中每个自变量的复杂度惩罚值是 2。

（2）BIC 的公式为

$$\text{BIC}_p = -2\ln(\hat{L}_p) + p(\log N) \tag{6.27}$$

其中，N 是训练数据集的观测数。BIC 对模型中每个自变量的复杂度惩罚值是 $\log N$。

通常，BIC 对模型复杂度的惩罚比 AIC 更大，所以 BIC 选出的模型比 AIC 选出的模型更小。统计理论表明，AIC 不是一致的而 BIC 是一致的。也就是说，如果真实模型是因变量对所有自变量的某个子集的线性模型或广义线性模型，在大样本情况下，AIC 选择不出真实模型而 BIC 能选择出真实模型。

当自变量数比较少时，还可以使用最优子集回归（best subset regression）考查所有可能的 2^p 个模型，并从中选择最优模型。

6.3.2 LASSO

先考虑线性模型的情形。设训练数据集为 $\{(\boldsymbol{x}_i, y_i), i = 1, \cdots, N\}$。假设自变量经过了使其均值为 0、长度为 1 的标准化，即

$$\sum_{i=1}^{N} x_{ir} = 0, \quad \sum_{i=1}^{N} x_{ir}^2 = 1 \tag{6.28}$$

还可以通过变换使自变量均值为 0、标准差为 1。这些变换使各个自变量的大小可比，相应地自变量的系数的大小也可比。

普通最小二乘法寻求如下参数估计值：

$$(\hat{\alpha}, \hat{\boldsymbol{\beta}}) = \arg\min_{\alpha,\boldsymbol{\beta}} \left[\sum_{i=1}^{N} \left(y_i - \alpha - \sum_{r=1}^{p} \beta_r x_{ir} \right)^2 \right] \tag{6.29}$$

Lasso 将斜率系数的绝对值之和（也称为 $L1$ 范数）当作模型复杂度的度量，对其进行惩罚，并寻求如下参数估计值：

$$(\hat{\alpha}, \hat{\boldsymbol{\beta}}) = \arg\min_{\alpha,\boldsymbol{\beta}} \left[\sum_{i=1}^{N} \left(y_i - \alpha - \sum_{r=1}^{p} \beta_r x_{ir} \right)^2 + \lambda \sum_{r=1}^{p} |\beta_r| \right] \tag{6.30}$$

其中 $\lambda \geqslant 0$ 是调节参数。

Lasso 有一个模型简约化的特点：给定任何一个 λ 值，只有某些斜率系数的估计值不为 0。当 $\lambda = 0$ 时，Lasso 给出的估计值就是普通最小二乘估计值。当 λ 逐渐变大时，会有某个斜率系数的估计值变为 0，之后一直保持为 0；当 λ 再变大时，会有另一个斜率系数的估计值变为 0，之后一直保持为 0；等等。当 $\lambda \to \infty$ 时，每一个斜率系数的估计值都为 0。因为 Lasso 能使某些斜率系数的估计值正好为 0，它常常被用于变量选择。

Lasso 的一种等价形式为寻求如下参数估计值：

$$(\hat{\alpha}, \hat{\boldsymbol{\beta}}) = \arg\min_{\alpha,\boldsymbol{\beta}} \left[\sum_{i=1}^{N} \left(y_i - \alpha - \sum_{r=1}^{p} \beta_r x_{ir} \right)^2 \right] \quad \text{使得} \sum_{r=1}^{p} |\beta_r| \leqslant t \tag{6.31}$$

其中 $t \geqslant 0$ 为调节参数。

公式 (6.30) 中的调节参数 λ 或公式 (6.31) 中的调节参数 t（或者其标准化后的调节参数 $s = t/\sum_{r=1}^{p}|\hat{\beta}_r^{\text{OLS}}|$，其中 $\hat{\beta}_r^{\text{OLS}}$ 为 β_r 的普通最小二乘估计值）通常采用交叉验证法选取。V 折交叉验证法（$V > 1$）的具体描述如下：将学习数据集随机等分成 V 份，轮流将其中 $(V-1)$ 份作为训练数据集训练调节参数不同取值下的 Lasso 模型，将剩余 1 份作为验证数据集计算各模型对其预测误差，最后，选取调节参数的值使得 V 份验证数据集的平均预测误差最小。

值得注意的是，普通最小二乘估计值是无偏的，Lasso 加了约束之后所得的估计值是有偏的。通过 Lasso 进行变量选择之后，如果要得到系数的无偏估计值，可以根据选择出的变量进行普通最小二乘估计。

朴（Park）和墨斯特（Hastie）(2007) 将 Lasso 的想法推广到了广义线性模型。

6.4 R 语言分析示例：线性模型与广义线性模型

本节先给出一个线性模型示例、一个逻辑回归及 Lasso 示例，然后将逻辑回归及 Lasso 应用于 3.10.2 节的移动运营商数据。

6.4.1 线性模型示例

假设 D:\dma_Rbook\data 目录下的 ch6_house.csv 数据集记录了某地区 21 613 座房屋如表 6.1 所示的 10 个变量的信息。我们将依此建立线性模型预测房屋价格。

表 6.1 ch6_house 数据集说明

变量名称	变量说明
price	房屋价格
bedrooms	卧室数量
bathrooms	卫生间数量
sqft_living	住房面积（平方英尺）
sqft_lot	房基地面积（平方英尺）
floors	楼层数目
condition	房屋整体状况的好坏，取值 1、2、3、4、5
grade	根据当地分级制度给予房屋的整体等级，取值 1、2、···、13
sqft_above	除地下室的住房面积（平方英尺）
yr_built	房屋建成年份，最早取值为 1900，最晚取值为 2015

相关 R 语言程序如下。

```
####加载程序包
library(dplyr)
#dplyr是数据处理的程序包，我们将使用其中的管道函数。
```

```
####设置随机数种子
set.seed(12345)

####读入数据，生成R数据框
setwd("D:/dma_Rbook")
#设置基本路径。
house <- read.csv("data/ch6_house.csv",
                  colClasses = rep("numeric", 10))
#读入基本路径的data子目录下的ch6_house文件，生成house数据集。

house <- house %>%
  mutate(log_price=log(price)) %>%
  mutate(log_sqft_living=log(sqft_living)) %>%
  mutate(log_sqft_lot=log(sqft_lot)) %>%
  mutate(log_sqft_above=log(sqft_above)) %>%
  mutate(age=2015-yr_built)
#数据准备：将price、sqft_living、sqft_lot、sqft_above变量取对数；
#计算2015年时房屋的年龄。

####将数据集随机划分为学习数据集和测试数据集
id_learning <- sample(1:nrow(house),round(0.7*nrow(house)))
#nrow(house)表示house数据集的观测数。
#使用sample()函数对观测序号进行简单随机抽样，抽取学习数据集的观测序号。
#nrow(house)得到house数据集的所有观测数，round(0.7*nrow(house))表示
#抽取的观测数为所有观测数的70%，其中round()函数对小数按照四舍五入的
#方法取整数。
house_learning <- house[id_learning,]
#学习数据集包含抽取的观测序号对应的观测。
house_test <- house[-id_learning,]
#测试数据集包含其他观测序号对应的观测。

####对学习数据集拟合线性模型
fit.lm <- lm(log_price~log_sqft_living+log_sqft_lot+log_sqft_above+
```

```
          age+bedrooms+bathrooms+floors+condition+grade,
        data=house_learning)
#公式部分指出log_price是因变量，log_sqft_living等变量均为自变量。
#data指明使用的数据集为house_learning。

####查看建模结果
summary(fit.lm)
#在屏幕上会显示模型系数的估计、残差的统计量、R方等信息，
#部分输出结果如下：
#Coefficients:
#                  Estimate Std. Error t value Pr(>|t|)
#(Intercept)      7.8340456  0.0732372 106.968  < 2e-16 ***
#log_sqft_living  0.4887105  0.0160515  30.446  < 2e-16 ***
#log_sqft_lot    -0.0332896  0.0034989  -9.514  < 2e-16 ***
#log_sqft_above  -0.0767944  0.0150963  -5.087 3.68e-07 ***
#age              0.0060581  0.0001145  52.907  < 2e-16 ***
#bedrooms        -0.0433545  0.0035877 -12.084  < 2e-16 ***
#bathrooms        0.0813344  0.0059163  13.748  < 2e-16 ***
#floors           0.0721198  0.0072678   9.923  < 2e-16 ***
#condition        0.0409469  0.0042976   9.528  < 2e-16 ***
#grade            0.2415177  0.0036335  66.470  < 2e-16 ***
#---
#Signif. codes:  0 '***' 0.001 '**' 0.01 '*' 0.05 '.' 0.1 ' ' 1

#Residual standard error: 0.3155 on 15119 degrees of freedom
#Multiple R-squared:  0.6406,   Adjusted R-squared:  0.6404
#F-statistic:  2994 on 9 and 15119 DF,  p-value: < 2.2e-16

#从输出结果可以看出：模型中各个自变量的系数均显著不为0；
#模型的R方为0.6406。

####其他可使用的函数
coefficients(fit.lm)
```

```
#提取模型的系数估计值。
confint(fit.lm, level=0.95)
#提取模型的系数的置信区间，level=0.95表示提取95%的置信区间。
yhat <- fitted(fit.lm)
#提取模型的因变量拟合值。
resid <- residuals(fit.lm)
#提取模型的残差。

####模型诊断
par(mfrow=c(2,2))
#将绘图窗口分为2×2的矩阵
par(mar=c(2.5,2.5,1.5,1.5))
#指定绘图区域离下边界、左边界、上边界和右边界的距离（单位为文本行数），
#以便能画下所有诊断图。
plot(fit.lm,which=c(1:4))
#画模型诊断图。
```

用上述程序绘制出的模型诊断图如图 6.2 所示。图 6.2 的左上图为残差 e_i 对拟合值 $\hat{y}_i$ 的

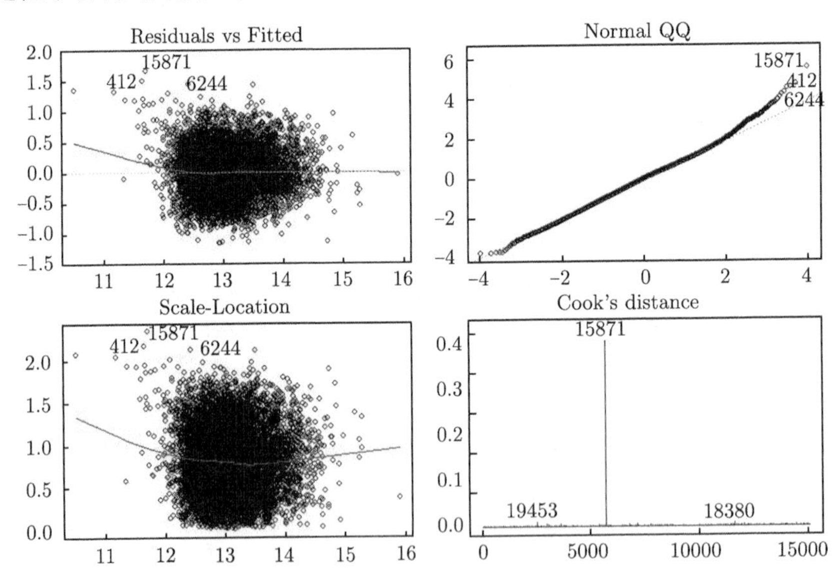

图 6.2 根据 ch6_house 训练数据集建立的线性模型的诊断

散点图。图中黑线表明，除了拟合值比较小的少部分数据点，残差的平均值接近于零（因而不违反线性假设），对于不同的拟合值，残差围绕着平均值的变化范围相差不大（因而不违反同方差假设）。图 6.2 的左下图为标准化残差绝对值的平方根 $\sqrt{|r_i|}$ 对拟合值 $\hat{y}_i$ 的散点图，该图可用于更方便地查看同方差假设是否成立。我们希望：①图中黑线大致是水平的，这样对于不同的拟合值，标准化残差平均而言变化不大；②对于不同的拟合值，围绕着黑线的点的变化范围大致相等。本例中，大部分数据点的拟合值落在 [11.8,15] 区间上，在这一区间上同方差假设大致成立。图 6.2 的右上图为标准化残差的正态 QQ 图，可以看出，残差大致符合正态分布，但也有少部分残差比较大，偏离正态分布。图 6.2 的右下图为各观测的 Cook 距离图。因为训练数据集是从 house 数据集中随机抽取的，模型诊断图中的观测编号为训练观测在原始 house 数据集中的序号。从 Cook 距离图中可以看出，序号为“15871”的观测是异常点。我们将去除这个异常点，重新拟合线性模型，并使用重新拟合的模型对验证数据集进行预测。

```
####去除序号为"15871"的观测，重新拟合线性模型
fit2.lm <- lm(log_price~log_sqft_living+log_sqft_lot+log_sqft_above+
                   age+bedrooms+bathrooms+floors+condition+grade,
              data=house_learning[rownames(house_learning)!="15871",])
#rownames(house_learning)取出house_learning数据集中各个观测的序号。
#house_learning[rownames(house_learning)!="15871",]取出house_learning
#数据集中序号不等于"15871"的观测。
par(mfrow=c(2,2))
par(mar=c(2.5,2.5,1.5,1.5))
plot(fit2.lm,which=c(1:4))

####使用所得的线性模型对测试数据集进行预测
pred.lm <- predict(fit2.lm,house_test)

####计算对测试数据集的房屋价格预测的均方根误差
rmse.lm <- sqrt(mean((exp(pred.lm)-house_test$price)^2))
#pred.lm中含有预测的对数价格，exp(pred.lm)将其转换为预测的价格。
#将预测价格与真实价格取差值，平方（^2）之后取平均（用mean()函数），
#再开根号（用sqrt()函数）。
```

6.4.2　逻辑回归及 Lasso 示例：印第安女性糖尿病数据

假设 D:\dma_Rbook\data 目录下的 ch6_diabetes.csv 数据集记录了 768 位印第安女性如

表 6.2 所示的 9 个变量的信息。

表 6.2 diabetes 数据集说明

变量名称	变量说明
Pregnancies	怀孕次数
Glucose	2 小时口服葡萄糖耐量试验中血浆葡萄糖浓度
BloodPressure	舒张压（单位：毫米汞柱）
SkinThickness	肱三头肌皮褶厚度（单位：毫米）
Insulin	2 小时血清胰岛素
BMI	体重指数
DiabetesPredigreeFunction	糖尿病谱系功能
Age	年龄（岁）
Outcome	因变量，1 表示患有糖尿病，0 表示不患糖尿病

我们首先使用逻辑回归预测患者是否有糖尿病。相关 R 语言程序如下。

```
####加载程序包
library(dplyr)
#dplyr是数据处理的程序包，我们将使用其中的管道函数。
library(sampling)
#sampling包有各种抽样函数，这里我们将调用其中的strata()函数。

####设置随机数种子
set.seed(12345)

####读入数据，生成R数据框
setwd("D:/dma_Rbook")
diabetes <- read.csv("data/ch6_diabetes.csv",
                     colClasses = rep("numeric", 9))

####根据因变量Outcome的取值分层，在每层内随机抽取70%的观测放入
####学习数据集，剩余30%放入测试数据集。
diabetes <- diabetes[order(diabetes$Outcome),]
#分层抽样需要将数据集按照分层变量Outcome的取值进行排列。
```

```
learning_sample <- strata(diabetes, stratanames=("Outcome"),
                          size=round(0.7*table(diabetes$Outcome)),
                          method = "srswor")
#使用strata()函数进行分层抽样。
#stratanames给出分层变量的名字。
#size给出每层随机抽取的观测数：使用table()函数获取Outcome的
#每种取值的观测数，乘以0.7之后再用四舍五入取整。
#method="srswor"说明在每层中使用无放回的简单随机抽样。

diabetes_learning <- diabetes[learning_sample$ID_unit,]
#learning_sample$ID_unit给出了前面分层抽样得到的各观测的ID,
#学习数据集包含抽取的观测序号对应的观测。
diabetes_test <- diabetes[-learning_sample$ID_unit,]
#测试数据集包含没有抽出的ID对应的观测。

fit.logit <- glm(Outcome~., data=diabetes_learning,
                 family="binomial")
#使用glm()函数根据学习数据集建立Logit模型。
#Outcome~.指定Outcome为因变量，其他变量为自变量;
#data=diabetes_learning指定使用diabetes_learning学习数据集;
#family="binomial"指定因变量分布为二项分布。

test.pred.logit<-1*(predict(fit.logit,diabetes_test,
                            type="response")>0.5)
#将Logit模型应用于测试数据集对因变量进行预测。
#predict()函数使用拟合的Logit模型进行预测，type="response"指定预测值
#为因变量取1的概率。
#以预测概率是否大于0.5为分界线，预测因变量类别为1或0。

table(diabetes_test$Outcome,test.pred.logit)
#查看因变量真实值与预测值的列联表
```

接下来我们通过 Lasso 进行变量选择。

```
####加载程序包
```

```
library(glmnet)
#glmnet是建立Lasso模型的程序包,我们将调用其中的glmnet()、
#cv.glmnet()等函数。

####建立Lasso模型
fit.lasso <- glmnet(as.matrix(diabetes_learning[,1:8]),
                    diabetes_learning$Outcome,
                    family="binomial")
#使用glmnet()函数根据学习数据集建立Lasso模型。
#glmnet()函数要求自变量的格式为矩阵, 自变量都是数值型。
#因此这里使用as.matrix()函数将学习数据集中第1至第8列包含自变量的
#子数据集转换为矩阵。
#使用的因变量为学习数据集的Outcome变量。
#family="binomial"说明因变量满足二项分布。

####查看建模结果
print(fit.lasso)
#屏幕上将显示Lasso每一步的结果摘要。
#Lambda表示调节参数λ的值。
#DF表示给定调节参数λ的值时, 所得模型中系数估计值非零的个数。

pdf("fig/ch6_diabetes_lasso.pdf",height = 3.5, width = 5.5)
plot(fit.lasso, xvar = "lambda", label = T, col="black",
     main="Lasso")
#可视化展示Lasso每一步的结果。xvar="lambda"指定横轴为调节参数λ的对数。
#label=T指定在图中标明每条曲线对应的自变量序号。
#col="black"指定曲线颜色为黑色。
#main="Lasso"指定图形标题为"Lasso"。
#所得图形中, 每条曲线代表一个自变量, 展示该变量的系数估计值如何
#随着λ的对数值的变化而变化; 图形中最上面的横轴表示系数估计值非零的个数。

dev.off()
```

图 6.3 展示了各个自变量的估计系数如何随着调节参数 λ 的对数值的变化而变化。当

λ 逐渐变小时，第 1 个进入模型（系数不为 0）的自变量是第 2 个自变量：2 小时口服葡萄糖耐量试验中血浆葡萄糖浓度；第 2 个进入模型的变量是第 6 个自变量：体重指数；等等。

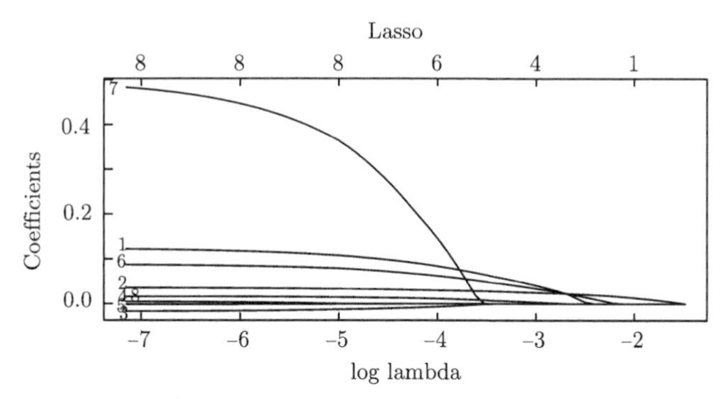

图 6.3　对 diabetes 数据集建立 Lasso 模型时各个自变量的系数估计值随 λ 的对数值变化的情况

接下来，我们使用交叉验证选取调节参数 λ 的值，并得到相应的模型。

```
####使用交叉验证法选择最佳模型
cvfit.lasso <- cv.glmnet(as.matrix(diabetes_learning[,1:8]),
                         diabetes_learning$Outcome,
                         family="binomial", type.measure="class")
#cv.glmnet()函数使用交叉验证选出调节参数λ的最佳值。
#family="binomial"指定因变量分布为二项分布;
#type.measure="class"指定交叉验证的准则为错误分类率。

cvfit.lasso$lambda.min
#使交叉验证的平均误差最小的λ值。
cvfit.lasso$lambda.1se
#使交叉验证的平均误差在其最小值1个标准误差范围内的最大的λ值。

pdf("fig/ch6_diabetes_cvlasso.pdf",height = 3.5, width = 5.5)
plot(cvfit.lasso)
#该图展示了交叉验证的平均误差如何随λ的对数值的变化而变化。
#其中两条虚线对应于λ的如下两个值:
# (1) 使交叉验证的平均误差最小的λ值;
```

```
# (2) 使交叉验证的平均误差在其最小值1个标准误差范围内的最大的λ值。
dev.off()

coef(cvfit.lasso, s="lambda.min")
#给出使得交叉验证误差最小的λ值对应的模型的回归系数。

test.pred.lasso <- predict(cvfit.lasso,
                           as.matrix(diabetes_test[,1:8]),
                           s="lambda.min", type="class")
#获取当λ值使交叉验证的平均误差最小时，模型对测试数据集因变量
#的预测值。
#使用的自变量矩阵是测试数据集中第1至8列包含自变量的子数据集经过
#as.matrix()函数转换而成的矩阵。
#s="lambda.min"指定将λ值设为使交叉验证的平均误差最小的值。
#type="class"指定预测值为类别。

table(diabetes_test$Outcome, test.pred.lasso)
#查看因变量真实值与因变量预测值的列联表。
```

图 6.4 展示了交叉验证的平均误差如何随着调节参数 λ 的对数值的变化而变化。使交叉验证的平均误差最小的 λ 的值为 0.008 816 794（其对数值为 −4.731 097）。相应的模型中，SkinThickness 变量（肱三头肌皮褶厚度）没有被选中。

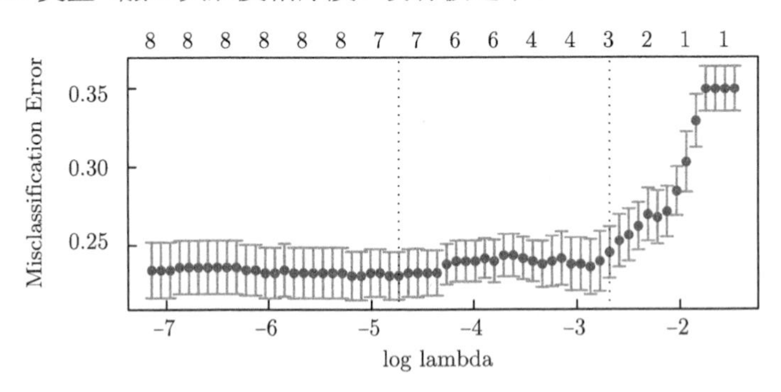

图 6.4 对 diabetes 数据集建立 Lasso 模型时交叉验证的平均误差随 λ 的对数值变化的情况

最初的逻辑模型和使用 Lasso 进行变量选择后的模型的分类效果分别如表 6.3 和表 6.4 所示。可见这两个模型的效果差别不大。

表 6.3　逻辑模型对 diabetes 数据集的分类效果

真实值	预测值	
	0	1
0	134	16
1	36	44

表 6.4　使用 Lasso 进行变量选择后模型对 diabetes 数据集的分类效果

真实值	预测值	
	0	1
0	133	17
1	37	43

6.4.3　逻辑回归及 Lasso 示例：移动运营商数据

考虑 3.10.2 节的移动运营商案例。之前，我们根据是否流失进行分层抽样，将建模数据集分为学习数据集和测试数据集，并在学习数据集中通过欠抽样抽取了 10 个样本数据集，每次抽样时保留所有流失用户的观测，从未流失用户的观测中抽取一部分，使样本数据集中流失用户的比例达到 1/2。另外我们对缺失数据进行了单重插补，并把根据学习数据集的样本数据集建立的插补模型应用于测试数据集。

在本节中，我们将根据学习数据集的每个插补后样本数据集建立逻辑回归模型或通过 Lasso 进行变量选择，将由此建立的各个模型应用于相应的插补后测试数据集，再将各个模型的预测流失概率进行平均，得到测试数据集的预测流失概率，并据此计算预测是否流失的准确率。

```
####加载程序包
library(glmnet)
#glmnet是建立Lasso模型的程序包，我们将调用其中的cv.glmnet()等函数。

####设置随机数种子
set.seed(12345)

setwd("D:/dma_Rbook")
#设置基本路径。

####读入学习数据集的10个插补后样本数据集
learn <- list()
```

```
#创建列表记录各个数据集,方便后面统一操作。
for (k in 1:10) {
  sample <- read.csv(paste0("data/ch3_mobile_learning_sample",k,
                            "_imputed.csv"),
                     colClasses = c("character",
                                    rep("numeric", 58)))
  #读入基本路径的data子目录下关于第k个样本数据集的.csv文件,
  #生成sample数据集。
  #paste0()函数生成"data/ch2_mobile_learning_sample1_imputed.csv"、
  #"data/ch2_mobile_learning_sample2_imputed.csv"等。
  #将除了“设备编码”之外的所有变量都按数值型读入。

  learn <- c(learn, list(assign(paste0("learn_imp",k), sample)))
  #c()用于合并两个列表，分别是之前生成的列表learn和当前样本数据集。
  #paste0()函数生成字符串"learn_imp1""learn_imp2"等;
  #assign()函数可为指定名称的变量赋值，这里将新读入的sample数据集
  #赋值给learn_imp1、learn_imp2等。
}
#循环后，learn列表中含有10个元素：learn_imp1、…、learn_imp10,
#分别为学习数据集的10个插补后样本数据集。

####类似地，读入测试数据集的10个插补后数据集
test <- list()
for (k in 1:10) {
  sample <- read.csv(paste0("data/ch3_mobile_test_sample",k,
                            "_imputed.csv"),
                     colClasses = c("character",
                                    rep("numeric", 58)))

  test <- c(test, list(assign(paste0("test_imp",k), sample)))
}

####将学习数据集的每个插补后样本数据集按照设备编码进行排序。
```

```
learn <- lapply(learn,
                function (x) {
                  x[order(x$设备编码),]
                })
#lapply()函数可对列表各个元素应用相同函数，这里被用来对学习数据集
#的每个插补后样本数据集按照设备编码进行排序。
#order(x$设备编码)将一个数据集x的各行观测按照变量"设备编码"排序，
#x[order(x$设备编码),]按照这一排序重新排列数据集的各行观测。

####将测试数据集的每个插补后数据集按照设备编码进行排序。
test <- lapply(test,
               function (x) {
                 x[order(x$设备编码), ]
               })

####根据学习数据集的每个插补后样本数据集建立逻辑模型，
####并应用于相应的插补后测试数据集进行预测。
for (k in 1:10){
  fit.logit <- glm(是否流失~., data = learn[[k]][,-1],
                   family="binomial")
  #使用glm()函数根据学习数据集的第k个插补后样本数据集建立逻辑模型。
  #使用数据集为learn列表中第k个元素去掉第一列（"设备编码"）后的数据集，
  #"是否流失"为因变量，其他变量为自变量，family="binomial"
  #指定因变量分布为二项分布。

  ##将模型应用于测试数据集的第k个插补后数据集
  prob.logit <- predict(fit.logit, test[[k]],
                        type="response")
  #predict()函数使用拟合的逻辑回归模型进行预测，
  #应用的数据集为test列表中第k个元素，
  #type="response"指定预测值为因变量（"是否流失"）取1的概率。

  assign(paste0("prob.logit",k), prob.logit)
```

```
  #将预测流失概率赋值给prob.logit1、prob.logit2等。
}

####将根据学习数据集的10个插补后样本数据集分别建立模型所得的
####10组预测流失概率进行平均，得到测试数据集的预测流失概率。
prob.logit <- 0
for (k in 1:10){
  prob.logit <- prob.logit+get(paste0("prob.logit",k))/10
  #使用get()函数得到变量prob.logit1、prob.logit2等的值。
}
write.table(prob.logit,"out/ch6_mobile_prob_logit.csv",
            row.names=FALSE,col.names=FALSE)
#将测试数据集的预测流失概率写入.csv文件，不写行名称和列名称。

####计算预测是否流失的准确率
class.logit <- 1*(prob.logit>0.5)
#以预测流失概率是否大于0.5为分界线，预测因变量类别为1（流失）或
#0（未流失）。
conmat.logit <- table(test[[1]]$是否流失, class.logit)
#查看因变量真实值与因变量预测值的列联表。
accu.y0.logit <- conmat.logit[1,1]/sum(conmat.logit[1,])
#未流失用户中被正确预测为未流失的比例。
accu.y1.logit <- conmat.logit[2,2]/sum(conmat.logit[2,])
#流失用户中被正确预测为流失的比例。
accu.logit <- (conmat.logit[1,1]+conmat.logit[2,2])/
  sum(conmat.logit)
#所有用户中被正确预测为流失或未流失的比例。

write.table(c(accu.y0.logit,accu.y1.logit,accu.logit),
            "out/ch6_mobile_accuracy_logit.csv",
            row.names=FALSE,col.names=FALSE)
#将预测是否流失的准确率写入.csv文件，不写行名称和列名称。
```

```
####根据学习数据集的每个插补后样本数据集建立Lasso模型,
####并应用于相应的插补后测试数据集进行预测。
for (k in 1:10){
  ##根据学习数据集的第k个插补后样本数据集建立Lasso模型
  x_learn <- as.matrix(learn[[k]][,2:58])
  #学习数据集的自变量矩阵。

  cvfit.lasso <- cv.glmnet(x_learn, learn[[k]]$是否流失,
                           family="binomial",
                           type.measure="class")
  #使用交叉验证选出调节参数lambda的最佳值。

  ##将模型应用于相应的插补后测试数据集进行预测
  x_test <- as.matrix(test[[k]][,2:58])
  prob.lasso <- predict(cvfit.lasso, x_test,
                        s = "lambda.min",
                        type = "response")

  assign(paste0("prob.lasso",k), prob.lasso)

  ##获得Lasso模型的回归系数
  coef.lasso <- as.matrix(coef(cvfit.lasso,s="lambda.min"))[,1]
  assign(paste0("coef.lasso",k), coef.lasso)
}

####将根据学习数据集的10个插补后样本数据集分别建立模型所得的
####10组预测流失概率进行平均，得到测试数据集的预测流失概率。
prob.lasso <- 0
for (k in 1:10){
  prob.lasso <- prob.lasso+
    get(paste0("prob.lasso",k))/10
}
write.table(prob.lasso,"out/ch6_mobile_prob_lasso.csv",
```

```
           row.names=FALSE,col.names=FALSE)

####计算预测是否流失的准确率
class.lasso <- 1*(prob.lasso>0.5)
conmat.lasso <- table(test[[1]]$是否流失, class.lasso)
accu.y0.lasso <- conmat.lasso[1,1]/sum(conmat.lasso[1,])
accu.y1.lasso <- conmat.lasso[2,2]/sum(conmat.lasso[2,])
accu.lasso <- (conmat.lasso[1,1]+conmat.lasso[2,2])/
  sum(conmat.lasso)
write.table(c(accu.y0.lasso,accu.y1.lasso,accu.lasso),
            "out/ch6_mobile_accuracy_lasso.csv",
            row.names=FALSE,col.names=FALSE)

####记录每个自变量是否被10个模型中至少一个模型选中
coef.indic.lasso <- rep(0,57)
#生成coef.indic.lasso向量，初始化每个元素为0。

names(coef.indic.lasso) <- names(learn_imp1)[-c(1,59)]
#指明coef.indic.lasso向量各个元素对应的变量名。

for (k in 1:10){
  coef.lasso <- get(paste0("coef.lasso",k))[-1]
  #获得第k个模型对各个自变量的系数，去掉截距项（第一个系数）。
  coef.indic.lasso[coef.lasso!=0] <-1
  #对于系数不为0的自变量，相应的coef.indic.lasso中元素的值设为1。
}

write.table(coef.indic.lasso,"out/ch6_mobile_coef_indic_lasso.csv",
           col.names=FALSE,sep=",")
#将coef.indic.lasso写入.csv文件，输出行名称但不输出列名称，
#行名称和值之间用逗号隔开。
```

表 6.5 列出了逻辑模型和 Lasso 模型对 mobile 测试数据集的分类准确率。可见两个模型的结果相差不大。在根据学习数据集的 10 个插补后样本数据集分别建立的 10 个 Lasso 模型

中，“省内语音漫游费”“主叫次数”“国际漫游通话次数”“主叫通话分钟数”“省际漫游通话分钟数”“群内通话次数”“群内通话分钟数”“忙时通话分钟数”“拨打中移动移动通话分钟数”“是否 VPN 用户”“是否政企”这几个自变量没有被任何一个模型选中。

表 6.5　对 mobile 测试数据集的分类准确率

项目	逻辑模型	Lasso 模型
未流失用户中被正确预测为未流失的比例	0.8411	0.8376
流失用户中被正确预测为流失的比例	0.8718	0.8846
所有用户中被正确预测为流失或未流失的比例	0.8419	0.8389

需要指出的是，使用 Lasso 进行变量选择不稳定，即根据随机抽取的样本量相同的不同数据集拟合而得的 Lasso 模型可能选中的自变量差别较大。

上机实验

一、实验目的

1. 掌握线性模型和广义线性模型的基础理论
2. 掌握使用 Lasso 进行变量选择的基础理论
3. 掌握用 R 语言创建线性模型和广义线性模型的方法
4. 掌握用 R 语言进行基于 Lasso 的变量选择的方法

二、实验步骤

实验一：

insurance.csv 数据集给出了某保险公司客户的数据，需要建立预测保险费用的模型。表 6.6 列出了数据集中各变量的名称及含义。

1. 读取 insurance.csv 中的数据，声明各变量类型，并将数据储存为 R 数据框。查看各分类变量的频数表。对因变量 charges 进行对数转换。
2. 随机抽取 70% 的观测放入学习数据集，剩余 30% 放入测试数据集。将学习数据集和测试数据集存入.csv 文件（以便本书后面的章节使用）。
3. 根据学习数据集建立线性模型。查看模型诊断图并点评。计算线性模型对测试数据集中保险费用预测的均方根误差。
4. 根据学习数据集建立 Lasso 模型，使用交叉验证选择调节参数。计算 Lasso 模型对测试数据集中保险费用预测的均方根误差。

实验二：

movie_learning.csv 和 movie_test.csv 数据集含有关于电影的数据，movie_learning.csv 是

学习数据集，movie_test.csv 是测试数据集。表 6.7 列出了数据集中各变量的名称及含义。

表 6.6　insurance 数据集说明

变量名称	变量说明
age	年龄
sex	性别，取值为“Female”（女）和“Male”（男）
bmi	身体质量指数
children	孩子数量
smoker	是否是吸烟者，取值为“Yes”（是）和“No”（否）
region	地区，取值为“northeast”（东北）、“northwest”（西北）、“southeast”（东南）、“southwest”（西南）
charges	因变量，保险费用

表 6.7　movie 数据集说明

变量名称	变量说明
movie	电影名称
MPAA	美国电影协会的分级，取值为“G”（大众级，任何人都可以观看）、“PG”（辅导级，该级别电影中的一些内容可能不适合儿童观看）、“PG13”（特别辅导级，建议 13 岁后儿童观看）、“R”（限制级，建议 17 岁以上观看）
competition	竞争水平，取值为“Low”（低）、“Medium”（中）、“High”（高）
star	演员的星级，取值为 A、B、C
genre	类型，取值为“Action”（动作片）、“Cartoon”（动画片）、“Comedy”（喜剧片）、“Docum”（记录片）、“Horror”（恐怖片）、“ModerDrama”（现代剧情片）、“SciFi”（科幻片）、“Thriller”（惊悚片）
TechEffect	技术效果，取值为“Low”（低）、“Medium”（中）、“High”（高）
sequel	是否为续集，取值为 1（是）或 0（否）
screens	放映的电影屏幕数
GrossCat	电影票房收入，取值为 1（代表票房收入小于 1 百万美元）、2（代表票房收入大于或等于 1 百万美元且小于 1 千万美元）、3（代表票房收入大于或等于 1 千万美元且小于 2 千万美元）、4（代表票房收入大于或等于 2 千万美元且小于 4 千万美元）、5（代表票房收入大于或等于 4 千万美元且小于 6 千 5 百万美元）
GrossCat2	电影票房收入，取值为 0（代表票房收入小于 2 千万美元）、1（代表票房收入大于或等于 2 千万美元）

1. 读取 movie_learning.csv 和 movie_test.csv 中的数据，声明各变量类型，并将数据储存为 R 数据框。将不是哑变量形式的定类自变量转换为因子型变量，并使它们在两个数

据集中的因子水平保持一致。（注：若学习数据集和测试数据集中因子型变量的因子水平一样，使用学习数据集建立的任何模型都可以应用于测试数据集而不会报错。）

2. 根据学习数据集对二值因变量 GrossCat2 建立逻辑模型。将所得逻辑模型应用于测试数据集。将模型预测概率存储为.csv 文件（以便本书后面章节使用）。并查看 GrossCat2 真实值与模型预测值的列联表。
3. 根据学习数据集对二值因变量 GrossCat2 建立 Lasso 模型，使用交叉验证选择调节参数。将所得模型应用于测试数据集。将模型预测概率存储为.csv 文件。并查看 GrossCat2 真实值与模型预测值的列联表。
4. 根据学习数据集对多值因变量 GrossCat 建立定序逻辑回归模型。将所得模型应用于测试数据集。将模型预测概率存储为.csv 文件。并查看 GrossCat 真实值与模型预测值的列联表。
5. 根据学习数据集对多值因变量 GrossCat 建立 Lasso 模型，使用交叉验证选择调节参数。将所得模型应用于测试数据集。将模型预测概率存储为.csv 文件。并查看 GrossCat 真实值与模型预测值的列联表。

三、思考题

使用 Lasso 进行变量选择后，模型的预测效果一定会比原来的模型好吗？

习题

1. （多选题）对于经典线性模型 $Y=\alpha+\boldsymbol{x}^{\mathrm{T}}\boldsymbol{\beta}+\epsilon$，下列选项正确的是（　　）。

   A. 在最小二乘法中，通过最小化 $\sum_{i=1}^{N}|y_i-\alpha-\boldsymbol{x}_i^{\mathrm{T}}\boldsymbol{\beta}|$ 获得 α 和 $\boldsymbol{\beta}$ 的估计

   B. 自变量 $\boldsymbol{x}$ 可能含有一些二次项或交互项

   C. ϵ 满足线性、同方差、独立、正态这 4 个假设

   D. 因变量上的异常点表现为杠杆值很大

   E. Cook 距离可用来查看残差之间是否存在自相关性

   F. Durbin-Watson 统计量可用于检验异常点是否存在

   G. 方差膨胀因子可用于检测多重共线性

2. （多选题）当经典线性模型 $Y=\alpha+\boldsymbol{x}^{\mathrm{T}}\boldsymbol{\beta}+\epsilon$ 中的残差存在自相关性的情形下，以下选项正确的是（　　）。

   A. 最小二乘估计不再是无偏的

   B. 残差方差 σ^2 被高估

   C. 回归系数的标准误差被低估

   D. 通常使用的置信区间仍然是正确的

E. 通常使用的显著性检验不再正确

3. （多选题）当经典线性模型 $Y = \alpha + \boldsymbol{x}^{\mathrm{T}}\boldsymbol{\beta} + \epsilon$ 存在多重共线性的时候，可采取的应对方案为（　　）。

A. 只保留系数显著不为 0 的自变量

B. 删除系数估计值的符号与预期不相符的自变量

C. 删除一部分自变量，得到一个不存在多重共线性的数据集

D. 对自变量进行主成分分析，保留最前面的几个主成分作为自变量

E. 使用变量选择方法，选择部分自变量加入模型方程

4. （多选题）泊松回归适合于（　　），Probit 回归适合于（　　），多项逻辑回归适合于（　　）

A. 因变量为二值变量的情形

B. 因变量为比例的情形

C. 因变量为多种取值的定类变量的情形

D. 因变量为定序变量的情形

E. 因变量为计数变量的情形

5. （单选题）令 p 表示模型的自变量个数，$\hat{L}_p$ 表示模型拟合训练数据集的似然函数的最大值。AIC 的定义为（　　），BIC 的定义为（　　）。

A. $-2\ln(\hat{L}_p) + 2p$　　　　B. $2\ln(\hat{L}_p) - 2p$

C. $-2\ln(\hat{L}_p) + p(\log N)$　　　　D. $2\ln(\hat{L}_p) - p(\log N)$

6. （多选题）关于 Lasso 寻求什么样的参数估计值，以下选项正确的是（　　）。

A. $(\hat{\alpha}, \hat{\boldsymbol{\beta}}) = \underset{\alpha,\boldsymbol{\beta}}{\arg\min}\left(\sum_{i=1}^{N}|y_i - \alpha - \sum_{r=1}^{p}\beta_r x_{ir}|\right)$

B. $(\hat{\alpha}, \hat{\boldsymbol{\beta}}) = \underset{\alpha,\boldsymbol{\beta}}{\arg\min}\left(\sum_{i=1}^{N}|y_i - \alpha - \sum_{r=1}^{p}\beta_r x_{ir}| + \lambda\sum_{r=1}^{p}|\beta_r|\right)$

C. $(\hat{\alpha}, \hat{\boldsymbol{\beta}}) = \underset{\alpha,\boldsymbol{\beta}}{\arg\min}\left[\sum_{i=1}^{N}(y_i - \alpha - \sum_{r=1}^{p}\beta_r x_{ir})^2 + \lambda\sum_{r=1}^{p}|\beta_r|\right]$

D. $(\hat{\alpha}, \hat{\boldsymbol{\beta}}) = \underset{\alpha,\boldsymbol{\beta}}{\arg\min}\left[\sum_{i=1}^{N}|y_i - \alpha - \sum_{r=1}^{p}\beta_r x_{ir}|\right]$，使得 $\sum_{r=1}^{p}|\beta_r| \leqslant t$

E. $(\hat{\alpha}, \hat{\boldsymbol{\beta}}) = \underset{\alpha,\boldsymbol{\beta}}{\arg\min}\left[\sum_{i=1}^{N}(y_i - \alpha - \sum_{r=1}^{p}\beta_r x_{ir})^2\right]$，使得 $\sum_{r=1}^{p}|\beta_r| \leqslant t$

7. 上机题：heart_learning.csv 和 heart_test.csv 数据集含有关于心脏病的数据。heart_learning.csv 是学习数据集，heart_test.csv 是测试数据集。表 6.8 列出了数据集中各变量的名称及含义。

(a) 读取 heart_learning.csv 和 heart_test.csv 中的数据，声明各变量类型，并将数据储存为 R 数据框。将不是哑变量形式的定类自变量转换为因子型变量，并使它们在两个数据集中

的因子水平保持一致。

(b) 根据学习数据集对二值因变量 target2 建立逻辑模型。将所得模型应用于测试数据集。将模型预测概率存储为.csv 文件（以便本书后面章节使用）。并查看 target2 真实值与模型预测值的列联表。

(c) 根据学习数据集对二值因变量 target2 建立 Lasso 模型，使用交叉验证选择调节参数。将所得模型应用于测试数据集。将模型预测概率存储为.csv 文件。并查看 target2 真实值与模型预测值的列联表。

(d) 根据学习数据集对多值因变量 target 建立定序逻辑回归模型。将所得模型应用于测试数据集。将模型预测概率存储为.csv 文件。并查看 target 真实值与模型预测值的列联表。

(e) 根据学习数据集对多值因变量 target 建立 Lasso 模型，使用交叉验证选择调节参数。将所得模型应用于测试数据集。将模型预测概率存储为.csv 文件。并查看 target 真实值与模型预测值的列联表。

表 6.8 heart 数据集说明

变量名称	变量说明
age	年龄
sex	性别，取值 1 代表男性，0 代表女性
pain	胸痛的类型，取值 1、2、3、4 代表 4 种不同类型
bpress	入院时的静息血压（单位：毫米汞柱）
chol	血清胆固醇（单位：毫克/分升）
bsugar	空腹血糖是否大于 120 毫克/分升，1 代表是，0 代表否
ekg	静息心电图结果，取值 0、1、2 代表 3 种不同结果
thalach	达到的最大心率
exang	是否有运动性心绞痛，1 代表是，0 代表否
oldpeak	运动引起的 ST 段压低
slope	锻炼高峰期 ST 段的斜率，取值 1 代表上斜，2 代表平坦，3 代表下斜
ca	荧光染色的大血管数目，取值为 0、1、2、3
thal	取值 3 代表正常，取值 6 代表固定缺陷，取值 7 代表可逆缺陷
target	因变量，直径减少 50% 以上的大血管数目，取值为 0、1、2、3、4
target2	因变量，取值 1 表示 target 大于 0，取值 0 表示 target 等于 0

第 7 章 神经网络的基本方法

本章首先介绍神经元和神经网络，然后介绍神经网络模型的训练算法，接着介绍提高神经网络模型泛化能力的一些方法，以及建立神经网络模型前需要做的数据预处理。本章最后还提供了使用 R 语言建立神经网络模型的示例。

7.1 神经元及神经网络介绍

本节首先介绍单个神经元，然后介绍一种常用的神经网络——多层感知器。

7.1.1 单个神经元

单个神经元的结构如图 7.1 所示。$v_1, \cdots, v_s$ 为输入神经元的信号，它们按照连接权 $w_{1j}, \cdots, w_{sj}$ 通过神经元内的组合函数 $\Sigma_j(\cdot)$ 组合成 u_j，再通过神经元内的激活函数 $A_j(\cdot)$ 得到输出值 z_j，传送给其他神经元。

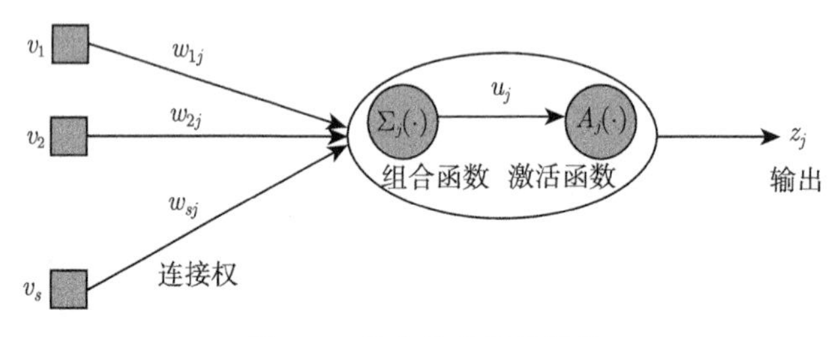

图 7.1 单个神经元的结构

单个神经元常用的组合函数为线性组合函数：

$$u_j = \Sigma_j(v_1, \cdots, v_s) = b_j + \sum_{r=1}^{s} w_{rj} v_r \tag{7.1}$$

其中，b_j 是神经元 j 的偏差项。

单个神经元常用的激活函数是 S 型函数，它们能将组合函数产生的属于 $(-\infty,\infty)$ 的值通过单调连续的非线性转换变成有限的输出值。常用的 S 型函数列举如下。

- Logistic 函数（最常用）：$z=A(u)=\dfrac{1}{1+\exp(-u)}\in(0,1)$；
- Tanh 函数：$z=A(u)=1-\dfrac{2}{1+\exp(2u)}\in(-1,1)$；
- Eliot 函数：$z=A(u)=\dfrac{u}{1+|u|}\in(-1,1)$；
- Arctan 函数：$z=A(u)=\dfrac{2}{\pi}\arctan(u)\in(-1,1)$。

它们的图形如图 7.2 和图 7.3 所示。Logistic 函数的输出值范围在 0 到 1 之间，而其他 3 个函数的输出值范围在 -1 到 1 之间。

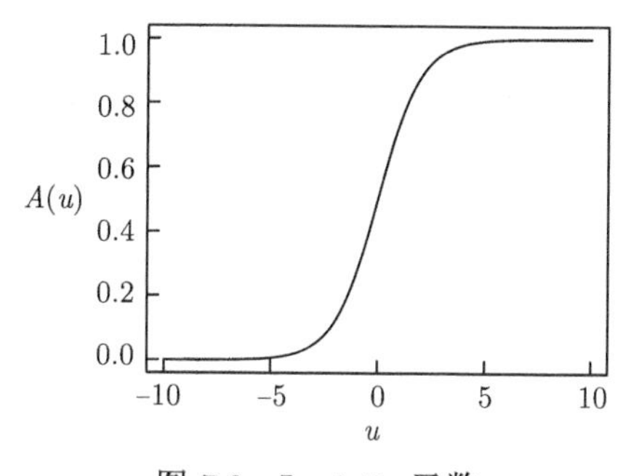

图 7.2 Logistic 函数

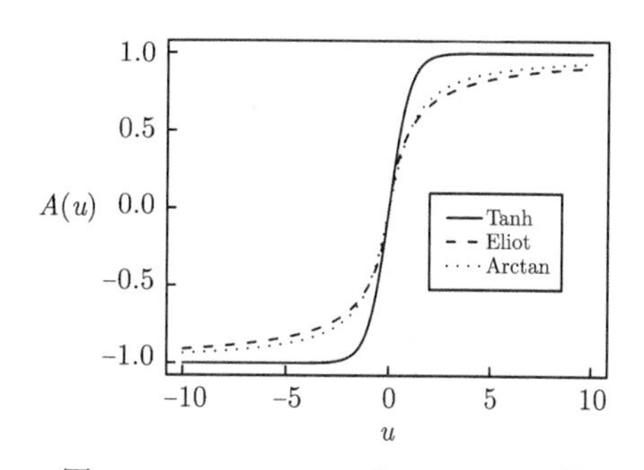

图 7.3 Tanh、Eliot 和 Arctan 函数

图 7.4 展现了这些 S 型函数的一阶导数。可以看出，对各函数而言，输入变量的有效范围不一样；当 u 的值偏离 0 时，Tanh 函数很快就达到边界值，Logistic 函数相对而言慢些达到边界值，而 Eliot 和 Arctan 函数的变化更加缓慢。

其他一些常用的激活函数还有以下几种。

- 指数函数：$z=A(u)=\exp(u)\in(0,\infty)$。
- Softmax 函数：对同一层的 J 个神经元而言，$j=1,\cdots,J$，

$$z_j=\frac{\exp(u_j)}{\sum\limits_{j'=1}^{J}\exp(u_{j'})}\in(0,1) \tag{7.2}$$

  Softmax 函数保证了同一层的 J 个神经元的输出值加和为 1。
- 恒等函数：$z=A(u)=u\in(-\infty,\infty)$。

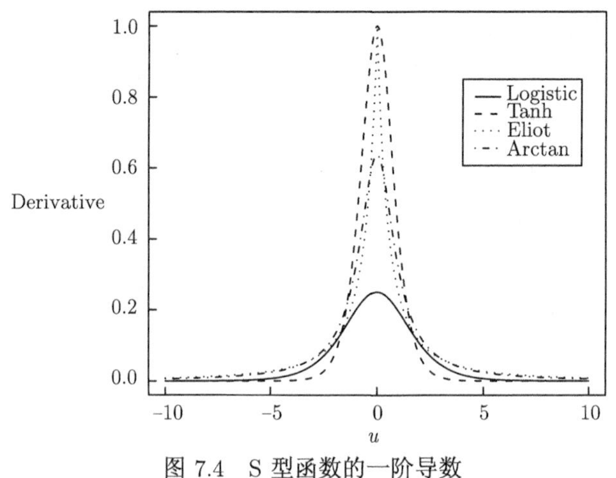

图 7.4 S 型函数的一阶导数

7.1.2 多层感知器架构

多个神经元连接在一起，就形成神经网络。图 7.5 所示的多层感知器是一种常用的神经网络。各个自变量通过输入层的神经元输入到网络，输入层的各个神经元和第一层隐藏层的各个神经元连接，每一层隐藏层的各个神经元和下一层（可能是隐藏层或输出层）的各个神经元相连接。输入的自变量通过各个隐藏层的神经元进行转换后，在输出层形成输出值。

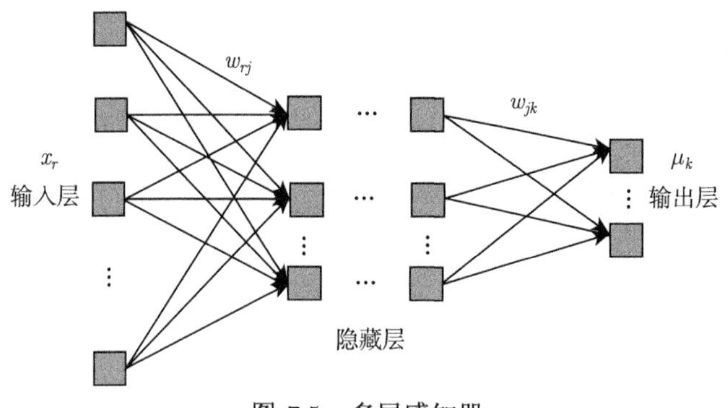

图 7.5 多层感知器

多层感知器通常在隐藏层使用线性组合函数和 S 型激活函数，在输出层使用线性组合函数和与因变量相适应的激活函数。多层感知器可以形成很复杂的非线性模型。它是一种通用的近似器（Universal Approximator），只要给予足够的数据、隐藏神经元和训练时间，含一层隐藏层的多层感知器就能够以任意精确度近似自变量和因变量之间几乎任何形式的函数；使用更多的隐藏层可能用更少的隐藏神经元和参数就能形成复杂的非线性模型，提高模型的泛化能力（即对训练数据集之外的其他数据集的预测能力）。但是，因为自变量与因变量之间的关系是复杂而非线性的，因此神经网络模型的一大缺点是很难进行解释。

7.2　神经网络模型训练

本节首先讨论神经网络的误差函数，然后介绍最小化误差函数的神经网络训练算法。

7.2.1　误差函数

一些典型的神经网络模型可以看作是广义线性模型的推广。令 μ 表示因变量 Y 的均值。广义线性模型中的系统成分使用连接函数 $\eta = g(\mu)$，再令 $\eta = \alpha + \boldsymbol{x}^{\mathrm{T}}\boldsymbol{\beta}$。在神经网络模型中，如果在输出层使用线性组合函数，可令 η' 为组合之后的值：

$$\eta' = \alpha + \boldsymbol{h}^{\mathrm{T}}\boldsymbol{\beta} \tag{7.3}$$

其中 $\boldsymbol{h}$ 为最后一层隐藏层各神经元的输出值组成的向量。设输出层的激活函数为 A，并令神经网络的输出值为 $\mu = A(\eta')$。如果让 A 等于 g 的逆函数，那么 $\eta' = A^{-1}(\mu) = g(\mu) = \eta$。神经网络模型相当于与广义线性模型使用了同样的连接函数，但却用 $\boldsymbol{x}$ 的非线性函数的线性组合替代了广义线性模型中 $\boldsymbol{x}$ 的线性组合（注意到方程 (7.3) 中向量 $\boldsymbol{h}$ 所含的每一个隐藏神经元的输出值都是输入 $\boldsymbol{x}$ 的非线性函数）。

设训练数据集为 $\{(\boldsymbol{x}_i, y_i), i = 1, \cdots, N\}$，$o_i$ 为将 $\boldsymbol{x}_i$ 输入神经网络后得到的输出值。o_i 是神经网络模型参数 $\boldsymbol{\theta}$ 的函数，与 μ_i 有一对一的关系，而 Y_i 的分布依赖于 μ_i，因此我们可以得到给定 Y_i 的观测值为 y_i 时模型参数的对数似然函数。并可据此定义误差函数 $E(\boldsymbol{\theta})$。误差函数越小，模型拟合效果越好。一种常用的误差函数是训练数据集中所有观测的对数似然函数之和的负值。

下面我们根据因变量的不同取值类型讨论神经网络模型输出层的常见情形，它们可与 6.2 节中介绍的广义线性模型的各种情形对照着看。

情形一：因变量为二值变量或比例

设因变量 $Y \sim \mathrm{Binomial}(n, \mu)/n$。与逻辑回归相对应，神经网络的输出值为 μ，输出层的激活函数采用 Logistic 函数，也就是逻辑连接函数的逆函数：

$$\mu = \frac{1}{1 + \exp(-\eta')} \Longleftrightarrow \eta' = \log \frac{\mu}{1 - \mu} \tag{7.4}$$

情形二：因变量为多种取值的定类变量

因变量 Y 的取值为 $1, \cdots, K$，各取值之间是无序的。令 μ_k 表示 Y 取值为 k 的概率（$k = 1, \cdots, K$）。

方案一：输出层含有 K 个输出单元，每个输出单元的输出值为 μ_k（$k=1,\cdots,K$），对应的因变量为 $I(Y=k)$（当观测属于第 k 个类别时取值为 1，否则为 0）。输出层采用 Softmax 激活函数，从而保证各输出单元的输出值加和为 1。在应用神经网络模型对一个观测的因变量进行预测时，令 $Y=\arg\max_{k=1,\cdots,K}\mu_k$。

方案二：输出层含有 K 个输出单元，每个输出单元的输出值为 μ_k（$k=1,\cdots,K$），对应的因变量为 $I(Y=k)$。每个输出单元采用 Logistic 激活函数，不能保证各输出单元的输出值加和为 1。在应用神经网络模型对一个观测的因变量进行预测时，令 $Y=\arg\max_{k=1,\cdots,K}\mu_k$。

情形三：因变量为定序变量

因变量 Y 的取值为 $1,\cdots,K$，但各取值之间是有序的。

方案一：最常用的方法是忽略因变量取值之间的顺序，将因变量看作定类变量，使用情形二的方法。

方案二 (Cheng et al., 2008)：输出层含有 K 个输出单元，当 $Y=k$ 时，前 k 个输出单元对应的因变量取值为 1，而后 $(K-k)$ 个输出单元对应的因变量取值为 0。每个输出单元采用 Logistic 激活函数，输出值 t_k 为第 k 个输出单元取值为 1 的概率。在应用神经网络模型对一个观测的因变量进行预测时：① 令 k^* 表示使得 t_k 小于某个阈值（如 0.5）的第一个输出单元的序号，当所有 t_k 都大于或等于阈值时，令 $k^*=K+1$；② 令预测类别等于 $\min(1,k^*-1)$。

情形四：因变量为计数变量

因变量 Y 的取值为 $0,1,2,\cdots$，代表某事件发生的次数。与泊松回归相对应。设 Y 满足泊松分布：$Y\sim\text{Poisson}(\mu)$。神经网络的输出值为 μ。输出层的激活函数采用指数函数，也就是对数连接函数的逆函数：

$$\mu=\exp(\eta')\Longleftrightarrow\eta'=\log\mu \tag{7.5}$$

情形五：因变量为取值可正可负的连续变量

假设 Y 满足均值为 μ、方差为 σ^2 的正态分布。神经网络的输出值为 μ，输出层的激活函数采用恒等函数 $\mu=\eta'$。

情形六：因变量为非负连续变量

因变量 Y 的取值连续非负（例如收入、销售额）。通常先对因变量进行 Box-Cox 转换，再使用情形五的模型。

7.2.2 神经网络训练算法

神经网络模型中有诸多参数（b_j、w_{rj} 等），需要搜寻它们的最优值以最小化误差函数，这一搜寻过程被称为“训练”。通常做法是先随机初始化各参数的值，再通过迭代搜寻最优值。

下面介绍神经网络领域经典的训练算法——向后传播算法（back-propagation，也称为反向传播算法）。

向后传播算法是梯度下降（gradient descent）算法的一个特例。在第 t 步，令 $\boldsymbol{\theta}^{(t)}$ 表示参数向量 $\boldsymbol{\theta}$ 的值，使用链式规则可以计算误差函数的梯度向量 $\gamma^{(t)} = \left.\frac{\partial E}{\partial \boldsymbol{\theta}}\right|_{\boldsymbol{\theta}=\boldsymbol{\theta}^{(t)}}$，它给出了误差函数上升最快的方向，那么它的负值就给出了误差函数下降最快的方向。因此，可使用如下规则更新 $\boldsymbol{\theta}$：

$$\begin{aligned}\boldsymbol{\theta}^{(t+1)} &= \boldsymbol{\theta}^{(t)} + \Delta\boldsymbol{\theta}^{(t)} \\ \Delta\boldsymbol{\theta}^{(t)} &= -\rho\gamma^{(t)}\end{aligned} \tag{7.6}$$

其中，$\rho > 0$ 被称为学习速率（learning rate），它给出了沿着梯度方向更新 $\boldsymbol{\theta}$ 的步长。如果 ρ 太小，训练过程会很慢，可能在固定时间内无法达到最优值；但如果 ρ 太大，$\boldsymbol{\theta}$ 可能围着最优值反复振荡而无法达到最优值，甚至会跳出最优值附近的范围。然而，ρ 的最佳值依赖于具体的问题，除了反复试验之外没有有效的方法来设置 ρ。

向后传播算法的名字来源于对梯度向量的计算过程。根据链式规则，在计算梯度向量时，由输出层开始，一层层反过来计算。在计算误差函数对输出层参数的导数时，先计算误差函数对网络输出值的导数，再乘以网络输出值对输出层参数的导数；在计算误差函数对最后一层隐藏层（即最靠近输出层的隐藏层）的参数的导数时，先计算误差函数对网络输出值的导数，再乘以网络输出值对该隐藏层输出值的导数，再乘以该隐藏层输出值对该层参数的导数；等等。

在向后传播算法中，可以设置每批次（batch）训练样本的大小。一个批次的训练样本最少为单个样本，最多为所有训练样本。每批次训练样本输入神经网络后，参数都进行更新，此时使用基于该批次观测的误差函数，例如该批次观测的对数似然函数之和的负值。训练数据集反复使用，训练数据集中的所有观测遍历一次称为一次全迭代（epoch）。如果每批次观测过少，每个批次可能对参数进行随机的更新而把原来的更新抵消掉，导致更多振荡和不稳定，训练时间也更长。

在向后传播算法中，还可以使用以前参数变化量的指数平均来引导当前的参数变化，以增加算法的稳定性。此时更新 $\boldsymbol{\theta}$ 的规则变为：

$$\begin{aligned}\boldsymbol{\theta}^{(t+1)} &= \boldsymbol{\theta}^{(t)} + \Delta\boldsymbol{\theta}^{(t)}, \\ \Delta\boldsymbol{\theta}^{(t)} &= \xi\Delta\boldsymbol{\theta}^{(t-1)} + (1-\xi)[-\rho\gamma^{(t)}],\end{aligned} \tag{7.7}$$

其中 $0 \leqslant \xi \leqslant 1$ 称为动量（momentum）。如果 $\xi = 0$，当前的参数变化量完全由当前梯度值决定；如果 $\xi = 1$，当前的参数变化量完全由上一步的参数变化量决定。通常，ξ 在 0 到 1 之间，因此上一步的参数变化量和当前梯度值结合起来影响当前的参数变化量。

注意到:

$$\begin{aligned} \Delta\boldsymbol{\theta}^{(t)} &= \xi\Delta\boldsymbol{\theta}^{(t-1)} - (1-\xi)\rho\boldsymbol{\gamma}^{(t)} \\ \Delta\boldsymbol{\theta}^{(t-1)} &= \xi\Delta\boldsymbol{\theta}^{(t-2)} - (1-\xi)\rho\boldsymbol{\gamma}^{(t-1)} \\ &\cdots \\ \Delta\boldsymbol{\theta}^{(0)} &= -(1-\xi)\rho\boldsymbol{\gamma}^{(0)} \end{aligned} \tag{7.8}$$

递归地将相关的 $\Delta\boldsymbol{\theta}$ 的值代入，可以得到:

$$\Delta\boldsymbol{\theta}^{(t)} = -\xi^t(1-\xi)\rho\boldsymbol{\gamma}^{(0)} - \xi^{t-1}(1-\xi)\rho\boldsymbol{\gamma}^{(1)} - \cdots - (1-\xi)\rho\boldsymbol{\gamma}^{(t)}。 \tag{7.9}$$

因此，过去的梯度值和当前的梯度值都影响当前的参数变化量，而更近的梯度值对当前参数变化量的影响更大。如果过去平均梯度的方向和当前梯度方向相似，引入动量可以使变化更快；而如果两者不同，引入动量将使参数变化的速度减慢，避免 $\boldsymbol{\theta}$ 围着最优值反复振荡。因此，引入动量可以增加算法的稳定性。动量 ξ 的最佳值也依赖于具体的问题，需要通过反复试验设置它的值。

神经网络的误差函数通常有很多局部最优值，而上述训练算法若达到收敛，通常也只能收敛到局部最优值而不是全局最优值。减轻这个问题的一种有效方法是预训练（preliminary training）：为参数随机选取多个初始值，从每个初始值开始都进行少数迭代，再从所得的多个参数估计值中选取使误差函数最小的参数估计值作为之后训练的初始值。

7.3 提高神经网络模型的泛化能力

神经网络模型的复杂度和隐藏单元的数目、参数值的大小有关。隐藏单元越多、参数的绝对值越大，模型越复杂。这里参数值大小与模型复杂度的关系可以这样来看：如果参数值接近 0，去除与该参数相关的连接可能对模型的预测效果没有太大影响；而如果参数的绝对值较大，就无法做这样的简化。我们需要足够复杂的模型来拟合自变量与因变量之间的关系，避免拟合不足；但如果模型过于复杂，会将训练数据集中的噪声也学习进来，造成过度拟合，导致模型不适用于其他数据集。

下列两种常用的方法可以提高神经网络模型的泛化能力，它们都需要使用验证数据集。

1. 穷尽搜索

通过设置不同数目的隐藏单元，查看相应的不同模型对验证数据集的误差函数值，从而选择最优的隐藏单元数。

2. 权衰减法（Weight Decay）

在训练时不直接使用误差函数作为目标函数，而是使用

$$E(\boldsymbol{\theta}) + \delta \sum_{q} \theta_q^2 \tag{7.10}$$

作为目标函数。其中，δ 称为权衰减常数。加了惩罚项 $\delta \sum \theta_q^2$ 后，可以使那些对误差函数没有什么影响的参数取值更接近于 0，以限制模型的复杂度。可选取 δ 的几个不同取值分别进行训练，挑选对验证数据集预测误差最小的模型。

7.4　数据预处理

数据标准化和数据转换可能会提高神经网络模型的性能。通常需要事先将自变量进行标准化，使每个自变量的均值为 0、方差为 1，或最小值为 0（或 −1）、最大值为 1；有时也将连续因变量进行标准化，使网络的参数不至于变得过大而给训练过程带来困难。在建立神经网络模型的过程中，还需要仔细查看各个变量的分布并进行适当的转换，选择使模型预测性能最佳的转换。

自变量之间的多重共线性会导致冗余参数。举例而言，假设有两个相关系数较高的自变量 x_1 和 x_2，$x_1 \approx 1 + 2x_2$。若在某隐藏神经元对它们进行线性组合 $b + w_1x_1 + w_2x_2$，组合系数 (b, w_1, w_2) 取值 (b^*, w_1^*, w_2^*)、$(b^* + w_1^*, 0, 2w_1^* + w_2^*)$、$\left(b^* - \frac{1}{2}w_2^*, w_1^* + \frac{1}{2}w_2^*, 0\right)$ 所得结果都差不多。这既给训练算法带来多余的计算量，又使目标函数有更多局部最优值而给优化带来困难。主成分分析是消除多重共线性的一种有效方法，因为各个主成分互不相关；此外，主成分分析还能减少自变量的个数，降低网络的复杂度并减少训练时间。

和广义线性模型类似，神经网络无法处理自变量的缺失数据。如果在模型中希望包含自变量缺失的观测，需要事先对缺失值进行插补。另外，和广义线性模型类似，神经网络也不能直接处理自变量中的分类变量，因此需要使用 3.2 节的方法处理这些自变量。

7.5　R 语言分析示例：神经网络

本节将首先给出一个建立神经网络模型的示例，然后介绍如何为 3.10.2 节的移动运营商数据建立神经网络模型。

7.5.1　红葡萄酒数据

假设 D:\dma_Rbook\data 目录下的 ch7_wine.csv 数据集记录了 4 898 种红葡萄酒如表

7.1 所示的 12 个变量的信息。因变量 quality 为定序变量。我们将使用 7.2.1 节提及的针对定序因变量的两种方案对 quality 进行建模。我们将数据集划分为训练数据集和验证数据集，使用训练数据集建立多个神经网络模型，并使用验证数据集比较各个模型的预测效果。

表 7.1　wine 数据集说明

变量名称	变量说明
fixed.acidity	固定酸度
volatile.acidity	挥发性酸度
citric.acid	柠檬酸
residual.sugar	残糖
chlorides	氯化物
free.sulfur.dioxide	游离二氧化硫
total.sulfur.dioxide	总二氧化硫
density	密度
pH	酸碱度
sulphates	硫酸盐
alcohol	酒精
quality	因变量：品质等级，取值 3、4、···、9

令 $N_{\mathcal{V}}$ 表示验证数据集的观测数，令 Y_i 表示验证数据集中第 i 个观测的因变量的真实值，令 $\hat{Y}_i$ 表示模型对验证数据集中第 i 个观测的因变量的预测值。模型对验证数据集的分类准确率为

$$\frac{1}{N_{\mathcal{V}}}\sum_{i=1}^{N_{\mathcal{V}}}\mathcal{I}(Y_i=\hat{Y}_i) \tag{7.11}$$

其中 $\mathcal{I}()$ 为示性函数，当括号中的条件满足时函数取值为 1，否则取值为 0。

因为因变量是定序变量，还可以计算模型对验证数据集按序数距离加权的分类准确率：

$$\frac{1}{N_{\mathcal{V}}}\sum_{i=1}^{\mathcal{V}}\left(1-\frac{|Y_i-\hat{Y}_i|}{9-3}\right) \tag{7.12}$$

其中“9-3”为 $|Y_i-\hat{Y}_i|$ 的最大可能取值。若 $Y_i=3$ 且 $\hat{Y}_i=9$、或 $Y_i=9$ 且 $\hat{Y}_i=3$，观测 i 对按序数距离加权的分类准确率的贡献为最小值 0；若 $Y_i=\hat{Y}_i$，观测 i 对按序数距离加权的分类准确率的贡献为最大值 $1/N_{\mathcal{V}}$。一般而言，因变量的预测值离真实值越近，观测 i 对按序数距离加权的分类准确率的贡献越大。

相关 R 语言程序如下。

```
####加载程序包
library(RSNNS)
#RSNNS包是R到Stuttgart Neural Network Simulator (SNNS)的接口,
```

```
#含有许多神经网络的常规程序。
library(dplyr)
#dplyr是数据处理的程序包，我们将调用其中的管道函数。
library(sampling)
#sampling包有各种抽样函数，这里我们将调用其中的strata()函数。

####设置随机数种子
set.seed(12345)

####读入数据，生成R数据框
setwd("D:/dma_Rbook")
#设置基本路径。
wine <- read.csv("data/ch7_wine.csv",
                 colClasses = rep("numeric", 12))
#读入基本路径的data子目录下的ch7_wine文件，生成wine数据集。

####对数据集中的自变量进行标准化，使其均值为0，标准差为1
wine[,c(1:11)] <- scale(wine[,c(1:11)])

####将数据集按照品质等级分层随机划分为训练数据集和验证数据集
wine <- wine[order(wine$quality),]
#分层抽样需要将数据集按照分层变量quality的取值进行排列。

train_sample <- strata(wine, stratanames=("quality"),
                 size=round(0.7*table(wine$quality)),
                 method = "srswor")
#使用strata()函数进行分层抽样。
#stratanames给出分层变量的名字。
#size给出每层随机抽取的观测数：使用table()函数获取quality的
#每种取值的观测数，乘以0.7后取整。
#method="srswor"说明在每层中使用无放回的简单随机抽样。

wine_train <- wine[train_sample$ID_unit,]
```

```
#将训练数据集记录在wine_train中。
#train_sample$ID_unit给出了前面分层抽样得到的各观测的ID,
#wine[train_sample$ID_unit,]取出这些ID对应的观测。
wine_valid <- wine[-train_sample$ID_unit,]
#将验证数据集记录在wine_valid中。
#wine[-train_sample$ID_unit,]取出前面分层抽样没有抽出的ID对应的观测。

####获取训练数据集的自变量矩阵和因变量矩阵
x_train <- as.matrix(wine_train[,1:11])
#训练数据集中自变量的矩阵。
y_train.nom <- decodeClassLabels(wine_train$quality)
#使用decodeClassLabels()函数获取将因变量看作定类变量时
#训练数据集因变量的矩阵:
#一个观测的quality取值为3时, y_train中相应行的取值为(1,0,0,0,0,0,0);
#一个观测的quality取值为4时, y_train中相应行的取值为(0,1,0,0,0,0,0);
#一个观测的quality取值为5时, y_train中相应行的取值为(0,0,1,0,0,0,0);
#一个观测的quality取值为6时, y_train中相应行的取值为(0,0,0,1,0,0,0);
#一个观测的quality取值为7时, y_train中相应行的取值为(0,0,0,0,1,0,0);
#一个观测的quality取值为8时, y_train中相应行的取值为(0,0,0,0,0,1,0);
#一个观测的quality取值为9时, y_train中相应行的取值为(0,0,0,0,0,0,1)。
#之后调用的mlp()函数要求因变量采用这样的格式。

y_train.ord <- y_train.nom
y_train.ord[y_train.nom[,1]==1,1] <- 1
y_train.ord[y_train.nom[,2]==1,1:2] <- 1
y_train.ord[y_train.nom[,3]==1,1:3] <- 1
y_train.ord[y_train.nom[,4]==1,1:4] <- 1
y_train.ord[y_train.nom[,5]==1,1:5] <- 1
y_train.ord[y_train.nom[,6]==1,1:6] <- 1
y_train.ord[y_train.nom[,7]==1,1:7] <- 1
#将因变量看作定序变量时训练数据集因变量的矩阵:
#一个观测的quality取值为3时, y_train中相应行的取值为(1,0,0,0,0,0,0);
#一个观测的quality取值为4时, y_train中相应行的取值为(1,1,0,0,0,0,0);
```

```
#一个观测的quality取值为5时，y_train中相应行的取值为(1,1,1,0,0,0,0);
#一个观测的quality取值为6时，y_train中相应行的取值为(1,1,1,1,0,0,0);
#一个观测的quality取值为7时，y_train中相应行的取值为(1,1,1,1,1,0,0);
#一个观测的quality取值为8时，y_train中相应行的取值为(1,1,1,1,1,1,0);
#一个观测的quality取值为9时，y_train中相应行的取值为(1,1,1,1,1,1,1)。

####获取验证数据集的自变量矩阵和因变量矩阵。
x_valid <- as.matrix(wine_valid[,1:11])
y_valid.nom <- decodeClassLabels(wine_valid$quality)
y_valid.ord <- y_valid.nom
y_valid.ord[y_valid.nom[,1]==1,1] <- 1
y_valid.ord[y_valid.nom[,2]==1,1:2] <- 1
y_valid.ord[y_valid.nom[,3]==1,1:3] <- 1
y_valid.ord[y_valid.nom[,4]==1,1:4] <- 1
y_valid.ord[y_valid.nom[,5]==1,1:5] <- 1
y_valid.ord[y_valid.nom[,6]==1,1:6] <- 1
y_valid.ord[y_valid.nom[,7]==1,1:7] <- 1

####记录将因变量看作定类变量时各模型的结果。
results.nom <- as.data.frame(matrix(0,nrow=5*5*5*2,ncol=6))
colnames(results.nom) <- c("size1","size2","size3",
                           "cdecay","accu","weighted.accu")
#使用matrix()函数产生一个行数为5×5×5×2=250、列数为6的矩阵，
#矩阵中的元素初始化为0。使用as.data.frame()函数将该矩阵转换为数据框。
#变量size1记录第1层隐藏层隐藏单元数，可取5个值：2、4、6、8、10。
#变量size2记录第2层隐藏层隐藏单元数，可取5个值：2、4、6、8、10。
#变量size3记录第3层隐藏层隐藏单元数，可取5个值：2、4、6、8、10。
#变量cdecay记录权衰减常数，可取2个值：0、0.005。
#变量accu记录模型对验证数据集的分类准确率。
#变量weighted.accu记录模型对验证数据集的按序数距离加权的分类准确率。

####记录将因变量看作定序变量时各模型的结果。
results.ord <- as.data.frame(matrix(0,nrow=5*5*5*2,ncol=6))
```

```
colnames(results.ord) <- c("size1","size2","size3",
                                    "cdecay","accu","weighted.accu")

####编写函数：将因变量看作定类变量时，根据输出层的输出向量得到
####因变量的预测类别。
class.func.nom <- function(prob) {
  which.max(prob)+2
  #which.max()函数求解prob向量中最大值所在位置，取值为1～7，
  #加上2转换为类别3～9。
}

####编写函数：将因变量看作定序变量时，根据输出层的输出向量得到
####因变量的预测类别。
class.func.ord <- function(prob) {
  flag <- 0
  for (i in 1:length(prob)) {
    if (prob[i]<0.5) {
      flag <- 1
      break
    }
  }
  #指示变量flag记录prob向量是否存在小于0.5的元素：
  #flag=1表示存在；flag=0表示不存在。
  #i表示prob向量中第一个小于0.5的元素所在位置。

  if (flag==1) {
    if (i>1)
      return (i+1)
    else 3
  }
  else 9
  #若prob向量存在小于0.5的元素且i=1，则返回预测类别为3；
  #若prob向量存在小于0.5的元素且i>1，则返回预测类别为位置(i-1)
```

```
  #所对应的类别，即(i-1)+2=i+1;
  #若prob向量不存在小于0.5的元素，则返回预测类别为9。
}

index <- 0
#index记录size1、size2、size3、cdecay参数的不同取值组合的编号，
#初始化为0。

for (size1 in seq(2,10,2))
  for (size2 in seq(2,10,2))
    for (size3 in seq(2,10,2)) {
      #seq()函数用于生成从2到10间隔为2的数列，即2、4、6、8、10。
      print(paste0("size1=",size1," size2=",size2," size3=",size3))
      #在屏幕上打印size1、size2、size3的值。

      ####第1组模型：将因变量看作定类变量，不使用权衰减
      mlp.nom.nodecay <- mlp(x_train, y_train.nom,
                             size = c(size1,size2,size3),
                             inputsTest = x_valid,
                             targetsTest = y_valid.nom,
                             maxit = 300,
                             learnFuncParams = c(0.1))
      #mlp()函数可用于建立多层感知器模型。
      #x_train指定训练模型所用的自变量矩阵;
      #y_train.nom指定训练模型所用的因变量矩阵;
      #size参数指定模型有3层隐藏层，隐藏单元数分别为size1、size2
      #和size3;
      #inputsTest给出验证数据集的自变量矩阵;
      #targetsTest给出验证数据集的真实因变量矩阵;
      #maxit指定模型的最大迭代次数为300次;
      #learnFuncParams的第一个元素为学习速率，这里指定为0.1。

      ####第2组模型：将因变量看作定序变量，不使用权衰减
```

```
mlp.ord.nodecay <- mlp(x_train, y_train.ord,
                       size = c(size1,size2,size3),
                       inputsTest = x_valid,
                       targetsTest = y_valid.ord,
                       maxit = 300,
                       learnFuncParams = c(0.1))

####第3组模型: 将因变量看作定类变量, 使用权衰减
mlp.nom.decay <- mlp(x_train, y_train.nom,
                     size = c(size1,size2,size3),
                     inputsTest = x_valid,
                     targetsTest = y_valid.nom,
                     maxit = 300,
                     learnFunc ="BackpropWeightDecay",
                     learnFuncParams = c(0.1,0.005))
#learnFunc指定使用的学习函数为"BackpropWeightDecay";
#learnFuncParams的第2个元素为权衰减常数, 这里指定为0.005。

####第4组模型: 将因变量看作定序变量, 使用权衰减
mlp.ord.decay <- mlp(x_train, y_train.ord,
                     size = c(size1,size2,size3),
                     inputsTest = x_valid,
                     targetsTest = y_valid.ord,
                     maxit = 300,
                     learnFunc ="BackpropWeightDecay",
                     learnFuncParams = c(0.1,0.005))

####将第1组模型应用于验证数据, 获得其中各观测对应的输出向量,
####再将class.func.nom()函数应用于每个观测, 获得预测类别
prob.pred.nom.nodecay <- mlp.nom.nodecay$fittedTestValues
#prob.pred.nom.nodecay是一个矩阵, 它的行表示各个观测, 列表示
#输出层各个输出单元的输出值。
class.pred.nom.nodecay <- apply(prob.pred.nom.nodecay,1,
```

```
                                   class.func.nom)
#apply()函数可对矩阵各行或各列应用相同函数，1表示按行操作，
#2表示按列操作。这里被用来将class.func.nom()函数应用于
#prob.pred.nom.nodecay的每行。

####获得第2组模型对验证数据每个观测的预测类别
prob.pred.ord.nodecay <- mlp.ord.nodecay$fittedTestValues
class.pred.ord.nodecay <- apply(prob.pred.ord.nodecay,
                                1,class.func.ord)

####获得第3组模型对验证数据每个观测的预测类别
prob.pred.nom.decay <- mlp.nom.decay$fittedTestValues
class.pred.nom.decay <- apply(prob.pred.nom.decay,1,
                              class.func.nom)

####获得第4组模型对验证数据每个观测的预测类别
prob.pred.ord.decay <- mlp.ord.decay$fittedTestValues
class.pred.ord.decay <- apply(prob.pred.ord.decay,1,
                              class.func.ord)

index <- index+1
#第1、2组模型的参数值一样。
#将index值增加1，以便进行记录。

####记录第1组模型的参数值及对验证数据集的预测效果
results.nom[index,1] <- size1
results.nom[index,2] <- size2
results.nom[index,3] <- size3
results.nom[index,4] <- 0
results.nom[index,5] <-
  (length(which(class.pred.nom.nodecay==wine_valid$quality)))/
  length(wine_valid$quality)
#记录模型的分类准确率。
```

```
#which()函数得到满足给定条件（class.pred.nom.nodecay中的因变量预测值
#等于wine_valid$quality中的因变量真实值）的观测序号组成的向量。
#用length()函数计算该向量的长度，除以wine_valid$quality向量
#的长度，就得到正确分类的观测数与总观测数之比，即分类准确率。
results.nom[index,6] <-
  mean(1-abs(class.pred.nom.nodecay-wine_valid$quality)/(9-3))
#记录模型按序数距离加权的分类准确率。

####记录第2组模型的参数值及对验证数据集的预测效果。
results.ord[index,1] <- size1
results.ord[index,2] <- size2
results.ord[index,3] <- size3
results.ord[index,4] <- 0
results.ord[index,5] <-
  (length(which(class.pred.ord.nodecay==wine_valid$quality)))/
  length(wine_valid$quality)
results.ord[index,6] <-
  mean(1-abs(class.pred.ord.nodecay-wine_valid$quality)/(9-3))


index <- index+1
#第3、4组模型的参数值一样。
#将index值增加1，以便进行记录。

####记录第3组模型的参数值及对验证数据集的预测效果
results.nom[index,1] <- size1
results.nom[index,2] <- size2
results.nom[index,3] <- size3
results.nom[index,4] <- 0.005
results.nom[index,5] <-
  (length(which(class.pred.nom.decay==wine_valid$quality)))/
  length(wine_valid$quality)
results.nom[index,6] <-
```

```
      mean(1-abs(class.pred.nom.decay-wine_valid$quality)/(9-3))

    ####记录第4组模型的参数值及对验证数据集的预测效果
    results.ord[index,1] <- size1
    results.ord[index,2] <- size2
    results.ord[index,3] <- size3
    results.ord[index,4] <- 0.005
    results.ord[index,5] <-
      (length(which(class.pred.ord.decay==wine_valid$quality)))/
      length(wine_valid$quality)
    results.ord[index,6] <-
      mean(1-abs(class.pred.ord.decay-wine_valid$quality)/(9-3))
  }

####将各模型的参数值及对验证数据集的预测效果输出到.csv文件中，不写行名
write.csv(results.nom,"out/ch7_wine_neuralnet_accu_nom.csv",
          row.names=FALSE)
write.csv(results.ord,"out/ch7_wine_neuralnet_accu_ord.csv",
          row.names=FALSE)

####将因变量看作定类变量时分类准确率最高的模型的结果
results.nom[which.max(results.nom[,5]),]
#输出结果如下:
#      size1  size2 size3 cdecay    accu    weighted.accu
#237    10      8     8     0      0.5834       0.921
#说明是第237种参数设置，第1层隐藏单元数为10，
#第2层隐藏单元数为8，第3层隐藏单元数为8，
#权衰减常数为0（即不使用权衰减），
#模型对验证数据集的分类准确率为0.583 4，
#模型对验证数据集的按序数距离加权的分类准确率为0.921。

####将因变量看作定序变量时分类准确率最高的模型的结果
results.ord[which.max(results.ord[,5]),]
```

```
#      size1 size2 size3  cdecay   accu    weighted.accu
#147     6    10     8      0     0.5759       0.9198

####将因变量看作定类变量时按序数距离加权的分类准确率最高的模型的结果
results.nom[which.max(results.nom[,6]),]
#      size1  size2 size3  cdecay   accu    weighted.accu
#237    10      8     8      0     0.5834      0.921

####将因变量看作定序变量时按序数距离加权的分类准确率最高的模型的结果
results.ord[which.max(results.ord[,6]),]
#      size1  size2  size3  cdecay    accu   weighted.accu
#217    10      4      8       0      0.565     0.9205
```

7.5.2 移动运营商数据

本节示例以 3.10.2 节的移动运营商数据为例。因为神经网络模型无法处理缺失数据，我们将根据学习数据集的每个插补后样本数据集建立神经网络模型，将由此建立的 10 个模型分别应用于相应的插补后测试数据集，再将 10 个模型的预测流失概率进行平均，得到测试数据集的预测流失概率，并据此计算预测是否流失的准确率。

```
####加载程序包
library(RSNNS)
#RSNNS包是R到Stuttgart Neural Network Simulator (SNNS)的接口,
#含有许多神经网络的常规程序。
library(dplyr)
#dplyr是数据处理的程序包，我们将调用其中的管道函数。
library(sampling)
#sampling包有各种抽样函数，这里我们将调用其中的strata()函数。

####设置随机数种子
set.seed(12345)

####设置基本路径
setwd("D:/dma_Rbook")
```

```
####读入学习数据集的10个插补后样本数据集
learn <- list()
for (k in 1:10) {
  sample <- read.csv(paste0("data/ch3_mobile_learning_sample",k,
                            "_imputed.csv"),
                     colClasses = c("character",
                                    rep("numeric", 58)))

  learn <- c(learn, list(assign(paste0("learn_imp",k), sample)))
}

####读入测试数据集的10个插补后数据集
test <- list()
for (k in 1:10) {
  sample <- read.csv(paste0("data/ch3_mobile_test_sample",k,
                            "_imputed.csv"),
                     colClasses = c("character",
                                    rep("numeric", 58)))

  test <- c(test, list(assign(paste0("test_imp",k), sample)))
}

####将学习数据集的每个插补后样本数据集按照设备编码进行排序
learn <- lapply(learn,
                function (x) {
                  x[order(x$设备编码),]
                })

####将测试数据集的每个插补后数据集按照设备编码进行排序
test <- lapply(test,
               function (x) {
                 x[order(x$设备编码), ]
               })
```

```
####将学习数据集的每个插补后样本数据集和测试数据集的每个插补后
####数据集中的自变量进行标准化
for (k in 1:10) {
  center <- apply(learn[[k]][,2:58],2,mean)
  #apply()函数可对数据框各行或各列应用相同函数,
  #1表示按行操作，2表示按列操作。
  #这里被用来求学习数据集的第k个插补后样本数据集中各个自变量的均值,
  #将结果存为向量center。
  scale <- apply(learn[[k]][,2:58],2,sd)
  #应用apply()函数求学习数据集的第k个插补后样本数据集中各个
  #自变量的标准偏差，将结果存为向量scale。
  learn[[k]][,2:58]<-
    scale(learn[[k]][,2:58],center=center,scale=scale)
  #scale()函数可对变量进行标准化，center指定中心化参数、
  #scale指定规模参数。
  #这里根据之前求出的均值和标准偏差向量，将学习数据集的第k个
  #插补后样本数据集中的每个自变量减去均值后除以标准偏差。
  test[[k]][,2:58]<-
    scale(test[[k]][,2:58],center=center,scale=scale)
  #对测试数据集应用与学习数据集同样的标准化。
  #根据之前求出的均值和标准偏差向量，将测试数据集的每个
  #插补后数据集中的每个自变量减去均值后除以标准偏差。
}

####初始化记录各个神经网络模型对验证数据集预测效果的数据框
results <- as.data.frame(matrix(0,nrow=5*5*5,ncol=4))
#用matrix()函数创建一个5×5×5=125行、4列的矩阵,
#再用as.data.frame()函数将其转换为数据框。
colnames(results) <- c("size1","size2","size3","accuclass")
#变量size1记录第1层隐藏层隐藏单元数，可取5个值：2、4、6、8、10。
#变量size2记录第2层隐藏层隐藏单元数，可取5个值：2、4、6、8、10。
#变量size3记录第3层隐藏层隐藏单元数，可取5个值：2、4、6、8、10。
#变量accuclass记录模型对测试数据集的分类准确率。
```

```
####根据学习数据集的每个插补后样本数据集建立多层感知器模型,
####并应用于相应的插补后测试数据集进行预测
for (k in 1:10) {
  print(k)

  ##将学习数据集的当前插补后样本数据集按照"是否流失"分层随机划分为
  ##训练数据集和验证数据集
  learn[[k]] <- learn[[k]][order(learn[[k]]$是否流失),]
  #分层抽样需要将数据集按照分层变量是否流失的取值进行排列。

  train_sample <- strata(learn[[k]], stratanames=("是否流失"),
                         size=0.7*table(learn[[k]]$是否流失),
                         method = "srswor")
  #使用strata()函数进行分层抽样。

  mobile_train <- learn[[k]][train_sample$ID_unit,]
  #训练数据集包含分层抽样抽出的ID对应的观测。
  mobile_valid <- learn[[k]][-train_sample$ID_unit,]
  #验证数据集包含分层抽样没有抽出的ID对应的观测。

  ##获取自变量矩阵
  x_train <- as.matrix(mobile_train[,2:58])
  #训练数据集的自变量矩阵。
  x_valid <- as.matrix(mobile_valid[,2:58])
  #测试数据集的自变量矩阵。

  mlp_models <- list()
  #生成列表记录不同的多层感知器模型。

  index <- 0
  #index记录size1、size2、size3参数的不同取值组合的编号,
  #初始化为0。
```

```
for (size1 in seq(2,10,2))
  for (size2 in seq(2,10,2))
    for (size3 in seq(2,10,2)) {
      ##建立多层感知器模型。
      mlp_model <- mlp(x_train, mobile_train$是否流失,
                       size = c(size1,size2,size3),
                       inputsTest = x_valid,
                       targetsTest = mobile_valid$是否流失,
                       maxit = 300,
                       learnFuncParams = c(0.1))
      #mlp()函数可用于建立多层感知器模型。
      #x_train为训练模型所用的自变量矩阵;
      #“mobile_train$是否流失”为训练模型所用的因变量向量;
      #size参数指定模型有3层隐藏层，隐藏单元数分别为size1、
      #size2和size3;
      #inputsTest给出验证数据集的自变量矩阵;
      #targetsTest给出验证数据集的真实因变量向量;
      #maxit指定模型的最大迭代次数为300次;
      #learnFuncParams的第一个元素为学习速率，这里指定为0.1。

      ##获得验证数据集中各观测的预测流失概率
      prob.pred <- mlp_model$fittedTestValues

      ##以预测流失概率是否大于0.5为分界线，预测因变量类别为
      ##1（流失）或0（未流失）
      class.pred <- 1*(prob.pred>0.5)

      ##将当前模型加入到模型列表中
      mlp_models <- c(mlp_models, list(mlp_model))

      index <- index+1
      #将index值增加1，以便进行记录。
```

```
        ##记录模型的参数值及对验证数据集的分类准确率
        results[index,1] <- size1
        results[index,2] <- size2
        results[index,3] <- size3
        results[index,4] <-
          (length(which(class.pred==mobile_valid$是否流失)))/
          length(mobile_valid$是否流失)
      }

   mlp_model <- mlp_models[[which.max(results[,4])]]
   #取出对验证数据集预测准确率最高的模型。

   prob.neuralnet <- predict(mlp_model, test[[k]][,2:58],
                                type="response")
   #将该模型应用于相应的插补后测试数据集，获得预测流失概率。

   assign(paste0("prob.neuralnet",k), prob.neuralnet)
   #将预测流失概率赋值给prob.neuralnet1、prob.neuralnet2等。
}

####将根据学习数据集的10个插补后样本数据集分别建立模型所得的10组
####预测流失概率进行平均，得到对测试数据集的预测流失概率
prob.neuralnet <- 0
for(i in 1:10){
  prob.neuralnet <- prob.neuralnet+
    get(paste0("prob.neuralnet",k))/10
}
write.table(prob.neuralnet,
            "out/ch7_mobile_prob_neuralnet.csv",
            row.names=FALSE,col.names=FALSE)

####计算预测是否流失的准确率
class.neuralnet <- 1*(prob.neuralnet>0.5)
```

```
conmat.neuralnet <- table(test[[1]]$是否流失, class.neuralnet)
accu.y0.neuralnet <- conmat.neuralnet[1,1]/
  sum(conmat.neuralnet[1,])
accu.y1.neuralnet <- conmat.neuralnet[2,2]/
  sum(conmat.neuralnet[2,])
accu.neuralnet <- (conmat.neuralnet[1,1]+conmat.neuralnet[2,2])/
  sum(conmat.neuralnet)
write.table(c(accu.y0.neuralnet,accu.y1.neuralnet,accu.neuralnet),
            "out/ch7_mobile_accuracy_neuralnet.csv",
            row.names=FALSE,col.names=FALSE)
```

表 7.2 列出了神经网络模型对 mobile 测试数据集的分类准确率。

表 7.2　对 mobile 测试数据集的分类准确率

项目	神经网络模型
未流失用户中被正确预测为未流失的比例	0.8732
流失用户中被正确预测为流失的比例	0.8462
所有用户中被正确预测为流失或未流失的比例	0.8725

上机实验

一、实验目的

1. 掌握神经网络模型的基础理论
2. 掌握用 R 语言建立神经网络模型的方法

二、实验步骤

使用第 6 章上机实验“实验二”中的 movie_learning.csv 和 movie_test.csv 数据集。

1. 读取 movie_learning.csv 和 movie_test.csv 中的数据，声明各变量类型，并将数据储存为 R 数据框。将不是哑变量形式的定类自变量转换为因子型变量，并使它们在两个数据集中的因子水平保持一致。
2. 根据多值因变量 GrossCat 的取值分层，从学习数据集的每层内随机抽取 70% 的观测序号作为训练数据集的观测序号，剩余 30% 的观测序号作为验证数据集的观测序号。
3. 考虑二值因变量 GrossCat2。根据训练数据集建立多个神经网络模型，根据验证数据集选择分类准确率最高的模型。将选出的模型应用于测试数据集。将模型预测概率存储为.csv 文件（以便本书后面章节使用）。并查看 GrossCat2 真实值与模型预测值的列联表。

4. 考虑多值因变量 GrossCat。将 GrossCat 看作定类变量，根据训练数据集建立多个神经网络模型，根据验证数据集选择分类准确率最高的模型。将选出的模型应用于测试数据集。将模型预测概率存储为.csv 文件。并查看 GrossCat 真实值与模型预测值的列联表。

三、思考题

神经网络的隐藏层数越多，对测试数据集的效果一定越好吗？

习题

1. （单选题）下列选项正确的是（　　）。
   A. 多层感知器只有一层隐藏层
   B. Softmax 函数是 S 型激活函数
   C. 多层感知器无法近似高度非线性的函数
   D. 因为自变量与因变量之间的关系是复杂而非线性的，多层感知器很难进行解释
2. （单选题）下列选项正确的是（　　）。
   A. 误差函数的梯度向量是误差函数下降最快的方向
   B. 向后传播算法的学习速率越小越好
   C. 向后传播算法中每批次的训练样本越少越好
   D. 向后传播算法通常只能收敛到局部最优值而不是全局最优值
3. （单选题）下列选项正确的是（　　）。
   A. 建立神经网络模型时，通常需要事先将自变量进行标准化
   B. 自变量之间的多重共线性对神经网络模型没有什么影响
   C. 神经网络模型可以处理自变量的缺失数据
   D. 神经网络模型能直接处理自变量中的分类变量，所以无须将这些变量转换为哑变量
4. （多选题）下列选项正确的是（　　）。
   A. 神经网络模型的隐藏单元数越多越好
   B. 神经网络模型的参数绝对值越小越好
   C. 神经网络模型过于复杂会造成过度拟合
   D. 可以根据验证数据集的预测误差选择最优的隐藏单元数
   E. 可以根据验证数据集的预测误差选择最优的权衰减常数

5. 上机题：使用第 6 章习题 7 中的 heart_learning.csv 和 heart_test.csv 数据集。

(a) 读取 heart_learning.csv 和 heart_test.csv 中的数据，声明各变量类型，并将数据储存为 R 数据框。将不是哑变量形式的定类自变量转换为因子型变量，并使它们在两个数据集中的因子水平保持一致。

(b) 根据因变量 target 的取值分层，从学习数据集的每层内随机抽取 70% 的观测序号作为训练数据集的观测序号，剩余 30% 的观测序号作为验证数据集的观测序号。

(c) 考虑二值因变量 target2。根据训练数据集建立多个神经网络模型，根据验证数据集选择分类准确率最高的模型。将选出的模型应用于测试数据集。将模型预测概率存储为.csv 文件（以便本书后面章节使用）。并查看 target2 真实值与模型预测值的列联表。

(d) 考虑多值因变量 target。将 target 看作定类变量，根据训练数据集建立多个神经网络模型，根据验证数据集选择分类准确率最高的模型。将选出的模型应用于测试数据集。将模型预测概率存储为.csv 文件。并查看 target 真实值与模型预测值的列联表。

第 8 章 决策树

本章首先介绍决策树模型，然后介绍决策树的建模过程，接着讨论决策树模型的优缺点，最后还将提供一个使用 R 语言建立决策树模型的示例。

8.1 决策树简介

决策树最早由 Breiman et al. (1984) 系统阐述，它是一种根据自变量的值进行递归划分以预测因变量的方法。若因变量为分类变量，我们称相应的决策树为分类树；若因变量为连续变量，我们称相应的决策树为回归树。

以 3.10.2 节的移动运营商数据为例，图 8.1 展示了根据学习数据集的第一个样本数据集建立的决策树模型。最上面的结点被称为根结点，它包含所有训练观测。根据“是否融合”取值为 1 或者 0 将训练观测进行划分。对于“是否融合”取值为 1 的那部分观测，再根据“延迟缴费次数”是否小于 1.5 进行划分；对于“是否融合”取值为 0 的那部分观测，再根据“忙时通话次数”（对数值）是否大于等于 5.37 进行划分。不再进行进一步划分的结点称为叶结点。

任何一个观测最终都会落到某个叶结点。对一个叶结点中的所有观测，决策树模型对其赋予同样的预测值。决策树模型就是由对各个叶结点的预测值组成的。图 8.1 中的每个叶结点上展示了 3 行数字：第 1 行指示叶结点的因变量预测值（1 表示流失，0 表示非流失），第 2 行展示了叶结点的未流失概率和流失概率的预测值，第 3 行展示了叶结点的训练观测数占训练数据集总观测数的比例。从根结点到每个叶结点的路径都给出因变量的一个预测规则。图 8.1 中，最左边的叶结点对应的预测规则为：如果“是否融合”取值为 1 并且“延迟缴费次数”小于 1.5，那么预测用户不会流失。

图 8.2 展示了理解决策树模型的另外一种角度。图 8.2(a) 是一棵决策树的示例，假设只有两个大于零的自变量 x_1 和 x_2，经过划分之后得到 5 个叶结点 $L1 \sim L5$。图 8.2(b) 说明

这 5 个叶结点实际上对 x_1 和 x_2 组成的平面进行了分块，在每一个分块上决策树的预测值相同。

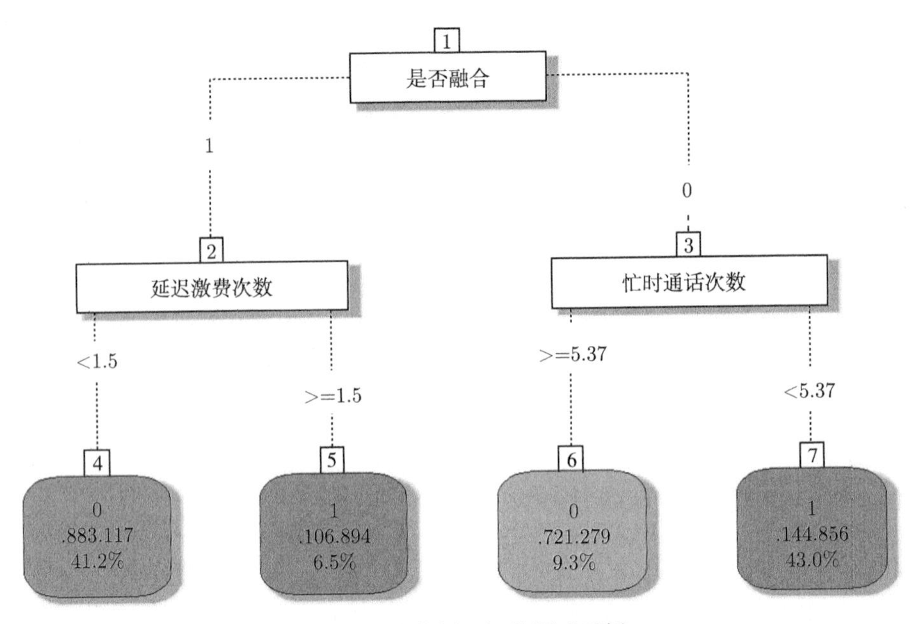

图 8.1　决策树可视化图形示例

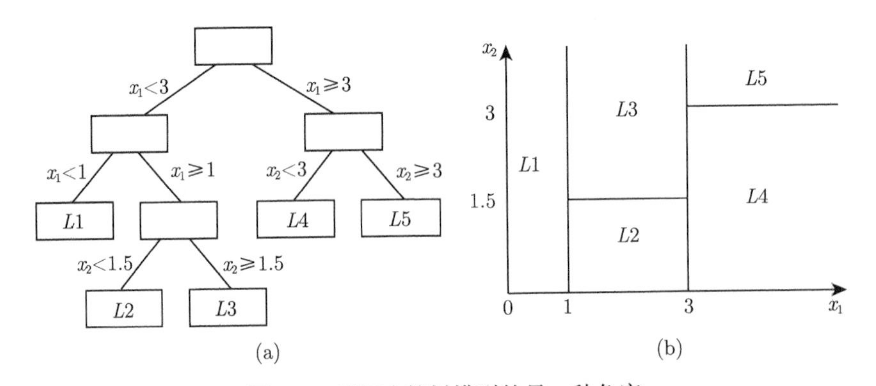

图 8.2　理解决策树模型的另一种角度

8.2　决策树建模过程

本节首先介绍决策树建模的一般过程，然后介绍分类树的建模过程，接着介绍回归树的建模过程。

8.2.1 决策树建模的一般过程

在构建决策树的过程中，通常情况下，我们要先根据训练数据集生成一棵足够深且叶结点足够多的决策树，然后对树进行修剪，选取性能最优的子树。这个过程中主要有以下几个任务。

任务 1 在决策树生长过程中，决定某个结点是叶结点还是需要进一步划分。

任务 2 在决策树生长过程中，如果需要对某个结点进行进一步划分，为其选择划分规则。

任务 3 决定每个叶结点的预测值。

任务 4 修剪决策树。

任务 1、任务 3 和任务 4 的具体过程依赖于决策树是分类树还是回归树，任务 2 中有一部分对分类树和回归树是共同的，本节着重讲述这部分。

图 8.3 所示的二叉划分示例，首先需要根据某个自变量的值，将结点 t 的观测划分入两个子结点 t_1 和 t_2，划分的观测比例分别为 p_{t1} 和 p_{t2}。为了达成任务 2，要先根据所有可能的划分规则构建候选划分集 $\mathcal{S}$，然后从中根据某种准则选择最优的划分。对每个自变量 x_r，可能的候选划分如下。

- 若 x_r 是定序或连续自变量，可将训练数据集中该变量的取值按照从小到大的顺序排列。假设不重叠的取值为 $x_r^{(1)} < x_r^{(2)} < \cdots < x_r^{(M_r)}$，定义 $x_r^{(M_r+1)} = \infty$。对于任何 $1 < i \leqslant M_r$，都可构造一个候选划分：将满足 $x_r^{(1)} \leqslant x_r < x_r^{(i)}$ 的观测划分入子结点 t_1，将其余观测划分入子结点 t_2。一共有 (M_r-1) 种可能的划分。
- 若 x_r 是定类变量，设其不同的取值为 $\boldsymbol{V}_r = \{x_r^{(1)}, \cdots, x_r^{(M_r)}\}$。对于 $\boldsymbol{V}_r$ 的任意一个包含 $x_r^{(1)}$ 的真子集 ψ，都可构造一个候选划分：将 x_r 取值属于 ψ 的观测划分入子结点 t_1，将其余观测划分入子结点 t_2。

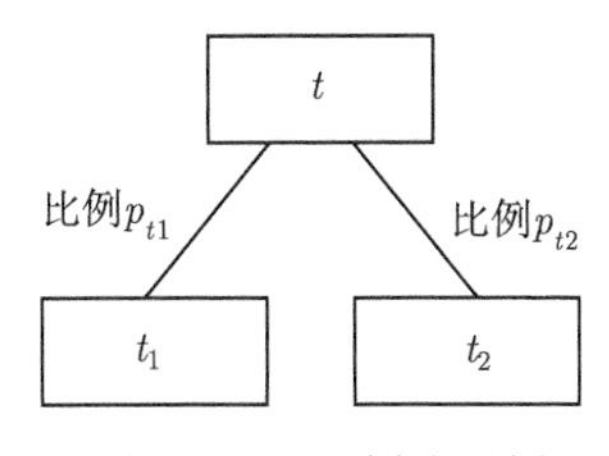

图 8.3 二叉划分示例

使用降维方法减少变量个数、将定类变量归于更少类别等方法都可以减少候选划分集的大小，从而降低决策树建模的复杂度。

8.2.2 节和 8.2.3 节将分别介绍分类树和回归树建模过程中的任务 1、任务 3、任务 4 以及任务 2 的差异部分。

8.2.2 分类树的建模过程

考查因变量是可取值为 $1,2,\cdots,K$ 的分类变量的情形，此时建立的决策树是分类树。本节讨论建立分类树模型时，如何选择最优划分、如何确定结点成为叶结点、如何评估分类树的预测性能、如何决定叶结点的预测值以及如何修剪分类树。

1. 选择最优划分

从 $\mathcal{S}$ 中选择最优划分时，可以定义结点的不纯净性度量 $Q(\cdot)$。如图 8.3 所示，划分前结点 t 的不纯净性为 $Q(t)$，划分后的平均不纯净性为 $p_{t1}Q(t_1)+p_{t2}Q(t_2)$。$\mathcal{S}$ 中的最优划分应使不纯净性下降最多，即 $Q(t)-p_{t1}Q(t_1)-p_{t2}Q(t_2)$ 的值最大。因为对于所有划分而言 $Q(t)$ 的值一样。等价地，$\mathcal{S}$ 中的最优划分使划分后的平均不纯净性 $p_{t1}Q(t_1)+p_{t2}Q(t_2)$ 的值最小。

令 $p(l|t)$ 表示结点 t 中类别 l 的概率，常用的两种不纯净性度量如下。

（1）基尼系数

$Q(t)=\sum_{l_1\neq l_2}p(l_1|t)p(l_2|t)=1-\sum_{l=1}^{K}p(l|t)^2$（注意到 $\sum_{l=1}^{K}p(l|t)=1$，所以 $1=[\sum_{l=1}^{K}p(l|t)]^2=\sum_{l=1}^{K}p(l|t)^2+\sum_{l_1\neq l_2}p(l_1|t)p(l_2|t)$）。若 $p(1|t)=\cdots=p(K|t)=1/K$（即结点 t 是最不“纯净”的），基尼系数达到最大值；若某个 $p(l|t)$ 等于 1 而其他类别的概率等于 0（即结点 t 是最“纯净”的），基尼系数达到最小值。基尼系数可解释为误分类的概率：如果在结点 t 中随机抽取一个观测，那么该观测以 $p(l_1|t)$ 的概率属于类别 l_1（$1\leqslant l_1\leqslant K$）；若再将该观测按结点 t 内各类别的概率分布随机归类，它被归于类别 l_2 的概率为 $p(l_2|t)$（$1\leqslant l_2\leqslant K$）；误分类的情形对应于 $l_1\neq l_2$，其概率等于 $\sum_{l_1\neq l_2}p(l_1|t)p(l_2|t)$，也就是基尼系数。

（2）熵

$Q(t)=-\sum_{l=1}^{K}p(l|t)\log[p(l|t)]$。若 $p(1|t)=\cdots=p(K|t)=1/K$（即结点 t 是最不“纯净”的），熵达到最大值；若某个 $p(l|t)$ 等于 1 而其他类别的概率等于 0（即结点 t 是最“纯净”的），熵达到最小值。

从 $\mathcal{S}$ 中选择最优划分时，还可使用卡方检验。按照子结点和因变量类别这两个因素将观测数做成列联表，卡方检验可检验两个因素之间是否独立。如果独立则说明两个子结点内因变量的概率分布一样，都等于被划分结点内因变量的概率分布，就是说划分没有增强模型对因变量的辨别能力。因此，最优的划分应具有最小的 p 值，即子结点和因变量类别之间最显著地不独立。

概率 $p(l|t)$ 和 p_{th} 都需要使用训练数据集来估计。$p(l|t)$ 可使用落入结点 t 的训练观测中属于类别 l 的比例来估计，p_{th}（$h=1,2$）可使用落入结点 t 的训练观测中被划分入子结点 t_h 的比例来估计。

2. 叶结点的确定

伴随着划分过程的持续进行，树持续生长，直至下列情况之一发生才使当前结点成为叶结点而不再进行划分（任务 1）。

（1）结点内训练观测数达到某个最小值。

（2）树的深度达到一定限制。

（3）使用卡方检验选择划分时，没有哪个划分的 p 值小于某个临界值。

3. 评估分类树的预测性能

为了方便对任务 3（决定叶结点的预测值）和任务 4（修剪决策树）的讨论，我们先来看如何评估分类树的预测性能。令 $\mathcal{D}$ 表示评估数据集，$N_{\mathcal{D}}$ 为其中的观测数，令 Y_i 和 $\hat{Y}_i$ 分别表示 $\mathcal{D}$ 中观测 i 的因变量的真实值和预测值。可采用如下一些指标评估预测性能。

（1）误分类率

对 $\mathcal{D}$ 的误分类率为

$$\frac{1}{N_{\mathcal{D}}}\sum_{i=1}^{N_{\mathcal{D}}}\mathcal{I}(Y_i \neq \hat{Y}_i) \tag{8.1}$$

若因变量为定序变量，还可使用按序数距离加权的误分类率

$$\frac{1}{N_{\mathcal{D}}}\sum_{i=1}^{N_{\mathcal{D}}}\frac{|Y_i - \hat{Y}_i|}{K-1} \tag{8.2}$$

对于观测 i 而言，如果因变量的预测值等于真实值，那么观测 i 对按序数距离加权的误分类率的贡献为最小值 0；如果因变量的预测值离真实值最远，即 $Y_i = 1$ 而 $\hat{Y}_i = K$ 或 $Y_i = K$ 而 $\hat{Y}_i = 1$，那么观测 i 对按序数距离加权的误分类率的贡献为最大值 $1/N_{\mathcal{D}}$。一般而言，因变量的预测值离真实值越远，观测 i 对按序数距离加权的误分类率的贡献越大。7.5.1 节提到的（未加权或按序数距离加权的）分类准确率等于 1 减去（未加权或按序数距离加权的）误分类率。

误分类率越低，分类树性能越好。

（2）平均利润或平均损失

可定义利润矩阵，矩阵中的元素 $P(l_2|l_1)$ 表示将一个实际属于类别 l_1 的观测归入类别 l_2 时产生的利润（$1 \leqslant l_1, l_2 \leqslant K$）。

① 对于定类因变量，利润矩阵中元素的默认值为 $P(l_2|l_1) = 1 - \mathcal{I}(l_1 \neq l_2)$。当 $l_1 = l_2$ 时，$P(l_2|l_1) = 1$，而当 $l_1 \neq l_2$ 时，$P(l_2|l_1) = 0$。

② 对于定序因变量，还可设置默认值 $P(l_2|l_1) = K - 1 - |l_2 - l_1|$。$P(l_2|l_1)$ 的值从 0 到 $(K-1)$。l_2 与 l_1 的差距越小，$P(l_2|l_1)$ 越大。

也可以定义损失矩阵，矩阵中的元素 $C(l_2|l_1)$ 为将一个实际属于类别 l_1 的观测归入类别 l_2 时产生的损失。

① 对于定类因变量，损失矩阵中元素的默认值 $C(l_2|l_1)=\mathcal{I}(l_1\neq l_2)$。当 $l_1=l_2$ 时，$C(l_2|l_1)=0$；而当 $l_1\neq l_2$ 时，$C(l_2|l_1)=1$。

② 对于定序因变量，还可设置默认值 $C(l_2|l_1)=|l_2-l_1|$。$C(l_2|l_1)$ 的值从 0 到 $(K-1)$。l_2 与 l_1 的差距越大，$C(l_2|l_1)$ 越大。

在很多情形下，利润或损失矩阵的值不同于默认值。例如，将实际会违约的企业判断为不违约者，会带来信用损失（贷款的本金、利息等）；而将实际不会违约的企业判断为违约者，会导致银行失去潜在的业务和盈利机会。这两种损失的大小可能不一样。

对于 $\mathcal{D}$，平均利润为 $\frac{1}{N_{\mathcal{D}}}\sum_{i=1}^{N_{\mathcal{D}}}P(\hat{Y}_i|Y_i)$，平均损失为 $\frac{1}{N_{\mathcal{D}}}\sum_{i=1}^{N_{\mathcal{D}}}C(\hat{Y}_i|Y_i)$。平均利润越高或平均损失越低，分类树性能越好。很容易看出，当利润矩阵或损失矩阵取默认值时，依据平均利润或平均损失来选择分类树等价于依据误分类率来选择分类树。

（3）提升值

假设有一目标事件（如违约、欺诈、响应直邮营销等），可按照目标事件的预测概率从大到小的顺序排列 $\mathcal{D}$ 中的观测。前 $n\%$ 的观测中，目标事件真实发生的比例越高，分类树性能越好。例如，在直邮营销中，可能由于成本的限制，只能联系 25% 的顾客，我们会挑选预测响应概率最大的 25% 的顾客；在选择分类树时，会希望这些顾客中实际进行购买的比例越高越好。

若定义了利润或损失矩阵，可按照预测利润从高到低或预测损失从低到高的顺序排列 $\mathcal{D}$ 中的观测。前 $n\%$ 的观测中，实际平均利润越高或实际平均损失越低，分类树性能越好（具体细节见第 10 章）。

4. 决定叶结点的预测值

分类树构建好之后，需要决定每个叶结点的预测值（任务 3）。考查根据训练数据集计算的 $p(l|t)$。如果没有定义利润和损失矩阵，可将叶结点 t 归入使 $p(l|t)$ 最大的类别 l。若定义了利润矩阵，考虑到 $P(l^*|l)$ 是将实际属于类别 l 的观测归于类别 l^* 所产生的利润，而 $p(l|t)$（$l=1,\cdots,K$）是叶结点 t 内各类别的概率分布，因此 $\sum_{l=1}^{K}P(l^*|l)p(l|t)$ 表示将叶结点 t 内所有观测归入类别 l^* 所产生的平均利润。我们会为叶结点 t 选择使 $\sum_{l=1}^{K}P(l^*|l)p(l|t)$ 最大的类别 l^*。类似地，若定义了损失矩阵，我们会为叶结点 t 选择使 $\sum_{l=1}^{K}C(l^*|l)p(l|t)$ 最小的类别 l^*。

5. 分类树的修剪

分类树是根据训练数据集生长而成的，叶结点越多，对训练数据集的预测性能越好。但叶结点过多会把训练数据集的噪声也学习进来，造成过度拟合。因此，需要对分类树进行修剪（任务 4），这时需要选择使交叉验证预测性能或者验证数据集预测性能最好的子树。

8.2.3 回归树的建模过程

回归树和分类树建立的过程类似。在选择划分时，同样可用不纯净性下降幅度最大作为标准。结点 t 的不纯净性可用方差来度量。具体而言，令 Y_i^{train} 为训练观测 i 的因变量值，$\overline{Y}_t^{\text{train}}$ 为落入结点 t 的训练观测的因变量的平均值，那么结点 t 的不纯净性度量为

$$Q(t)=\frac{1}{N(t)}\sum_{i\in\text{结点}t}(Y_i^{\text{train}}-\overline{Y}_t^{\text{train}})^2 \tag{8.3}$$

其中 $N(t)$ 为落入结点 t 的训练观测数。

此外，还可使用 F 检验来选择最优划分。F 检验可检验两个子结点内观测的因变量均值是否相等（类似于单因素方差分析中的 F 检验），如果相等，说明划分没有增强模型对因变量的辨别能力。因此，最优的划分具有最小的 p 值，即各子结点内观测的因变量均值最显著地不相等。

如果结点内训练观测数达到某个最小值，或树的深度达到一定限制，或使用 F 检验选择最优划分时没有哪个划分的 p 值小于某个临界值，那么当前结点就成为叶结点。对叶结点 t 内的所有观测，预测值都等于 $\overline{Y}_t^{\text{train}}$ 或者叶结点 t 内训练观测的因变量值的中位数。由此可见，回归树的预测值一定落在训练数据集中因变量的观测范围之内。

要评估回归树对数据 $\mathcal{D}$ 的预测性能，可采用如下准则。

（1）使用均方误差：

$$\frac{1}{N_{\mathcal{D}}}\sum_{i=1}^{N_{\mathcal{D}}}(Y_i-\hat{Y}_i)^2 \tag{8.4}$$

均方误差越小，决策树性能越好。

（2）按照因变量（例如，购买金额）预测值从大到小的顺序排列 $\mathcal{D}$ 的所有观测。前 $n\%$ 的观测中，因变量真实值的平均值越大，决策树性能越好。

（3）按照决策利润从大到小、或决策损失从小到大（决策利润与决策损失的具体细节请见第 10 章）的顺序排列 $\mathcal{D}$ 的所有观测。前 $n\%$ 的观测中，实际平均利润越大或实际平均损失越小，决策树性能越好。

修剪回归树时，选择使交叉验证预测性能或验证数据集预测性能最好的子树。

8.3 决策树的优缺点

8.3.1 决策树的优点

决策树有如下优点。

（1）决策树可以直接处理定类自变量。

（2）在树的生长过程中，对定序或连续自变量而言只需使用变量取值的大小顺序而不使用具体取值。因为对这些自变量进行任何单调增变换（例如，取对数）都不改变变量取值的大小顺序，而对自变量进行任何单调减变换（例如，取倒数）会把原来取值的大小顺序完全颠倒，所以这些变换都不会改变划分的结果。因此，在建立决策树时，无须考虑对定序或连续自变量的转换（但注意，需要考虑因变量的转换）。

（3）因为决策树只使用了连续自变量取值的大小顺序，它对这些自变量的测量误差或异常值是稳健的。

（4）通过使用替代划分规则（surrogate splitting rule），决策树能够有效地处理自变量的缺失值。假设结点 t 的最优划分规则使用了自变量 x_r，我们称该划分规则为主划分规则（main splitting rule），称 x_r 为主划分变量。对于 x_r 值缺失的观测，首先使用第一替代规则进行划分，如果第一替代规则使用的变量也缺失，则使用第二替代规则进行划分 …… 如果所有替代规则使用的变量都缺失，这些观测被归入接受缺失值的子结点。例如，在对购买金额进行预测时，某个结点可能先尝试使用收入进行划分；如果观测的收入值缺失，可以尝试使用性别进行划分；如果性别也缺失，可以再尝试使用教育程度进行划分，等等。可以根据与主规则的相似度来选择替代划分规则。

如果数据中有多个自变量存在缺失，决策树可用于对这些自变量的缺失值进行插补（见 3.7 节）。

（5）决策树所产生的预测规则很容易解释。

（6）根据每次划分时不纯净性度量的下降程度以及每个自变量对该次划分的贡献，可以定义各个自变量的重要程度。因此决策树可以用作变量选择的工具。

8.3.2 决策树的缺点

决策树有如下缺点。

（1）每个非叶结点的划分都只考虑单个变量，因此很难发现基于多个变量的组合的规则。例如，可能按照 $2x_1 + 3x_2$ 的值划分比较好，但决策树只会考虑按照 x_1 或 x_2 的值进行划分，很难发现这样的组合规则。

（2）为每个非叶结点选择最优划分时，都仅考虑对当前结点划分的结果，这样只能够达到局部最优，而无法达到全局最优。

（3）正因为决策树是局部贪婪的，因此树的结构很不稳定。例如，若将学习数据集随机分割为不同的训练数据集和验证数据集，可能对于某次分割，x_{r_1} 被选作根结点的划分变量，而对于另一次分割，$x_{r_2} (r_2 \neq r_1)$ 被选作根结点的划分变量，之后继续划分下去，这两棵树的结构差异会非常大。这种差异也可能使得两棵树的预测性能存在很大差异。而这些差异仅仅是由学习数据集随机分割的差异带来的！此外，因为不同结构的树隐含的预测规则存在不同的解释，所以这种结构不稳定性也降低了决策树的可解释性。

为了克服决策树的缺点，第 9 章将探讨将多个决策树模型进行组合的一些方法。

8.4 R 语言分析示例：决策树

本示例使用 3.10.2 节的移动运营商数据。因为决策树模型能够处理自变量的缺失数据，我们使用学习数据集的每个未插补样本数据集建立决策树模型，将由此建立的 10 个模型分别应用于未插补测试数据集，再将 10 个模型的预测流失概率进行平均，得到测试数据集的预测流失概率，并据此计算预测是否流失的准确率。在建立决策树模型时，我们将考虑如下两种方法。在方法一中，我们根据使交叉验证误差最小的准则对决策树进行修剪。在方法二中，我们将学习数据集分为训练数据集和验证数据集，用使验证数据集的分类准确率最大的准则对决策树进行修剪。

相关 R 语言程序如下。

```
####加载程序包
library(rpart)
#rpart包实现了分类和回归决策树，我们将调用其中的rpart()和predict()函数。
library(rpart.plot)
#rpart.plot包含各种决策树的可视化函数，我们将调用其中的prp()函数。
library(rattle)
#rattle可实现数据挖掘和图形交互式可视化界面，我们将调用其中的
#fancyRpartPlot()函数实现决策树可视化。
library(dplyr)
#我们将调用其中的管道函数。
library(ggplot2)
#我们将调用其中的ggplot()等函数。
library(sampling)
#sampling包含有各种抽样函数，这里我们将调用其中的strata()函数。

####设置随机数种子
set.seed(12345)

####设置基本路径
setwd("D:/dma_Rbook")
```

```
####读入学习数据集的10个未插补样本数据集
learn <- list()
for (k in 1:10) {
  sample <- read.csv(paste0("data/ch3_mobile_learning_sample",k,
                         ".csv"),
                   colClasses = c("character",
                                  rep("numeric", 58))) %>%
    #读入基本路径的data子目录下关于第k个样本数据集的.csv文件。
    mutate(是否VPN用户=as.factor(是否VPN用户)) %>%
    mutate(是否融合=as.factor(是否融合)) %>%
    mutate(是否女性=as.factor(是否女性)) %>%
    mutate(是否政企=as.factor(是否政企)) %>%
    mutate(是否托收=as.factor(是否托收)) %>%
    #将定类自变量（注：哑变量被当作定类变量的特殊情形）"是否VPN用户"
    #"是否融合""是否女性""是否政企""是否托收"转换为因子型变量。
    #注：如果不将哑变量转换为因子型变量，也能得到预测结果一样的决策树。
    #但因为哑变量被当作连续变量，划分规则类似于"是否融合>=0.5"和
    #"是否融合<0.5"，前者对应于"是否融合"取值为1，后者对应于"是否融合"
    #取值为0。
    mutate(是否流失=as.factor(是否流失))
    #rpart()函数要求因变量是因子型，因此将二值因变量"是否流失"转换为
    #因子型。

  learn <- c(learn, list(assign(paste0("learn",k), sample)))
}
#循环后，learn列表中含有10个元素：learn1、…、learn10，
#分别为学习数据集的10个样本（未插补）。

####读入未插补的测试数据集
test <- read.csv("data/ch3_mobile_test.csv",
                 colClasses = c("character",
                                rep("numeric", 58))) %>%
  mutate(是否VPN用户=as.factor(是否VPN用户)) %>%
```

```
  mutate(是否融合=as.factor(是否融合)) %>%
  mutate(是否女性=as.factor(是否女性)) %>%
  mutate(是否政企=as.factor(是否政企)) %>%
  mutate(是否托收=as.factor(是否托收)) %>%
  mutate(是否流失=as.factor(是否流失))

####将学习数据集的每个样本数据集按照设备编码进行排序
learn <- lapply(learn,
                function (x) {
                  x[order(x$设备编码),]
                })

####将测试数据集按照设备编码进行排序
test <- test[order(test$设备编码),]

#################################################################
#方法一:
#使用学习数据集的每个未插补样本数据集建立决策树模型，并根据使交叉
#验证误差最小的准则对决策树进行修剪，再将修剪后的各个决策树模型应
#用于未插补的测试数据集。
#################################################################

####以学习数据集的第一个样本数据集为例，用rpart函数建立一棵决策树
fit.tree <-
  rpart(是否流失~., learn[[1]][,-1],
          #指定因变量为"是否流失"，其他变量为自变量。
          #学习数据集为learn列表的第一个元素，且去掉第一列
          #"设备编码"。
          parms = list(split = "gini"),
          #指定选取最优划分的准则是基尼系数
          control = rpart.control(
            #control参数设置算法的细节部分
            minbucket = 5,
```

```
                #指定叶结点的最小观测数为5
                minsplit = 10,
                #指定结点进行进一步划分所需要的最少观测数为10
                maxcompete = 2,
                #指定结点划分的最大分支数为2
                maxdepth = 30,
                #指定树的最大深度为30（最多能指定maxdepth=30）
                maxsurrogate = 5,
                #指定替代规则数为5
                cp=0.0001,
                #复杂度参数，不考虑使模型拟合程度提升值不足0.000 1的划分。
                #这里采用一个很小的复杂度参数，是为了建立足够大的树，
                #之后根据一定的准则选取合适的子树。
              ))

fit.subtree <-
  prune(fit.tree,
        cp=fit.tree$cptable[
          which.min(fit.tree$cptable[,"xerror"]),"CP"])
#fit.tree$cptable是一个关于各子树的矩阵，每行代表一棵子树，
#含有的列包括CP（子树的cp值）、xerror（子树的交叉验证误差）。
#which.min(fit.tree$cptable[,"xerror"])表示选取fittree$cptable中
#交叉验证误差的最小值对应的子树，"CP"表示选取该子树的cp值。
#根据该cp值，使用prune()函数修剪决策树，得到相应的子树。

rpart.rules(fit.subtree,roundint=FALSE)
#查看当前决策树的分类规则。

####决策树模型可视化
plotcp(fit.tree)
#查看交叉验证相对误差与子树的叶结点个数及复杂度参数的关系。

fancyRpartPlot(fit.subtree, type = 5, digits = 3,
```

```
        main = "", sub="")
#绘制决策树的可视化图形,
#type=5指定图形类型,
#digits=3指定显示3位小数,
#main指定图形上方的标题, sub指定图形下方的文字。

prp(fit.subtree, box.palette = "auto",roundint=FALSE)
#另一种决策树可视化方法。

prob.tree.cv1 <- predict(fit.subtree, test[,2:58],
                             type = "prob")[,2]
#使用predict()函数将模型应用于测试数据集的自变量 (test的第2至第58列)
#进行预测。
#type = "prob"指定预测结果为类别0 (未流失) 和类别1 (流失) 的预测概率,
#预测结果第2列代表预测为流失用户的概率。

####记录各个自变量的重要程度
importance.tree.cv1 <- rep(0,57)
#生成importance.tree.cv1向量, 初始化每个元素为0。
names(importance.tree.cv1) <- colnames(learn[[1]])[2:58]
#learn[[1]]数据集的第1个变量是"设备编码", 第2至第58个变量是自变量。
#这里取出learn[[1]]数据集的变量名中的第2至第58个元素,
#作为importance.tree.cv1向量的各个元素对应的变量名。
nvar <- length(fit.subtree$variable.importance)
#fit.subtree$variable.importance记录之前选出的子树的划分规则中
#涉及的自变量的重要程度。nvar表示这些自变量的个数。
for (j in 1:nvar)
  importance.tree.cv1[
    which(names(importance.tree.cv1)==
            names(fit.subtree$variable.importance)[j])] <-
  fit.subtree$variable.importance[j]
  #将fit.subtree$variable.importance给出的自变量的重要程度
  #记录在importance.tree.cv1向量的相应元素中。
```

```
  #使用which()函数获得importance.tree.cv1向量中变量名等于
  #fit.subtree$variable.importance向量第j个元素的变量名的元素序号，
  #再将相应的重要程度写入importance.tree.cv1向量
  #的相应元素中。
importance.tree.cv1 <- importance.tree.cv1/
  sum(importance.tree.cv1)
#将自变量重要程度进行正则化，使其加和为1。

####对学习数据集的其他样本数据集进行操作
for (k in 2:10){
  fit.tree <- rpart(是否流失~., learn[[k]][, -1],
                      parms = list(split = "gini"),
                      control = rpart.control(
                        minbucket = 5,
                        minsplit = 10,
                        maxcompete = 2,
                        maxdepth = 30,
                        maxsurrogate = 5,
                        cp = 0.0001))
  fit.subtree <-
    prune(fit.tree,
          cp=fit.tree$cptable[
            which.min(fit.tree$cptable[,"xerror"]),"CP"])
  prob.tree.cv <- predict(fit.subtree, test[,2:58],
                          type = "prob")[,2]

  assign(paste0("prob.tree.cv", k), prob.tree.cv)
  #将预测流失概率赋值给prob.tree.cv2、prob.tree.cv3等。

  importance.tree.cv <- rep(0,57)
  names(importance.tree.cv) <- colnames(learn[[k]][,2:58])
  nvar <- length(fit.subtree$variable.importance)
  for (j in 1:nvar)
```

```
    importance.tree.cv[
      which(names(importance.tree.cv)==
              names(fit.subtree$variable.importance)[j])] <-
    fit.subtree$variable.importance[j]
  importance.tree.cv <- importance.tree.cv/sum(importance.tree.cv)
  assign(paste0("importance.tree.cv", k), importance.tree.cv)
  #将自变量的重要程度赋值给importance.tree.cv2、
  #importance.tree.cv3等。
}

####将根据学习数据集的10个插补后样本数据集分别建立模型所得的
####10组预测流失概率进行平均，得到测试数据集的预测流失概率
prob.tree.cv <- 0
for (k in 1:10){
  prob.tree.cv <- prob.tree.cv+
    get(paste0("prob.tree.cv", k))/10
}
write.table(prob.tree.cv,
            "out/ch8_mobile_prob_tree_cv.csv",
            row.names=FALSE,col.names=FALSE)

####计算预测是否流失的准确率
class.tree.cv <- 1*(prob.tree.cv>0.5)
conmat.tree.cv <- table(test$是否流失, class.tree.cv)
accu.y0.tree.cv <- conmat.tree.cv[1,1]/sum(conmat.tree.cv[1,])
accu.y1.tree.cv <- conmat.tree.cv[2,2]/sum(conmat.tree.cv[2,])
accu.tree.cv <- (conmat.tree.cv[1,1]+conmat.tree.cv[2,2])/
  sum(conmat.tree.cv)
write.table(c(accu.y0.tree.cv,accu.y1.tree.cv,accu.tree.cv),
            "out/ch8_mobile_accuracy_tree_cv.csv",
            row.names=FALSE,col.names=FALSE)

####将根据学习数据集的10个样本数据集分别建立模型所得的
```

```
####10组自变量重要程度进行平均，得到最终的自变量重要程度
importance.tree.cv <- 0
for (k in 1:10){
  importance.tree.cv <- importance.tree.cv+
    get(paste0("importance.tree.cv", k))/10
}
write.table(importance.tree.cv,
            "out/ch8_mobile_importance_tree_cv.csv",
            col.names=FALSE,sep=",")
#将自变量重要程度写入.csv文件，输出行名称但不输出列名称，
#行名称和值之间用逗号隔开。

####展示最重要的前25个自变量的重要程度
imp <- importance.tree.cv[order(-importance.tree.cv)]
#将自变量按照重要程度从大到小的顺序进行排列。
imp.top25 <- data.frame(name = names(head(imp, 25)),
                        importance = head(imp, 25))
row.names(imp.top25) <- NULL
#生成数据集imp.top25，记录25个最重要的变量的情况，
#其中name列记录变量名称，importance列记录变量的重要程度。

pdf("fig/ch8_mobile_tree_cv_variable_importance.pdf",
    family="GB1", height = 7, width = 10)
ggplot(imp.top25, aes(reorder(name, importance), importance))+
  geom_col() +
  xlab("variable") +
  ylab("relative importance") +
  coord_flip() +
  ggtitle("Top 25 Important Variables")
#使用ggplot()函数绘制图像。
#aes()函数指定横坐标和纵坐标，其中横坐标为使用reorder函数将name列
#按照importance变量从大到小的顺序进行排列后所得的值，
#geom_col指定绘制柱状图，
```

```
#xlab和ylab分别指定横轴和纵轴标题，
#coord_flip指定将横轴和纵轴翻转，
#ggtitle指定图像标题。
dev.off()

######################################################################
#方法二:
#将学习数据集的每个未插补样本数据集随机划分为训练数据集和验证数据集，
#并根据使验证数据集的分类准确率最大的准则对决策树进行修剪，
#再将修剪后的各个决策树模型应用于未插补测试数据集。
######################################################################

####编写函数，给定学习数据集的未插补样本数据集learn_sample及未插补
####的测试数据集test，返回测试数据集的预测流失概率
f.tree.valid <- function(learn_sample, test){
  ##将learn_sample数据集按照70%和30%的比例分层，随机分为
  ##训练数据集train和验证数据集valid
  idtrain <-
    strata(learn_sample,
           stratanames = "是否流失",
           size = round(0.7*table(learn_sample$是否流失)),
           method = "srswor")$ID_unit
  #使用strata()函数按照因变量"是否流失"进行分层抽样，将抽取的观测序号
  #记录在idtrain中。
  train <- learn_sample[idtrain,]
  #训练数据集包含抽取的观测序号对应的观测。
  valid <- learn_sample[-idtrain,]
  #验证数据集包含没有抽取的观测序号对应的观测。

  ##根据训练数据集建立决策树模型
  fit.tree <- rpart(是否流失~., train[, -1],
                    parms = list(split = "gini"),
                    control = rpart.control(
```

```
                                    minbucket = 5,
                                    minsplit = 10,
                                    maxcompete = 2,
                                    maxdepth = 30,
                                    maxsurrogate = 5,
                                    cp = 0.0001))

##前面的rpart()函数会给出不同cp值对应的一系列子树的一些指标，
##我们将根据对验证数据集的分类准确率选取合适的子树
nsubtree <- length(fit.tree$cptable[,1])
#子树的数目。
results <- data.frame(cp=rep(0, nsubtree), accu=rep(0, nsubtree))
#对于每棵子树，results数据框将记录cp值以及对验证集的分类准确率。

for (isubtree in 1:nsubtree){
  results$cp[isubtree] <- fit.tree$cptable[isubtree,"CP"]
  #fit.tree$cptable的第isubtree行、第CP列的元素给出了当前子树的cp值，
  #记录在results中cp列的第isubtree个元素中。
  fit.subtree <- prune(fit.tree, results$cp[isubtree])
  #根据该cp值，使用prune()函数修剪决策树，得到相应的子树。
  prob.valid <- predict(fit.subtree, valid[,-1],
                             type="prob")[,2]
  #使用修剪后的子树预测测试数据集的流失概率。
  class.valid <- 1*(prob.valid>0.5)
  #以预测流失概率是否大于0.5为分界线，预测因变量类别
  #为1（流失）或0（未流失）。
  results$accu[isubtree] <-
  length (which (valid $ 是否流失 ==  class.valid))/
           length (valid $ 是否流失)
  #计算对验证数据集的分类准确率。
}

bestcp <- results$cp[which.max(results$accu)]
```

```
  #选出对验证数据集的分类准确率最高的子树的cp值
  fit.valid.subtree <- prune(fit.tree, bestcp)
  #根据该cp值对决策树进行修剪，得到最优子树。

  ##使用最优子树预测测试数据集的流失概率。
  prob.tree.valid <- predict(fit.valid.subtree, test[,2:58],
                             type="prob")[,2]

  ##记录各个自变量的重要程度
  importance.tree.valid <- rep(0,57)
  names(importance.tree.valid) <- colnames(learn_samplc[,2:58])
  nvar <- length(fit.subtree$variable.importance)
  for (j in 1:nvar)
    importance.tree.valid[
      which(names(importance.tree.valid)==
              names(fit.subtree$variable.importance)[j])] <-
    fit.subtree$variable.importance[j]
  importance.tree.valid <- importance.tree.valid/
    sum(importance.tree.valid)

  ##返回一个列表，列表的第1个元素为测试数据集的预测流失概率，
  ##第2个元素为各个自变量的重要程度
  return (list(prob.tree.valid,importance.tree.valid))
}

####对学习数据集的每个未插补样本数据集应用f.tree.valid函数建立
####决策树，预测测试数据集的流失概率并获得各个自变量的重要程度
for(k in 1:10){
  result <- f.tree.valid(learn[[k]], test)
  prob.tree.valid <- result[[1]]
  #获得测试数据集的预测流失概率。
  assign(paste0("prob.tree.valid", k),
         prob.tree.valid)
```

```
  importance.tree.valid <- result[[2]]
  #获得各个自变量的重要程度。
  assign(paste0("importance.tree.valid", k),
         importance.tree.valid)
}

####将根据学习数据集的10个样本数据集分别建立模型所得的
####10组预测流失概率进行平均，得到测试数据集的预测流失概率
prob.tree.valid <- 0
for (k in 1:10){
  prob.tree.valid <- prob.tree.valid +
    get(paste0("prob.tree.valid", k))/10
}
write.table(prob.tree.valid,
            "out/ch8_mobile_prob_tree_valid.csv",
            row.names=FALSE,col.names=FALSE)

####计算预测是否流失的准确率
class.tree.valid <- 1*(prob.tree.valid>0.5)
conmat.tree.valid <- table(test$是否流失, class.tree.valid)
accu.y0.tree.valid <- conmat.tree.valid[1,1]/
  sum(conmat.tree.valid[1,])
accu.y1.tree.valid <- conmat.tree.valid[2,2]/
  sum(conmat.tree.valid[2,])
accu.tree.valid <-
  (conmat.tree.valid[1,1]+conmat.tree.valid[2,2])/
  sum(conmat.tree.valid)
write.table(c(accu.y0.tree.valid,accu.y1.tree.valid,
              accu.tree.valid),
            "out/ch8_mobile_accuracy_tree_valid.csv",
            row.names=FALSE,col.names=FALSE)

####将根据学习数据集的10个样本数据集分别建立模型所得的
```

```
####10组自变量重要程度进行平均，得到最终的自变量重要程度
importance.tree.valid <- 0
for (k in 1:10){
  importance.tree.valid <- importance.tree.valid+
    get(paste0("importance.tree.valid", k))/10
}
write.table(importance.tree.valid,
            "out/ch8_mobile_importance_tree_valid.csv",
            col.names=FALSE,sep=",")
#将自变量重要程度写入.csv文件，输出行名称但不输出列名称，
#行名称和值之间用逗号隔开。

####展示最重要的前25个自变量的重要程度
imp <- importance.tree.valid[order(-importance.tree.valid)]
imp.top25 <- data.frame(name = names(head(imp, 25)),
                        importance = head(imp, 25))
row.names(imp.top25) <- NULL

pdf("fig/ch8_mobile_tree_valid_variable_importance.pdf",
    family="GB1", height = 7, width = 10)
ggplot(imp.top25, aes(reorder(name, importance), importance))+
  geom_col() +
  ylab("relative importance") +
  xlab("variable") +
  coord_flip() +
  ggtitle("Top 25 Important Variables")
dev.off()
```

图 8.4 所示为两种决策树模型给出的最重要的 25 个自变量的重要程度示意图。

表 8.1 列出了两种决策树模型对 mobile 数据集测试集的分类准确率。可见使用交叉验证修剪的决策树的分类准确率略高于使用验证数据集修剪的决策树。

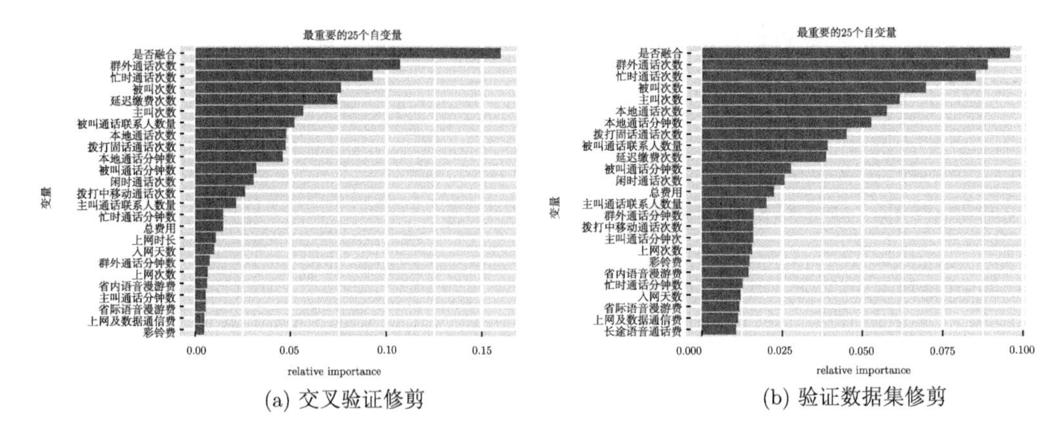

(a) 交叉验证修剪　　　　(b) 验证数据集修剪

图 8.4　决策树模型最重要的 25 个自变量的重要程度示意图

表 8.1　对 mobile 数据集测试集的分类准确率

项目	决策树模型（交叉验证修剪）	决策树模型（验证数据集修剪）
未流失用户中被正确预测为未流失的比例	0.8327	0.8258
流失用户中被正确预测为流失的比例	0.9551	0.9359
所有用户中被正确预测为流失或未流失的比例	0.8359	0.8287

上机实验

一、实验目的

1. 掌握决策树模型的基础理论
2. 理解决策树模型的优缺点
3. 掌握用 R 语言建立决策树模型的方法

二、实验步骤

使用第 6 章上机实验 “实验二” 中的 movie_learning.csv 和 movie_test.csv 数据集。

1. 读取 movie_learning.csv 和 movie_test.csv 中的数据，声明各变量类型，并将数据储存为 R 数据框。将不是哑变量形式的定类自变量转换为因子型变量，并使它们在两个数据集中的因子水平保持一致。
2. 根据学习数据集对二值因变量 GrossCat2 建立决策树模型，并根据使交叉验证误差最小的准则对决策树进行修剪。对修剪后的决策树模型进行可视化，并对各个自变量的重要程度进行可视化。将修剪后的决策树模型应用于测试数据集。将模型预测概率存储为.csv 文件（以便本书后面章节使用）。查看 GrossCat2 真实值与模型预测值的列联表。

3. 根据学习数据集对多值因变量 GrossCat 建立决策树模型，并根据使交叉验证误差最小的准则对决策树进行修剪。对修剪后的决策树模型进行可视化，并对各个自变量的重要程度进行可视化。将修剪后的决策树模型应用于测试数据集。将模型预测概率存储为.csv 文件。查看 GrossCat 真实值与模型预测值的列联表。

三、思考题

1. 如果一个定类自变量的某个取值在学习数据集中出现，但在测试数据集中没有出现，会对根据学习数据集建立的决策树模型在测试数据集上的应用产生什么影响？
2. 如果一个定类自变量的某个取值在学习数据集中没有出现，但在测试数据集中出现，会对根据学习数据集建立的决策树模型在测试数据集上的应用产生什么影响？

习题

1. （多选题）以下关于基尼系数不纯净性度量 $Q(t)$ 的说法，正确的是（ ）。

   A. $Q(t) = \sum_{l_1 \neq l_2} p(l_1|t)p(l_2|t)$

   B. $Q(t) = 1 - \sum_{l=1}^{K} p(l|t)^2$

   C. 若 $p(1|t) = \cdots = p(K|t) = 1/K$，$Q(t)$ 达到最大值

   D. 若某个 $p(l|t)$ 等于 1 而 $p(l'|t) = 0$（$l' \neq l$）时，$Q(t)$ 达到最大值

2. （多选题）关于分类树构建好之后，如何对叶结点 t 进行归类，以下选项正确的是（ ）。

   A. 将叶结点 t 归入使 $p(l|t)$ 最小的类别 l

   B. 将叶结点 t 归入使 $p(l|t)$ 最大的类别 l

   C. 若定义了利润矩阵，将叶结点 t 归入使 $\sum_{l=1}^{K} P(l^*|l)p(l|t)$ 最小的类别 l^*

   D. 若定义了利润矩阵，将叶结点 t 归入使 $\sum_{l=1}^{K} P(l^*|l)p(l|t)$ 最大的类别 l^*

   E. 若定义了损失矩阵，将叶结点 t 归入使 $\sum_{l=1}^{K} C(l^*|l)p(l|t)$ 最小的类别 l^*

   F. 若定义了损失矩阵，将叶结点 t 归入使 $\sum_{l=1}^{K} C(l^*|l)p(l|t)$ 最大的类别 l^*

3. （多选题）以下选项正确的是（ ）。

   A. 对连续自变量进行任何单调变换都不会影响决策树的结果

   B. 对连续因变量进行任何单调变换都不会影响决策树的结果

   C. 决策树对自变量的测量误差是稳健的

   D. 决策树对因变量的测量误差是稳健的

   E. 决策树对自变量的异常值是稳健的

   F. 决策树对因变量的异常值是稳健的

G. 决策树能够有效地处理自变量的缺失值

H. 决策树能够有效地处理因变量的缺失值

4. （多选题）以下选项正确的是（　　）。

A. 决策树能够发现基于变量组合（例如，$1.5x_1 + 2x_2$）的规则

B. 在选择划分规则时，决策树能够达到全局最优

C. 决策树的结构很不稳定

D. 决策树可以用作变量选择的工具

5. 上机题：使用第 6 章习题 7 中的 heart_learning.csv 和 heart_test.csv 数据集。

(a) 读取 heart_learning.csv 和 heart_test.csv 中的数据，声明各变量类型，并将数据储存为 R 数据框。将不是哑变量形式的定类自变量转换为因子型变量，并使它们在两个数据集中的因子水平保持一致。

(b) 根据学习数据集对二值因变量 target2 建立决策树模型，并根据使交叉验证误差最小的准则对决策树进行修剪。对修剪后的决策树模型进行可视化，并对各个自变量的重要程度进行可视化。将修剪后的决策树模型应用于测试数据集。将模型预测概率存储为.csv 文件（以便本书后面章节使用）。查看 target2 真实值与模型预测值的列联表。

(c) 根据学习数据集对多值因变量 target 建立决策树模型，并根据使交叉验证误差最小的准则对决策树进行修剪。对修剪后的决策树模型进行可视化，并对各个自变量的重要程度进行可视化。将修剪后的决策树模型应用于测试数据集。将模型预测概率存储为.csv 文件。查看 target 真实值与模型预测值的列联表。

第 9 章 基于决策树的模型组合

本章将介绍 4 种基于决策树的组合模型：袋装决策树、梯度提升决策树、随机森林和贝叶斯可加回归树。另外，本章还提供了在 R 语言中建立这些模型的示例。

9.1 袋装决策树

Breiman (1996) 提出了袋装（Bagging）这种模型的组合方法。它从学习数据集中通过有放回抽样得到多个新的数据集，根据每个新数据集分别建立模型，最后再对所得的多个模型进行平均。Breiman (1996) 指出，在模型拟合过程中引入随机性可能提高模型的性能。如果一种模型不太稳定，即随机抽取的样本量相同的不同学习数据集可能使模型的效果变化较大，用袋装法通常能提高模型性能。如 8.3.2 节所讨论，决策树是一种不稳定的模型，因而使用袋装法能够提高模型的性能，所得模型称为袋装决策树。

袋装决策树与（单棵）决策树一样有如下优点：可以直接处理定类自变量、无须考虑对定序或连续自变量的转换、对连续自变量的测量误差或异常值是稳健的、能够有效地处理自变量的缺失值、可用作变量选择的工具。然而，因为袋装决策树为多棵决策树的组合，这些决策树各有各的预测规则，因此袋装决策树的预测规则不像单棵决策树的预测规则一样容易解释。

9.2 梯度提升决策树

考虑使用如下可加模型对因变量 y 进行拟合：

$$F(\boldsymbol{x}) = \sum_{t=1}^{T} \beta_t b(\boldsymbol{x}; \boldsymbol{\gamma}_t) \tag{9.1}$$

其中 $\boldsymbol{x}$ 是自变量，$b(\boldsymbol{x};\boldsymbol{\gamma}_t)$ 是作为基础学习器的决策树（回归树），$\boldsymbol{\gamma}_t$ 是它的参数（包含决策树的结构、划分规则及各叶结点的预测值），T 为决策树的数量或迭代次数。令 $L(y,F(\boldsymbol{x}))$ 表示使用 $F(\boldsymbol{x})$ 拟合 y 所带来的损失，建模过程将逐步最小化对训练数据集各个观测的总损失：

$$\sum_{i=1}^{N} L\left(y_i, \sum_{t=1}^{T}\beta_t b(\boldsymbol{x}_i;\boldsymbol{\gamma}_t)\right) \tag{9.2}$$

若使用最速下降法来最小化总损失，会首先计算梯度的负值作为更新模型的方向，再沿着该方向寻找使总损失最小化的最合适步长。Friedman (2001) 提出的梯度提升（Gradient Boosting）算法借鉴了这一思路。令 $F_t(\boldsymbol{x}) = \sum_{s=1}^{t}\beta_s b(\boldsymbol{x};\boldsymbol{\gamma}_s)$。建立梯度提升决策树模型时，首先初始化 $F_0(\boldsymbol{x})=0$，然后对 $t=1$ 到 T 进行如下循环。

（1）对第 i 个训练观测（$i=1,\cdots,N$），计算用 $F_{t-1}(\boldsymbol{x})$ 拟合因变量时损失函数的梯度负值：

$$\tilde{g}_{it} = -\left[\frac{\partial L(y_i, F(\boldsymbol{x}_i))}{\partial F(\boldsymbol{x}_i)}\right]\bigg|_{F(\boldsymbol{x})=F_{t-1}(\boldsymbol{x})} \tag{9.3}$$

使用决策树 $b(\boldsymbol{x};\boldsymbol{\gamma}_t)$ 来拟合这些梯度负值。具体而言，选择参数 $\boldsymbol{\gamma}_t$ 和某个数值 ρ 以最小化：

$$\sum_{i=1}^{N}[\tilde{g}_{it} - \rho b(\boldsymbol{x}_i;\boldsymbol{\gamma}_t)]^2 \tag{9.4}$$

（2）给定 $b(\boldsymbol{x};\boldsymbol{\gamma}_t)$，选择步长 β_t 的最优值以最小化：

$$\sum_{i=1}^{N} L\left(y_i, F_{t-1}(\boldsymbol{x}_i) + \beta_t b(\boldsymbol{x}_i;\boldsymbol{\gamma}_t)\right) \tag{9.5}$$

（3）令 $F_t(\boldsymbol{x}) = F_{t-1}(\boldsymbol{x}) + \beta_t b(\boldsymbol{x};\boldsymbol{\gamma}_t)$。

若因变量是二值变量：$Y \in \{0,1\}$，令 $p(\boldsymbol{x})$ 表示 Y 取值为 1 的概率，模型采用 Logistic 形式：

$$p(\boldsymbol{x}) = \frac{\exp(F(\boldsymbol{x}))}{1+\exp(F(\boldsymbol{x}))} \tag{9.6}$$

常用二项偏差（binomial deviance）损失函数，它定义为单个观测的对数似然函数的负值，当 $y=1$ 时取值为

$$-\log(p(\boldsymbol{x})) = \log[1+\exp(-F(\boldsymbol{x}))] \tag{9.7}$$

当 $y=0$ 时取值为

$$-\log(1-p(\boldsymbol{x})) = \log[1+\exp(F(\boldsymbol{x}))] \tag{9.8}$$

若因变量是多种取值的离散变量：$Y \in \{1, \cdots, K\}$，令 $p_k(\boldsymbol{x})$ 表示 Y 取值为 k 的概率，模型采用 Softmax 形式：

$$p_k(\boldsymbol{x}) = \frac{\exp(F_k(\boldsymbol{x}))}{\sum_{l=1}^{K}\exp(F_l(\boldsymbol{x}))} \tag{9.9}$$

其中 $F_l(\boldsymbol{x})$（$l = 1, \cdots, K$）都是可加形式。常用多元偏差（multinomial deviance）损失函数，它定义为单个观测的对数似然函数的负值：

$$-\sum_{k=1}^{K}\mathcal{I}(y=k)\log p_k(\boldsymbol{x}) = -\sum_{k=1}^{K}\mathcal{I}(y=k)F_k(\boldsymbol{x}) + \log\left\{\sum_{l=1}^{K}\exp[F_l(\boldsymbol{x})]\right\} \tag{9.10}$$

若因变量是连续变量，$F(\boldsymbol{x})$ 直接拟合 y。常用平方损失函数：$L[y, F(\boldsymbol{x})] = [y - F(\boldsymbol{x})]^2$。

梯度提升决策树模型中 T 的值越大，模型对训练数据集拟合得越好。但 T 的值过大会造成过度拟合，使模型的泛化能力较差，不适用于其他数据集。我们可以根据模型对验证数据集的预测性能或者根据交叉验证来选择 T 的值。

9.3　随机森林

Breiman (2001) 提出的随机森林（Random Forest）算法，除了通过抽样引入随机性之外，还在选择划分变量时引入了随机性。随机森林算法随机构建多棵（例如 500 棵）决策树，并对它们的预测结果进行平均。每一棵决策树的构建过程如下。

（1）从训练数据集中通过（有放回或无放回）随机抽样得到新的数据集，基于该数据集构建决策树。

（2）在每次对非叶结点进行划分时，从 p 个自变量中随机选取 $q < p$ 个变量作为候选划分变量，再从与这 q 个变量相关的候选划分规则中选择最优划分规则。

（3）每棵树都生长到足够大而不需要进行修剪。

随机森林模型不能直接处理缺失数据。它的一大优点是，无须使用验证数据集就能得到模型对新的数据集的预测效果的无偏估计。这是因为在建立每棵决策树时，都有一部分观测不会被抽样到。换而言之，对于训练数据集中每一个观测，都有一部分决策树在构建过程中没有使用到它。在分类问题中，可以使用这些决策树对该观测进行分类，再根据“一树一票”的投票原则预测该观测的最终分类；在回归问题中，可以使用这些决策树对该观测的因变量进行预测，再将预测值进行平均。根据这样的预测结果计算出的预测误差在很多情形下都是无偏的。这一估计被称为 OOB（Out of Bag）误差估计。

9.4 贝叶斯可加回归树

Chipman et al. (2007, 2010) 提出了贝叶斯可加回归树（Bayesian Additive Regression Tree）模型。考虑使用如下可加模型对因变量 y 进行拟合：

$$F(\boldsymbol{x})=\sum_{j=1}^{m} g(\boldsymbol{x};\boldsymbol{T}_j,\boldsymbol{M}_j) \tag{9.11}$$

其中 $\boldsymbol{x}$ 是自变量，m 为回归树的数量，$\boldsymbol{T}_j$ 为第 j 棵回归树的结构和划分规则，$\boldsymbol{M}_j=(\mu_1,\cdots,\mu_{D_j})$ 为第 j 棵回归树中 D_j 个叶结点的预测值，$g(\boldsymbol{x};\boldsymbol{T}_j,\boldsymbol{M}_j)$ 表示一个自变量为 $\boldsymbol{x}$ 的观测在第 j 棵回归树上落入的叶结点的预测值（某个 μ 值）。

若因变量是连续变量，假设 $y=F(\boldsymbol{x})+\epsilon$，其中 $\epsilon\sim N(0,\sigma^2)$。在贝叶斯分析的框架下，$\{(\boldsymbol{T}_j,\boldsymbol{M}_j),j=1,\cdots,m\}$ 和 σ^2 都被看作参数，被赋予先验分布。通过马尔科夫链蒙特卡洛算法，从这些参数的后验分布进行抽样，产生它们的 H 个后验样本 $\{(\boldsymbol{T}_j^{(h)},\boldsymbol{M}_j^{(h)}),j=1,\cdots,m\}$ 和 $\sigma^{2\ (h)}$（$h=1,\cdots,H$）。在对一个自变量为 $\tilde{\boldsymbol{x}}$ 的观测的因变量 $\tilde{y}$ 进行预测时，可根据 $\tilde{y}^{(h)}\sim N(\sum_{j=1}^{m} g(\tilde{\boldsymbol{x}};\boldsymbol{T}_j^{(h)},\boldsymbol{M}_j^{(h)}),\sigma^{2\ (h)})$（$h=1,\cdots,H$）得到 $\tilde{y}$ 的 H 个后验样本，再取这些后验样本的均值作为 $\tilde{y}$ 的预测值。

若因变量是二值变量：$Y\in\{0,1\}$，令 $p(\boldsymbol{x})$ 表示 Y 取值为 1 的概率，模型采用 Probit 形式：

$$p(\boldsymbol{x})=\Phi^{-1}(F(\boldsymbol{x})) \tag{9.12}$$

或 Logistic 形式：

$$p(\boldsymbol{x})=\frac{\exp(F(\boldsymbol{x}))}{1+\exp(F(\boldsymbol{x}))} \tag{9.13}$$

其中 $\varPhi()$ 是标准正态分布的分布函数。可以通过马尔科夫链蒙特卡洛算法产生参数的后验样本 $\{(\boldsymbol{T}_j^{(h)},\boldsymbol{M}_j^{(h)}),j=1,\cdots,m\}$（$h=1,\cdots,H$）。在对一个自变量为 $\tilde{\boldsymbol{x}}$ 的观测进行预测时，可将这些后验样本代入上述 $p(\boldsymbol{x})$ 的表达式，得到 $p(\tilde{\boldsymbol{x}})$ 的后验样本 $p(\tilde{\boldsymbol{x}})^{(h)}$（$h=1,\cdots,H$），再取这些后验样本的均值作为 $p(\tilde{\boldsymbol{x}})$ 的预测值。

若因变量是多种取值的离散变量：$Y\in\{1,\cdots,K\}$，令 $q_k(\boldsymbol{x})$ 表示 $\Pr(Y=k|Y\geqslant k,\boldsymbol{x})$（$k=1,\cdots,K-1$），即给定 Y 取值大于或等于 k 时 Y 取值为 k 的条件概率。模型采用 Probit 形式：

$$q_k(\boldsymbol{x})=\varPhi^{-1}(F_k(\boldsymbol{x})) \tag{9.14}$$

或 Logistic 形式：

$$q_k(\boldsymbol{x}) = \frac{\exp(F_k(\boldsymbol{x}))}{1+\exp(F_k(\boldsymbol{x}))} \tag{9.15}$$

其中 $F_k()$ 形如式 (9.11)（也可以是式 (9.11) 再加上指定常数项 c_k）。令 $p_k(\boldsymbol{x})$ 表示 Y 取值为 k 的概率，$p_k(\boldsymbol{x})$ 与 $q_k(\boldsymbol{x})$ 之间的关系为：

$$\begin{aligned} p_1(\boldsymbol{x}) &= q_1(\boldsymbol{x}) \\ p_k(\boldsymbol{x}) &= \left[1-\sum_{l=1}^{k-1} p_l(\boldsymbol{x})\right] q_k(\boldsymbol{x}), \quad k=2,\cdots,K-1 \\ p_K(\boldsymbol{x}) &= 1-\sum_{j=1}^{K-1} p_j(\boldsymbol{x}) \end{aligned} \tag{9.16}$$

可以通过马尔科夫链蒙特卡洛算法产生 $F_k()$（$k=1,\cdots,K-1$）中参数的后验样本。在对一个自变量为 $\tilde{\boldsymbol{x}}$ 的观测进行预测时，可将这些后验样本代入 $q_k(\boldsymbol{x})$ 的表达式，得到 $q_k(\tilde{\boldsymbol{x}})$ 的后验样本 $q_k(\tilde{\boldsymbol{x}})^{(h)}$（$h=1,\cdots,H$），再代入 $p_k(\boldsymbol{x})$ 的表达式，得到 $p_k(\tilde{\boldsymbol{x}})$ 的后验样本 $p_k(\tilde{\boldsymbol{x}})^{(h)}$（$h=1,\cdots,H$），并取这些后验样本的均值作为 $p_k(\tilde{\boldsymbol{x}})$ 的预测值。

需要指出的是，当因变量为二值或多值名义变量时，在贝叶斯框架下采用 Probit 形式比采用 Logistic 形式计算速度更快。

9.5　R 语言分析示例：基于决策树的模型组合

本节将使用 3.10.2 节的移动运营商数据，建立袋装决策树、梯度提升决策树、随机森林和贝叶斯可加回归树。

9.5.1　袋装决策树示例

袋装决策树模型基于决策树模型，能够处理自变量的缺失数据。我们使用学习数据集的每个未插补样本数据集建立袋装决策树模型，在建立每棵决策树时根据使交叉验证误差最小的准则进行修剪，再将修剪后的各个决策树模型应用于未插补测试数据集。然后我们将根据学习数据集的 10 个未插补样本数据集分别建立的 10 个袋装决策树模型的预测流失概率进行平均，得到测试数据集的预测流失概率，并据此计算预测是否流失的准确率。相关 R 语言程序如下。

```
####加载程序包
library(rpart)
#rpart包实现了分类和回归决策树，我们将调用其中的rpart()和
#predict()函数。
```

```
library(dplyr)
#我们将调用其中的管道函数。
library(ggplot2)
#我们将调用其中的ggplot()等函数。

####设置随机数种子
set.seed(12345)

setwd("D:/dma_Rbook")
#设置基本路径

####读入学习数据集的10个未插补样本数据集
learn <- list()
for (k in 1:10) {
  sample <- read.csv(paste0("data/ch3_mobile_learning_sample",k,
                             ".csv"),
                     colClasses = c("character",
                                    rep("numeric", 58))) %>%
    #读入基本路径的data子目录下关于第k个样本数据集的.csv文件。
    mutate(是否VPN用户=as.factor(是否VPN用户)) %>%
    mutate(是否融合=as.factor(是否融合)) %>%
    mutate(是否女性=as.factor(是否女性)) %>%
    mutate(是否政企=as.factor(是否政企)) %>%
    mutate(是否托收=as.factor(是否托收)) %>%
    #将定类自变量（注意，哑变量被当作定类变量的特殊情形）"是否VPN用户"
    #"是否融合""是否女性""是否政企""是否托收"转换为因子型变量。
    #注：如果不将哑变量转换为因子型变量，也能得到预测结果一样的决策树。
    #但因为哑变量被当作连续变量，划分规则类似于"是否融合>=0.5"和
    #"是否融合<0.5"，前者对应于"是否融合"取值为1，后者对应于"是否融合"
    #取值为0。
    mutate(是否流失=as.factor(是否流失))
    #rpart()函数要求因变量是因子型，因此将二值因变量"是否流失"转换为
    #因子型。
```

```
  learn <- c(learn, list(assign(paste0("learn",k), sample)))
}
#循环后，learn列表中含有10个元素：learn1、…、learn10,
#分别为学习数据集的10个样本（未插补）。

####读入未插补的测试数据集
test <- read.csv("data/ch3_mobile_test.csv",
                 colClasses = c("character",
                                rep("numeric", 58))) %>%
  mutate(是否VPN用户=as.factor(是否VPN用户)) %>%
  mutate(是否融合=as.factor(是否融合)) %>%
  mutate(是否女性=as.factor(是否女性)) %>%
  mutate(是否政企=as.factor(是否政企)) %>%
  mutate(是否托收=as.factor(是否托收)) %>%
  mutate(是否流失=as.factor(是否流失))

####将学习数据集的每个样本数据集按照设备编码进行排序
learn <- lapply(learn,
                function (x) {
                  x[order(x$设备编码),]
                })

####将测试数据集按照设备编码进行排序
test <- test[order(test$设备编码),]

####对于学习数据集的每个样本数据集:
####（1）使用100个Bootstrap样本数据集分别建立100个决策树模型
####（2）使用每个决策树模型预测测试数据集的流失概率，取100个
####     决策树模型的预测流失概率的平均值
for (k in 1:10){
  print(k)

  prob.BaggedTree <- rep(0,nrow(test))
```

```
#生成向量，用于记录100个决策树模型的预测流失概率的平均值。

importance.BaggedTree <- rep(0,57)
#生成向量，用于记录100个决策树模型给出的自变量重要程度的平均值。

for (s in 1:100) {

  id.sample <- sample(1:nrow(learn[[k]]),nrow(learn[[k]]),
                      replace=TRUE)
  #从学习数据集的当前样本数据集learn[[k]]中抽取Bootstrap样本数据集
  #的观测序号。抽取的样本量等于learn[[k]]的观测数。replace=TRUE
  #表示允许观测序号重复。

  fit.tree <- rpart(是否流失~., learn[[k]][id.sample, -1],
                      parms = list(split = "gini"),
                      control = rpart.control(
                        minbucket = 5,
                        minsplit = 10,
                        maxcompete = 2,
                        maxdepth = 30,
                        maxsurrogate = 5,
                        cp = 0.0001))
  #根据当前Bootstrap样本数据集建立决策树模型。使用的数据集为
  #learn[[k]][id.sample,-1]，指从learn[[k]]中取出之前抽取的
  #观测序号id.sample对应的观测，除去第一个变量“设备编码”。

  fit.subtree <-
    prune(fit.tree,
          cp=fit.tree$cptable[
            which.min(fit.tree$cptable[,"xerror"]),"CP"])
  #根据使得交叉验证误差xerror最小的cp值，使用prune()函数修剪决策树，
  #得到相应的子树。
```

```
  prob.tree <- predict(fit.subtree, test[,2:58],
                       type = "prob")[,2]
  #使用当前决策树模型预测测试数据集的流失概率。

  prob.BaggedTree <- prob.BaggedTree+prob.tree/100
  #将当前的预测流失概率除以100后累加到prob.BaggedTree。
  importance.tree <- rep(0,57)
  #生成importance.tree向量，初始化每个元素为0
  names(importance.tree) <- colnames(learn[[k]][,2:58])
  #learn[[k]]数据集的第一个变量是"设备编码"，第2至第58个变量是自变量。
  #这里取出learn[[k]]数据集的变量名中的第2至第58个元素，作为
  #importance.tree向量的各个元素对应的变量名。
  nvar <- length(fit.subtree$variable.importance)
  #fit.subtree$variable.importance记录之前选出的子树的划分规则中涉及
  #的自变量的重要程度。nvar表示这些自变量的个数。
  for (j in 1:nvar)
    importance.tree[
      which(names(importance.tree)==
              names(fit.subtree$variable.importance)[j])] <-
    fit.subtree$variable.importance[j]
    #将fit.subtree$variable.importance给出的自变量的重要程度
    #记录在importance.tree向量的相应元素中。
    #使用which()函数获得importance.tree向量中变量名等于
    #fit.subtree$variable.importance向量第j个元素的变量名
    #的元素序号，再将相应的重要程度写入importance.tree向量
    #的相应元素中。
  importance.tree <- importance.tree/sum(importance.tree)
  #将自变量重要程度进行正则化使其加和为1。

  importance.BaggedTree <- importance.BaggedTree+importance.tree/100
  #将当前的自变量程度除以100后累加到importance.BaggedTree。
}
```

```
  assign(paste0("prob.BaggedTree", k), prob.BaggedTree)
  #将预测流失概率赋值给prob.BaggedTree1、prob.BaggedTree2等。

  assign(paste0("importance.BaggedTree", k), importance.BaggedTree)
  #将自变量重要程度赋值给importance.BaggedTree1、
  #importance.BaggedTree2等。
}

####将根据学习数据集的10个样本数据集分别建立模型所得的10组预测流失概率
####进行平均，得到测试数据集的预测流失概率
prob.BaggedTree <- 0
for (k in 1:10){
  prob.BaggedTree <- prob.BaggedTree+
    get(paste0("prob.BaggedTree", k))/10
}
write.table(prob.BaggedTree,
            "out/ch9_mobile_prob_BaggedTree.csv",
            row.names=FALSE,col.names=FALSE)

####计算预测是否流失的准确率
class.BaggedTree <- 1*(prob.BaggedTree>0.5)
conmat.BaggedTree <- table(test$是否流失, class.BaggedTree)
accu.y0.BaggedTree <- conmat.BaggedTree[1,1]/
  sum(conmat.BaggedTree[1,])
accu.y1.BaggedTree <- conmat.BaggedTree[2,2]/
  sum(conmat.BaggedTree[2,])
accu.BaggedTree <- (conmat.BaggedTree[1,1]+conmat.BaggedTree[2,2])/
  sum(conmat.BaggedTree)
write.table(c(accu.y0.BaggedTree,accu.y1.BaggedTree,accu.BaggedTree),
            "out/ch9_mobile_accuracy_BaggedTree.csv",
            row.names=FALSE,col.names=FALSE)

####将根据学习数据集的10个样本数据集分别建立模型所得的10组自变量重要程度
```

```
####进行平均，得到最终的自变量重要程度
importance.BaggedTree <- 0
for (k in 1:10){
  importance.BaggedTree <- importance.BaggedTree+
    get(paste0("importance.BaggedTree", k))/10
}
write.table(importance.BaggedTree,
            "out/ch9_mobile_importance_BaggedTree.csv",
            col.names=FALSE,sep=",")

####展示最重要的前25个自变量的重要程度
imp <- importance.BaggedTree[order(-importance.BaggedTree)]
imp.top25 <- data.frame(name = names(head(imp, 25)),
                        importance = head(imp, 25))
row.names(imp.top25) <- NULL

pdf("fig/ch9_mobile_BaggedTree_variable_importance.pdf",
    family="GB1", height = 7, width = 10)
ggplot(imp.top25, aes(reorder(name, importance), importance))+
  geom_col() +
  ylab("relative importance") +
  xlab("variable") +
  coord_flip() +
  ggtitle("Top 25 Important Variables")
dev.off()
```

9.5.2 梯度提升决策树示例

梯度提升决策树模型基于决策树模型，能够处理自变量的缺失数据。我们使用学习数据集的每个未插补样本数据集建立梯度提升决策树模型，根据交叉验证选择迭代次数。然后将由此建立的 10 个模型分别应用于未插补测试数据集，再将 10 个模型的预测流失概率进行平均，得到测试数据集的预测流失概率，并据此计算预测是否流失的准确率。相关 R 语言程序如下。

```
####加载程序包
library(xgboost)
#xgboost可建立梯度提升决策树模型，我们将调用其中的xgb.DMatrix()、
#xgb.cv()、predict()、xgb.importance()等函数。
library(ggplot2)
#我们将调用其中的ggplot()等函数。

####设置随机数种子
set.seed(12345)

setwd("D:/dma_Rbook")
#设置基本路径

####读入学习数据集的10个未插补样本数据集
learn <- list()
for (k in 1:10) {
  sample <- read.csv(paste0("data/ch3_mobile_learning_sample",k,
                            ".csv"),
                     colClasses = c("character",
                                    rep("numeric", 58)))
  #xgboost包要求自变量为数值矩阵形式，因变量为数值型，这里将所有变量
  #都按数值型读入后不做任何转换。

  learn <- c(learn, list(assign(paste0("learn",k), sample)))
}

####读入未插补的测试数据集
test <- read.csv("data/ch3_mobile_test.csv",
                 colClasses = c("character",
                                rep("numeric", 58)))

####将学习数据集的每个样本数据集按照设备编码进行排序
learn <- lapply(learn,
```

```
                function (x) {
                  x[order(x$设备编码),]
                })

####将测试数据集按照设备编码进行排序
test <- test[order(test$设备编码),]

####对学习数据集的每个样本数据集进行操作
for (k in 1:10){
  dtrain <- xgb.DMatrix(data = as.matrix(learn[[k]][,2:58]),
                        label=learn[[k]][,59])

  #xgb.DMatrix()函数将数据转换为以下xgb.cv()函数需要的格式。
  #data指定自变量矩阵，label指定因变量向量。
  fit.Boosting<-
    xgb.cv(data=dtrain, objective='binary:logistic',
           nrounds=200,nfold=5,verbose=0,
           callbacks=list(cb.cv.predict(save_models=TRUE)))
  #xgb.cv()函数使用交叉验证选择梯度提升决策树模型的参数。
  #objective指明目标函数为适合于二值因变量的'binary=logistic';
  #nrounds指明迭代次数（T）最大为200次;
  #nfold=5指定使用5折交叉验证;
  #verbose=0指明不需要在屏幕上输出建模细节;
  #callbacks用于指定每次boosting迭代中所需执行的操作，
  #cb.cv.predict(save_models=TRUE))说明保存根据每折数据所得的模型。

  prob.Boosting <-
    (predict(fit.Boosting$models[[1]],as.matrix(test[,2:58]))+
       predict(fit.Boosting$models[[2]],as.matrix(test[,2:58]))+
       predict(fit.Boosting$models[[3]],as.matrix(test[,2:58]))+
       predict(fit.Boosting$models[[4]],as.matrix(test[,2:58]))+
       predict(fit.Boosting$models[[5]],as.matrix(test[,2:58])))/5
  #将根据5折数据所得的5个模型分别应用于测试数据集进行预测，
```

```
#并将预测流失概率进行平均。

assign(paste0("prob.Boosting", k), prob.Boosting)
#将预测流失概率赋值给变量prob.Boosting1、prob.Boosting2等。

importance.Boosting.mat <- matrix(0,nrow=57,ncol=5)
#生成importance.Boosting.mat矩阵，行数为自变量的个数57，列数为5。
#每一列分别记录根据5折数据所得的5个模型给出的自变量重要程度。
row.names(importance.Boosting.mat) <-
  colnames(learn[[k]][,2:58])
#指明importance.Boosting.mat矩阵各行对应的变量名。
for (s in 1:5) {
  importance <- as.data.frame(
    xgb.importance(row.names(importance.Boosting.mat),
                   model = fit.Boosting$models[[s]])[,1:2])
  #获得根据第s折数据建立的模型（fit.Boosting$models[[s]]）中自变量
  #的重要程度。
  #xgb.importance()函数的结果中，第1列Feature为变量名，第2列Gain
  #为变量重要程度，我们只需要这两列。使用as.data.frame()函数
  #将其转换为数据框。
  nvar <- nrow(importance)
  #前面xgb.importance()函数给出重要程度的变量个数。
  for (j in 1:nvar)
    importance.Boosting.mat[
      which(rownames(importance.Boosting.mat)==importance[j,1]),
      s] <- importance[j,2]
    #将根据第s折数据建立的模型中自变量的重要程度记录在
    #importance.Boosting.mat矩阵第s列中。
    #使用which()函数获得importance.Boosting.mat中对应变量名等于
    #importance的第j行第1列给出的变量名的行号，再将相应的重要程度
    #写入importance.Boosting.mat中该行的第s列。
  importance.Boosting.mat[,s]<-importance.Boosting.mat[,s]/
    sum(importance.Boosting.mat[,s])
```

```
    #将importance.Boosting.mat矩阵第s列进行正则化，使其加和为1。
  }

  assign(paste0("importance.Boosting", k),
         apply(importance.Boosting.mat,1,mean))
  #用apply()函数将根据5折数据建立的5个模型中各自变量的重要程度进行平均，
  #再赋值给变量importance.Boosting1、importance.Boosting2等。
}

####将根据学习数据集的10个样本数据集分别建立模型所得的10组预测流失概率
####进行平均，得到测试数据集的预测流失概率
prob.Boosting <- 0
for (k in 1:10){
  prob.Boosting <- prob.Boosting+
    get(paste0("prob.Boosting", k))/10
}
write.table(prob.Boosting,
            "out/ch9_mobile_prob_Boosting.csv",
            row.names=FALSE,col.names=FALSE)

####计算预测是否流失的准确率
class.Boosting <- 1*(prob.Boosting>0.5)
conmat.Boosting <- table(test$是否流失, class.Boosting)
accu.y0.Boosting <- conmat.Boosting[1,1]/
  sum(conmat.Boosting[1,])
accu.y1.Boosting <- conmat.Boosting[2,2]/
  sum(conmat.Boosting[2,])
accu.Boosting <- (conmat.Boosting[1,1]+conmat.Boosting[2,2])/
  sum(conmat.Boosting)
write.table(c(accu.y0.Boosting,accu.y1.Boosting,
              accu.Boosting),
            "out/ch9_mobile_accuracy_Boosting.csv",
            row.names=FALSE,col.names=FALSE)
```

```
####将根据学习数据集的10个样本数据集分别建立模型所得的10组自变量重要程度
####进行平均，得到最终的自变量重要程度。
importance.Boosting <- 0
for (k in 1:10){
  importance.Boosting <- importance.Boosting+
    get(paste0("importance.Boosting", k))/10
}
write.table(importance.Boosting,
            "out/ch9_mobile_importance_Boosting.csv",
            col.names=FALSE,sep=",")

####展示最重要的前25个自变量的重要程度
imp <- importance.Boosting[order(-importance.Boosting)]
imp.top25 <- data.frame(name = names(head(imp, 25)),
                        importance = head(imp, 25))
row.names(imp.top25) <- NULL

pdf("fig/ch9_mobile_Boosting_variable_importance.pdf",
    family="GB1", height = 7, width = 10)
ggplot(imp.top25, aes(reorder(name, importance), importance))+
  geom_col() +
  ylab("relative importance") +
  xlab("variable") +
  coord_flip() +
  ggtitle("Top 25 Important Variables")
dev.off()
```

9.5.3 随机森林示例

随机森林模型无法处理缺失数据，需要先对缺失数据进行插补。我们将根据学习数据集的每个插补后样本数据集建立随机森林模型，将由此建立的 10 个模型分别应用于相应的插补后测试数据集，再将 10 个模型的预测流失概率进行平均，得到测试数据集的预测流失概率，并据此计算预测是否流失的准确率。在建立随机森林模型时，我们考虑使用 q 的默认值的方法一以及根据交叉验证选择 q 值的方法二。相关 R 语言程序如下。

```
####加载程序包
library(dplyr)
#我们将调用其中的管道函数。
library(ggplot2)
#ggplot2是专门用于画图的包，我们将调用其中的ggplot()等函数。
library(randomForest)
#randomForest包可建立随机森林模型，我们将调用其中的randomForest()、
#tuneRF()、predict()等函数。

####设置随机数种子
set.seed(12345)

setwd("D:/dma_Rbook")
#设置基本路径

####读入学习数据集的10个插补后样本数据集
learn <- list()
for (k in 1:10) {
  sample <- read.csv(paste0("data/ch3_mobile_learning_sample",k,
                            "_imputed.csv"),
                     colClasses = c("character",
                                    rep("numeric", 58))) %>%
    #randomForest包中有一些对缺失数据进行插补的简单方法，但我们使用
    #之前模型插补的数据集。
    mutate(是否流失=as.factor(是否流失))
    #randomForest()函数要求因变量是因子型，因此将二值因变量"是否流失"
    #转换为因子型。
    #注：虽然randomForest()函数可以应对定类自变量，但因为之前插补时
    #所有自变量都被当作连续变量，所以这里不将定类自变量转换为因子型。

  learn <- c(learn, list(assign(paste0("learn_imp",k), sample)))
}
```

```
####读入测试数据集的10个插补后数据集
test <- list()
for (k in 1:10) {
  sample <- read.csv(paste0("data/ch3_mobile_test_sample",k,
                            "_imputed.csv"),
                     colClasses = c("character",
                                    rep("numeric", 58))) %>%
    mutate(是否流失=as.factor(是否流失))

  test <- c(test, list(assign(paste0("test_imp",k), sample)))
}

####将学习数据集的每个插补后样本数据集按照设备编码进行排序
learn <- lapply(learn,
                function (x) {
                  x[order(x$设备编码),]
                })

####将测试数据集的每个插补后数据集按照设备编码进行排序
test <- lapply(test,
               function (x) {
                 x[order(x$设备编码), ]
               })

########################################################################
#方法一：
#用randomForest()函数的默认参数值，根据学习数据集的每个插补后样本数据集
#建立随机森林模型，并应用于相应的插补后测试数据集进行预测。
########################################################################

####对学习数据集的每个插补后样本数据集进行操作
for (k in 1:10){
  fit.RandomForest <- randomForest(是否流失~., learn[[k]][, -1])
```

```
  #使用randomForest()函数建立随机森林模型。
  #公式中指定"是否流失"为因变量，其他变量为自变量；
  #使用的数据集为learn[[k]]去掉第一列“设备编码”。
  prob.RandomForest <-
    predict(fit.RandomForest,test[[k]][,2:58],type="prob")[,2]
  #使用predict()函数将模型应用于测试数据集的自变量（test列表中第k个元素
  #的第2至第58列）进行预测，type = "prob"指定预测结果为预测概率。
  #预测结果第2列代表预测为流失用户的概率。

  assign(paste0("prob.RandomForest", k), prob.RandomForest)
  #将预测流失概率赋值给prob.RandomForest1、
  #prob.RandomForest2等。

  assign(paste0("importance.RandomForest", k),
         fit.RandomForest$importance[,1]/
           sum(fit.RandomForest$importance[,1]))
  #获得各个自变量的重要程度（fit.RandomForest$importance[,1]），
  #并进行正则化使其加和为1。
  #将自变量重要程度赋值给importance.RandomForest1、
  #importance.RandomForest2等。
}

####将根据学习数据集的10个样本数据集分别建立模型所得的10组预测流失概率
####进行平均，得到测试数据集的预测流失概率
prob.RandomForest <- 0
for(k in 1:10){
  prob.RandomForest <- prob.RandomForest+
    get(paste0("prob.RandomForest", k))/10
}
write.table(prob.RandomForest,
            "out/ch9_mobile_prob_RandomForest.csv",
            row.names=FALSE,col.names=FALSE)
```

```
####计算预测是否流失的准确率
class.RandomForest <- 1*(prob.RandomForest>0.5)
conmat.RandomForest <- table(test[[1]]$是否流失, class.RandomForest)
accu.y0.RandomForest <- conmat.RandomForest[1,1]/
  sum(conmat.RandomForest[1,])
accu.y1.RandomForest <- conmat.RandomForest[2,2]/
  sum(conmat.RandomForest[2,])
accu.RandomForest <- (conmat.RandomForest[1,1]+conmat.RandomForest[2,2])/
  sum(conmat.RandomForest)
write.table(c(accu.y0.RandomForest,accu.y1.RandomForest,
               accu.RandomForest),
            "out/ch9_mobile_accuracy_RandomForest.csv",
            row.names=FALSE,col.names=FALSE)

####将根据学习数据集的10个样本数据集分别建立模型所得的10组自变量重要程度
####进行平均，得到最终的自变量重要程度。
importance.RandomForest <- 0
for (k in 1:10){
  importance.RandomForest <- importance.RandomForest+
    get(paste0("importance.RandomForest", k))/10
}
write.table(importance.RandomForest,
            "out/ch9_mobile_importance_RandomForest.csv",
            col.names=FALSE,sep=",")

####展示最重要的前25个自变量的重要程度
imp <- importance.RandomForest[order(-importance.RandomForest)]
imp.top25 <- data.frame(name = names(head(imp, 25)),
                        importance = head(imp, 25))
row.names(imp.top25) <- NULL

pdf("fig/ch9_mobile_RandomForest_variable_importance.pdf",
    family="GB1", height = 7, width = 10)
```

```
ggplot(imp.top25, aes(reorder(name, importance), importance))+
  geom_col() +
  ylab("relative importance") +
  xlab("variable") +
  coord_flip() +
  ggtitle("Top 25 Important Variables")
dev.off()

######################################################################
#方法二:
#使用tuneRF()函数，为学习数据集的每个插补后样本选择最优调节参数mtry，
#建立随机森林模型，并应用于相应的插补后测试数据集进行预测。
######################################################################

####对学习数据集的每个插补后样本数据集进行操作
for(k in 1:10){
  fit.RandomForest.tuned <- tuneRF(x = learn[[k]][,2:58],
                                   y = learn[[k]][,59],
                                   doBest = T)
  #根据学习数据集的当前插补后样本数据集建立筛选参数mtry后的随机森林
  #模型。
  #tuneRF()函数可以根据OOB误差估计选出mtry的最优值。
  #x指定自变量为learn[[k]]数据集的第2至第58列，
  #y指定因变量为learn[[k]]数据集的第59列，
  #doBest=T指定在选出mtry的最优值后，用该值建立一个随机森林模型。

  prob.RandomForest.tuned <-
    predict(fit.RandomForest.tuned,test[[k]][,2:58],type="prob")[,2]
  #根据最优的随机森林模型预测测试数据集的流失概率。
  assign(paste0("prob.RandomForest.tuned", k),
         prob.RandomForest.tuned)
  #将预测流失概率赋值给prob.RandomForest.tuned1、
  #prob.RandomForest.tuned2等。
```

```
  assign(paste0("importance.RandomForest.tuned", k),
         fit.RandomForest.tuned$importance[,1]/
           sum(fit.RandomForest.tuned$importance[,1]))
  #获得各自变量的重要程度 (fit.RandomForest.tuned$importance[,1]) ,
  #并进行正则化使其加和为1。
  #将自变量重要程度赋值给importance.RandomForest.tuned1、
  #importance.RandomForest.tuned2等。

}

####将根据学习数据集的10个样本数据集分别建立模型所得的10组预测流失概率
####进行平均，得到测试数据集的预测流失概率
prob.RandomForest.tuned <- 0
for(k in 1:10){
  prob.RandomForest.tuned <- prob.RandomForest.tuned +
    get(paste0("prob.RandomForest.tuned", k))/10
}
write.table(prob.RandomForest.tuned,
            "out/ch9_mobile_prob_RandomForest_tuned.csv",
            row.names=FALSE,col.names=FALSE)

####计算预测是否流失的准确率
class.RandomForest.tuned <- 1*(prob.RandomForest.tuned>0.5)
conmat.RandomForest.tuned <- table(test[[1]]$是否流失,
                                   class.RandomForest.tuned)
accu.y0.RandomForest.tuned <- conmat.RandomForest.tuned[1,1]/
  sum(conmat.RandomForest.tuned[1,])
accu.y1.RandomForest.tuned <- conmat.RandomForest.tuned[2,2]/
  sum(conmat.RandomForest.tuned[2,])
accu.RandomForest.tuned <- (conmat.RandomForest.tuned[1,1]+
                              conmat.RandomForest.tuned[2,2])/
  sum(conmat.RandomForest.tuned)
write.table(c(accu.y0.RandomForest.tuned,accu.y1.RandomForest.tuned,
```

```
        accu.RandomForest.tuned),
      "out/ch9_mobile_accuracy_RandomForest_tuned.csv",
      row.names=FALSE,col.names=FALSE)

####将根据学习数据集的10个样本数据集分别建立模型所得的10组自变量重要程度
####进行平均，得到最终的自变量重要程度。
importance.RandomForest.tuned <- 0
for (k in 1:10){
  importance.RandomForest.tuned <- importance.RandomForest.tuned+
    get(paste0("importance.RandomForest.tuned", k))/10
}
write.table(importance.RandomForest.tuned,
            "out/ch9_mobile_importance_RandomForest_tuned.csv",
            col.names=FALSE,sep=",")

####展示最重要的前25个自变量的重要程度
imp <- importance.RandomForest.tuned[
  order(-importance.RandomForest.tuned)]
imp.top25 <- data.frame(name = names(head(imp, 25)),
                        importance = head(imp, 25))
row.names(imp.top25) <- NULL

pdf("fig/ch9_mobile_RandomForest_tuned_variable_importance.pdf",
    family="GB1", height = 7, width = 10)
ggplot(imp.top25, aes(reorder(name, importance), importance))+
  geom_col() +
  ylab("relative importance") +
  xlab("variable") +
  coord_flip() +
  ggtitle("Top 25 Important Variables")
dev.off()
```

9.5.4 贝叶斯可加回归树示例

贝叶斯可加回归树模型同样无法处理缺失数据，需要插补缺失数据。我们将根据学习数据集的每个插补后样本数据集建立贝叶斯可加回归树模型，将由此建立的 10 个模型分别应用于相应的插补后测试数据集，再将 10 个模型的预测流失概率进行平均，得到测试数据集的预测流失概率，并据此计算预测是否流失的准确率。相关 R 语言程序如下。

```
####加载程序包
library(BART)
#BART包可建立贝叶斯可加回归树模型，我们将调用其中的pbart()函数。

####设置随机数种子
set.seed(12345)

setwd("D:/dma_Rbook")
#设置基本路径

####读入学习数据集的10个插补后样本数据集
learn <- list()
for (k in 1:10) {
  sample <- read.csv(paste0("data/ch3_mobile_learning_sample",k,
                            "_imputed.csv"),
                     colClasses = c("character",
                                    rep("numeric", 58)))
  #BART包默认会对缺失数据进行hotdeck插补，但我们使用之前模型
  #插补的数据集。
  #注：BART模型不能直接处理定类自变量，这里将所有变量都按数值型读入后
  #不做任何转换。

  learn <- c(learn, list(assign(paste0("learn_imp",k), sample)))
}

####读入测试数据集的10个插补后数据集
test <- list()
```

```
for (k in 1:10) {
  sample <- read.csv(paste0("data/ch3_mobile_test_sample",k,
                            "_imputed.csv"),
                     colClasses = c("character",
                                    rep("numeric", 58)))

  test <- c(test, list(assign(paste0("test_imp",k,sep=""), sample)))
}

####将学习数据集的每个插补后样本数据集按照设备编码进行排序
learn <- lapply(learn,
                function (x) {
                  x[order(x$设备编码),]
                })

##将测试数据集的每个插补后数据集按照设备编码进行排序
test <- lapply(test,
               function (x) {
                 x[order(x$设备编码), ]
               })

####根据学习数据集的每个插补后样本数据集建立BART模型,
####并对相应的插补后测试数据集进行预测
for (k in 1:10){
  fit.BART <- pbart(learn[[k]][,2:58], learn[[k]][,59],
                    test[[k]][,2:58])
  #pbart()函数对二值因变量建立使用Probit形式的贝叶斯可加回归树模型。
  #建模时使用的学习数据集的自变量为learn[[k]]数据集第2至第58个变量,
  #因变量为learn[[k]]数据集第59个变量。测试数据集的自变量为test[[k]]数
  #据集的第2至第58个变量。

  prob.BART <- fit.BART$prob.test.mean
  #将测试数据集流失概率的后验均值prob.test.mean作为流失概率的预测值。
```

```
  assign(paste0("prob.BART", k), prob.BART)
  #将预测流失概率赋值给变量prob.BART1、prob.BART2等。
}

####将根据学习数据集的10个样本数据集分别建立模型所得的10组预测流失概率
####进行平均，得到测试数据集的预测流失概率。
prob.BART <- 0
for (k in 1:10){
  prob.BART <-
    prob.BART+get(paste0("prob.BART", k))/10
}
write.table(prob.BART,
            "out/ch9_mobile_prob_BART.csv",
            row.names=FALSE,col.names=FALSE)

####计算预测是否流失的准确率
class.BART <- 1*(prob.BART>0.5)
conmat.BART <- table(test[[1]]$是否流失, class.BART)
accu.y0.BART <- conmat.BART[1,1]/sum(conmat.BART[1,])
accu.y1.BART <- conmat.BART[2,2]/sum(conmat.BART[2,])
accu.BART <- (conmat.BART[1,1]+conmat.BART[2,2])/sum(conmat.BART)
write.table(c(accu.y0.BART,accu.y1.BART,accu.BART),
            "out/ch9_mobile_accuracy_BART.csv",
            row.names=FALSE,col.names=FALSE)
```

9.5.5 模型结果总结

图 9.1 所示为基于决策树的一些组合模型给出的最重要的 25 个自变量的重要程度示意图。

表 9.1 列出了基于决策树的各种组合模型对 mobile 数据集测试集的分类准确率。可见梯度提升决策树模型和贝叶斯可加回归树模型 (本书暂不重点介绍) 的分类准确率最高，其次是随机森林模型（选择参数）。

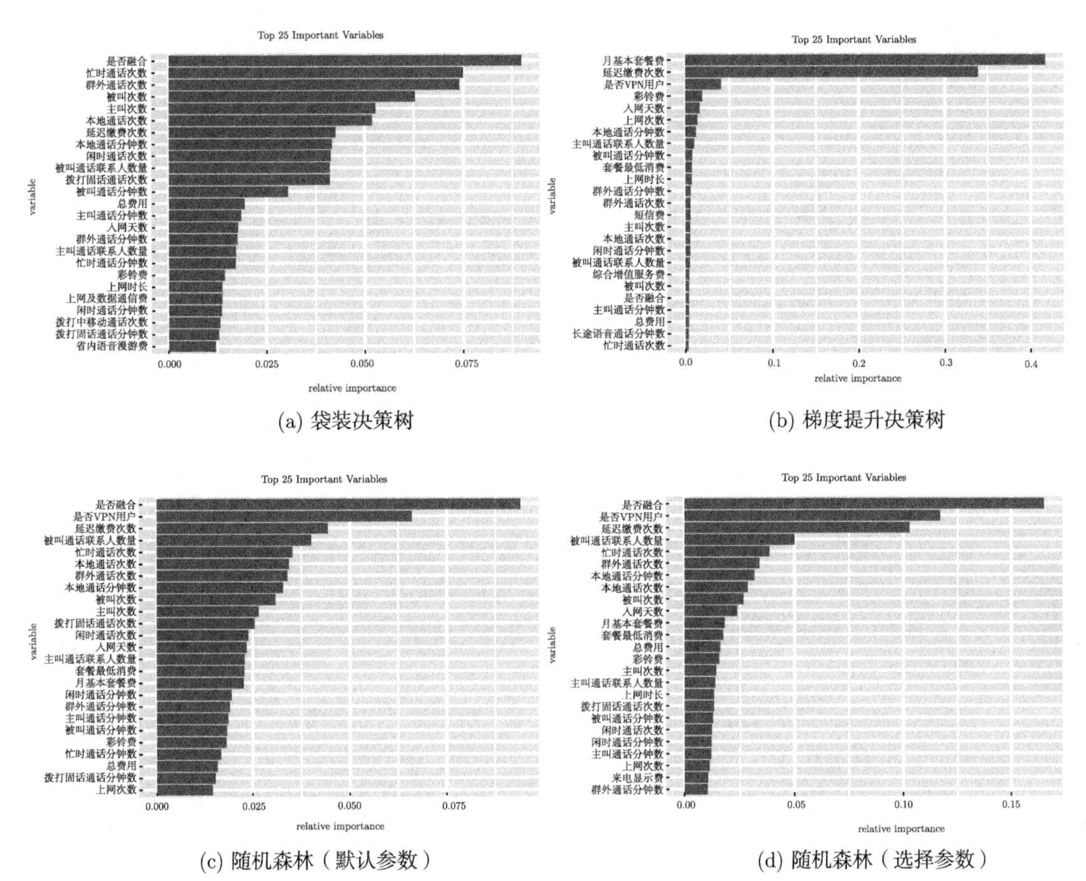

(a) 袋装决策树　　(b) 梯度提升决策树

(c) 随机森林（默认参数）　　(d) 随机森林（选择参数）

图 9.1　最重要的 25 个自变量的重要程度的示意图

表 9.1　对 mobile 数据集测试集的分类准确率

项目	袋装决策树	梯度提升决策树	随机森林		贝叶斯可加回归树
			默认参数	选择参数	
未流失用户中被正确预测为未流失的比例	0.8527	0.9573	0.8891	0.9275	0.9492
流失用户中被正确预测为流失的比例	0.9295	0.9359	0.8782	0.9295	0.9551
所有用户中被正确预测为流失或未流失的比例	0.8547	0.9567	0.8888	0.9276	0.9494

上机实验

一、实验目的

1. 掌握基于决策树的模型组合的基础理论
2. 理解基于决策树的模型组合比单棵决策树的改进之处
3. 掌握用 R 语言建立袋装决策树模型、梯度提升决策树模型、随机森林模型、贝叶斯可加回归树模型的方法

二、实验步骤

使用第 6 章上机实验“实验二”中的 movie_learning.csv 和 movie_test.csv 数据集。

1. 读取 movie_learning.csv 和 movie_test.csv 中的数据，声明各变量类型，并将数据储存为 R 数据框。将不是哑变量形式的定类自变量转换为因子型变量，并使它们在两个数据集中的因子水平保持一致。
2. 根据学习数据集对二值因变量 GrossCat2 建立袋装决策树模型、梯度提升决策树模型、随机森林模型（选择参数）、贝叶斯可加回归树模型。把各个模型对测试数据集中观测的预测概率存储在.csv 文件（以便本书后面章节使用）。比较各个模型的分类准确率。
3. 根据学习数据集对多值因变量 GrossCat 建立袋装决策树模型、梯度提升决策树模型、随机森林模型（选择参数）、贝叶斯可加回归树模型。把各个模型对测试数据集中观测的预测概率存储在.csv 文件。比较各个模型的分类准确率以及按序数距离加权的分类准确率。

三、思考题

袋装决策树模型、梯度提升决策树模型、随机森林模型和贝叶斯可加回归树模型的预测效果一定会比单棵决策树好吗？

习题

1. （多选题）以下选项正确的是（　　）。

   A. 为了使用袋装决策树，需要收集多个学习数据集

   B. 袋装决策树建模过程中，从同一个学习数据集通过抽样得到多个新的数据集

   C. 因为决策树是一种不稳定的模型，所以使用袋装法能够提高模型的性能

   D. 袋装决策树的性能肯定比梯度提升决策树好

2. （多选题）以下选项正确的是（　　）。

   A. 梯度提升决策树使用可乘模型 $F(\boldsymbol{x})=\prod_{t=1}^{T} b(\boldsymbol{x};\gamma_t)$ 对因变量 y 进行拟合

B. 梯度提升决策树使用可加模型 $F(\boldsymbol{x})=\sum_{t=1}^{T}\beta_t b(\boldsymbol{x};\gamma_t)$ 对因变量 y 进行拟合

C. 梯度提升决策树的建模过程逐步最小化总损失

D. 梯度提升决策树中决策树数量 T 的值越大越好

3. （多选题）以下选项正确的是（　　）。

A. 随机森林在选择划分变量时引入了随机性

B. 随机森林能够直接处理缺失数据

C. 随机森林无须使用验证数据集就能得到模型对新的数据集的预测效果的无偏估计

D. 随机森林不能进行变量选择

4. （多选题）以下选项正确的是（　　）。

A. 贝叶斯可加回归树只能应对因变量是连续变量的情形

B. 在贝叶斯可加回归树中，每棵树的结构和划分规则都有先验分布

C. 在贝叶斯可加回归树中，每个叶结点的预测值都有先验分布

D. 在贝叶斯可加回归树中，对参数进行最大似然估计

5. 上机题：使用第 6 章习题 7 中的 heart_learning.csv 和 heart_test.csv 数据集。

(a) 读取 heart_learning.csv 和 heart_test.csv 中的数据，声明各变量类型，并将数据储存为 R 数据框。将不是哑变量形式的定类自变量转换为因子型变量，并使它们在两个数据集中的因子水平保持一致。

(b) 根据学习数据集对二值因变量 target2 建立袋装决策树模型、梯度提升决策树模型、随机森林模型（选择参数）、贝叶斯可加回归树模型。把各个模型对测试数据集中观测的预测概率存储在.csv 文件（以便本书后面章节使用）。比较各个模型的分类准确率。

(c) 根据学习数据集对多值因变量 target 建立袋装决策树模型、梯度提升决策树模型、随机森林模型（选择参数）、贝叶斯可加回归树模型。把各个模型对测试数据集中观测的预测概率存储在.csv 文件。比较各个模型的分类准确率以及按序数距离加权的分类准确率。

第 10 章 模型评估与比较

为了得到能有效预测因变量的模型，我们可以建立多个模型，并对它们进行评估和比较，从中选择最优的模型。通常我们应根据对验证数据集的预测效果或者交叉验证来选择模型。令 $\mathcal{D}$ 为评估数据集，$N_{\mathcal{D}}$ 为其中的观测数，令 Y_i 表示 $\mathcal{D}$ 中观测 i 的因变量的真实值。本章将在因变量为二值变量、多种取值的分类变量或连续变量的情形下，分别讨论如何根据 $\mathcal{D}$ 评估模型的预测效果。本章最后还将给出一个模型评估与比较的 R 语言分析示例。

10.1 因变量为二值变量

本节考虑因变量为二值变量的情形，即 $Y \in \{0,1\}$。我们将讨论 3 类模型的评估方法：基于 Y_i 的预测值进行模型评估、基于累积捕获响应率图进行模型评估、基于 ROC 曲线进行模型评估，然后讨论 $\mathcal{D}$ 中类别比例与模型将来要应用的数据集中类别比例不同的情形。

1. 基于 Y_i 的预测值进行模型评估

（1）获取 Y_i 的预测值

一般而言，模型预测观测 i 属于类别 0 和类别 1 的概率分别为 $\hat{p}_{i0}$ 和 $\hat{p}_{i1}$（$\hat{p}_{i0}+\hat{p}_{i1}=1$），可使用以下方法得到 Y_i 的预测值 $\hat{Y}_i$。

方法 1 如果 $\hat{p}_{i1} > 0.5$，则令 $\hat{Y}_i = 1$，否则令 $\hat{Y}_i = 0$。

方法 2 根据期望利润决定 $\hat{Y}_i$ 的值。

定义分类利润，令 $P(l_2|l_1)$ 表示将实际属于类别 l_1 的观测归入类别 l_2 所产生的利润。分类利润的默认值为 $P(0|0)=P(1|1)=1$，$P(1|0)=P(0|1)=0$，也就是说分类正确的话利润就为 1，分类不正确利润就为 0。在实际应用中，需要根据实际情况设置分类利润的值。例如，假设在一种直邮营销的情景中，只有收到邮寄的产品目录的潜在顾客才有可能进行购买。假设类别 1 代表潜在顾客响应（即进行了购买），类别 0 代表潜在顾客不响应。$P(0|0)$ 和 $P(0|1)$

对应于不邮寄产品目录，带来的利润为 0。$P(1|0)$ 对应于将实际不响应的顾客错误判断为响应而邮寄产品目录，带来的利润为负，等于联系顾客成本（包括产品目录制作、邮寄等成本）的负值。$P(1|1)$ 对应于将实际响应的顾客正确判断为响应而邮寄产品目录，带来的利润为顾客的购买金额减去联系成本的差。因为 $P(1|1)$ 只能取一个值，这里采用的购买金额是顾客的平均购买金额。

给 $\hat{Y}_i$ 赋值时需要比较期望利润。将观测 i 归入类别 0 所带来的期望利润为 $\hat{p}_{i0}P(0|0)+\hat{p}_{i1}P(0|1)$，而将观测 i 归入类别 1 所带来的期望利润为 $\hat{p}_{i0}P(1|0)+\hat{p}_{i1}P(1|1)$。如果后者大于前者，即

$$\hat{p}_{i1}>\frac{P(0|0)-P(1|0)}{P(0|0)+P(1|1)-P(1|0)-P(0|1)} \tag{10.1}$$

则令 $\hat{Y}_i=1$，否则令 $\hat{Y}_i=0$。

方法 3 根据期望损失决定 $\hat{Y}_i$ 的值。

定义分类损失，令 $C(l_2|l_1)$ 表示将实际属于类别 l_1 的观测归入类别 l_2 所产生的损失。分类损失的默认值为 $C(0|0)=C(1|1)=0$，$C(1|0)=C(0|1)=1$，也就是说分类正确的话损失就为 0，分类不正确损失就为 1。在实际应用中，需要根据实际情况设置分类损失的值。例如，在上述直邮营销的情景中，$C(l_2|l_1)$ 为 $P(l_2|l_1)$ 的相反数。

将观测 i 归入类别 0 所带来的期望损失为 $\hat{p}_{i0}C(0|0)+\hat{p}_{i1}C(0|1)$，而将观测 i 归入类别 1 所带来的期望损失为 $\hat{p}_{i0}C(1|0)+\hat{p}_{i1}C(1|1)$。如果后者小于前者，即

$$\hat{p}_{i1}>\frac{C(1|0)-C(0|0)}{C(1|0)+C(0|1)-C(0|0)-C(1|1)} \tag{10.2}$$

则令 $\hat{Y}_i=1$，否则令 $\hat{Y}_i=0$。

当分类利润和分类损失取默认值时，上述 3 种赋值方法得到的结果一样。

（2）模型评估

最简单的模型评估方法是使用表 10.1 所示的混淆矩阵。如果观测 i 的真实值 Y_i 为 0（1），那么该观测为实际阴性（阳性）；如果观测 i 的预测值 $\hat{Y}_i$ 为 0（1），那么该观测为预测阴性（阳性）。实际阴性观测数为 N_0，其中有 N_{00} 个观测被正确地归类于类别 0，为真阴性观测；有 N_{01} 个观测被错误地归类于类别 1，为假阳性观测。有 $N_0=N_{00}+N_{01}$。实际阳性观测数为 N_1，其中有 N_{10} 个观测被错误地归类于类别 0，为假阴性观测；有 N_{11} 个观测被正确地归类于类别 1，为真阳性观测。有 $N_1=N_{10}+N_{11}$。

从混淆矩阵可以计算一系列评估指标。真阴性率（True Negative Rate，TNR）为 N_{00}/N_0，假阳性率（False Positive Rate，FPR）为 N_{01}/N_0，它们的和为 1。假阴性率（False Negative Rate，FNR）为 N_{10}/N_1，真阳性率（True Positive Rate，TPR）为 N_{11}/N_1，它们的和为 1。总的误分类率为 $(N_{01}+N_{10})/N$。在信息检索等领域，还常常使用精确度（Precision）、召回率

（Recall）和 F1 度量（F1 Measure）。精确度定义为在被预测为阳性的观测中实际为阳性的比例，即 $N_{11}/(N_{01}+N_{11})$。召回率定义为在实际阳性的观测中被预测为阳性的比例，等于真阳性率。F1 度量为综合精确度和召回率的评估指标：

$$F1=\frac{2\text{Precision}\times\text{Recall}}{\text{Precision}+\text{Recall}}=\frac{2N_{11}}{N_{01}+N_{10}+2N_{11}} \tag{10.3}$$

表 10.1　混淆矩阵

实际类别	预测类别		汇总
	0（预测阴性）	1（预测阳性）	
0（实际阴性）	N_{00}（真阴性观测数）	N_{01}（假阳性观测数）	N_0（实际阴性观测数）
1（实际阳性）	N_{10}（假阴性观测数）	N_{11}（真阳性观测数）	N_1（实际阳性观测数）

在医学等领域用到的敏感度（sensitivity）等于真阳性率，特异度（specificity）等于真阴性率。

如果定义了分类利润，$P(\hat{Y}_i|Y_i)$ 为使用模型对第 i 个观测进行分类所带来的实际利润，则还可使用平均利润 $\frac{1}{N_{\mathcal{D}}}\sum_{i=1}^{N_{\mathcal{D}}}P(\hat{Y}_i|Y_i)$ 来评估模型。类似地，如果定义了分类损失，还可以使用平均损失 $\frac{1}{N_{\mathcal{D}}}\sum_{i=1}^{N_{\mathcal{D}}}C(\hat{Y}_i|Y_i)$ 来评估模型。当分类利润和分类损失取默认值时，评估模型的平均利润或平均损失等价于评估总误分类率。

2. 基于累积捕获响应率图进行模型评估

我们可以直接使用模型预测概率对模型进行更加细致的评估。

下面以 6.4.3 节针对移动运营商数据建立的 Logit 模型为例。测试数据集中有 6 007 位用户，其中含 156 位流失用户，5 851 位未流失用户。我们将流失当作响应（阳性），未流失当作不响应（阴性）。将测试数据集的 6 007 位用户按照预测响应概率 $\hat{p}_{i1}$ 从大到小的顺序进行排列，考虑累积选择预测响应概率最高的前 n 位用户。累积捕获响应率定义为累积被选择用户中的响应者数目占实际响应者总数（示例中为 156 位）的比例。

基准累积捕获响应率定义为不使用任何模型而随机选择用户时所得的累积捕获响应率，出于随机性，它等于累积被选择用户数占用户总数的比例（示例中为 $n/6007$）。模型的理想效果是，响应者的预测响应概率都大于非响应者的预测响应概率，因此，若按照预测响应概率从大到小排序，响应者都排在非响应者的前面，如图 10.1 所示。在这种情况下，在累积被选择用户数不超过实际响应者总数时，累积捕获响应率是累积被选择用户数与实际响应者总数的比值（示例中为 $n/156$）。之后，累积被选择用户包含所有的响应者，累积捕获响应率等于 100%。实际的模型当然无法达到这种理想效果，但模型的效果越接近理想效果越好。

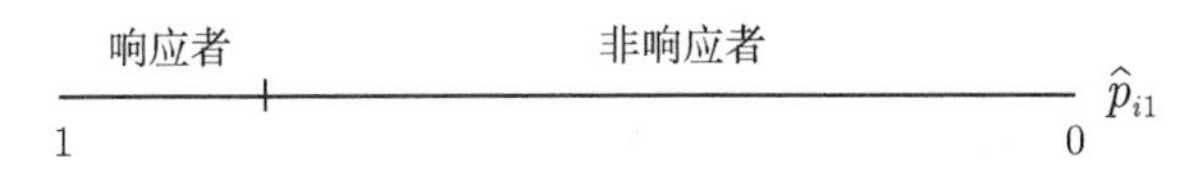

图 10.1　理想情况下按预测响应概率从大到小排序的情形

图 10.2 所示为累积捕获响应率图示例。图中“model”表示使用 Logit 模型选择用户的情况，“ideal”表示理想情况，“baseline”表示基准情况。

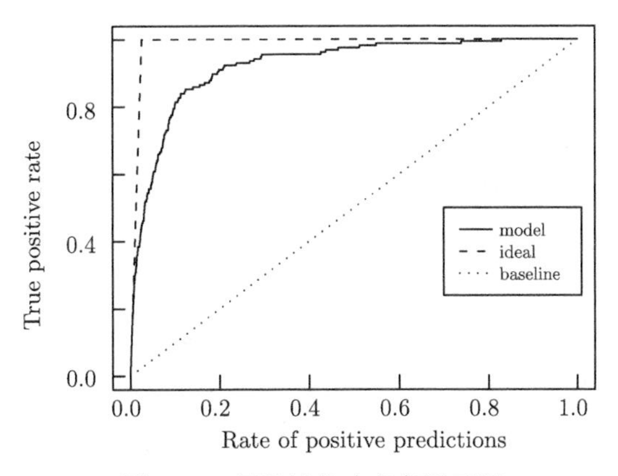

图 10.2　累积捕获响应率图示例

从累积捕获响应率图还可以计算一个数值指标——准确度比率（Accuracy Ratio）。首先计算模型的累积捕获响应率曲线与基准累积捕获响应率曲线之间的面积，它度量了使用模型相比于基准情况而言增加的预测性能。然后计算理想累积捕获响应率曲线与基准累积捕获响应率曲线之间的面积，它度量了理想情况相比于基准情况而言增加的预测性能。准确度比率是这两个面积的比值，它的取值一般在 0 至 1 之间，取值 0 表示使用模型的预测效果和基准情况一样，取值 1 表示使用模型的预测效果和理想情况一样，准确度比率的值越接近于 1，模型效果越好。

数学上，准确度比率被定义为

$$AR \equiv \frac{\displaystyle\int_0^1 r_{\text{模型}}(q)\mathrm{d}q - \frac{1}{2}}{\displaystyle\int_0^1 r_{\text{理想}}(q)\mathrm{d}q - \frac{1}{2}} \tag{10.4}$$

公式中，$r_{\text{模型}}(q)$ 表示使用模型选择预测响应概率的排序处于前面比例 $q\,(0 \leqslant q \leqslant 1)$ 的用户时所得的累积捕获响应率，$\displaystyle\int_0^1 r_{\text{模型}}(q)\mathrm{d}q$ 表示模型的累积捕获响应率曲线之下的面积。基准累积捕获响应率 $r_{\text{基准}}(q) = q$，因此基准累积捕获响应率曲线之下的面积为 $\displaystyle\int_0^1 r_{\text{基准}}(q)\mathrm{d}q = \frac{1}{2}$。

因此式（10.4）的分子计算了模型的累积捕获响应率曲线与基准累积捕获响应率曲线之间的面积，类似可推出式（10.4）的分母计算了理想累积捕获响应率曲线与基准累积捕获响应率曲线之间的面积。令 $0 = q_1 < q_2 + \cdots < q_{M-1} < q_M = 1$ 为 M 个将区间 [0,1] 分隔成 $(M-1)$ 个小区间的分隔点，积分 $\int_0^1 r(q)\mathrm{d}q$ 可用 $\sum_{i=2}^{M}(q_i - q_{i-1})(r(q_{i-1}) + r(q_i))/2$ 来近似。

3. 基于 ROC 曲线进行模型评估

受试者操作特性曲线（Receiver Operating Characteristic Curve，以下简称 ROC 曲线）也是衡量模型预测能力的一种常用工具，它来源于医学领域。在绘制 ROC 曲线时，设将模型预测响应概率大于某个临界值 C 的用户都预测为响应者（阳性），而将其他用户都预测为非响应者（阴性）。当 C 的值从 1 变化到 0 时，将假阳性率作为横轴、真阳性率作为纵轴做图，这种变化在图中形成的曲线就被称为 ROC 曲线。

当 $C = 1$ 时，所有用户都被预测为不会响应，因此假阳性观测数和真阳性观测数都为 0，假阳性率 $= 0$，真阳性率 $= 0$。当 $C = 0$ 时，所有用户都被预测为会响应，因此假阴性观测数和真阴性观测数都为 0，假阴性率 $= 0$，真阴性率 $= 0$，假阳性率 $= 1-$ 真阴性率 $= 1$，真阳性率 $= 1-$ 假阴性率 $= 1$。所以 ROC 曲线是连接 (0,0) 点和 (1,1) 点的一条曲线。

理想情况下，响应者的预测响应概率都大于非响应者的预测响应概率。因此，存在 C^*，使得预测响应概率大于 C^* 的所有用户都是实际响应者，而其他用户都是实际非响应者。$C \geqslant C^*$ 的情形如图 10.3 所示。所有实际非响应者都被正确地预测为不响应，所以假阳性率 $= 0$；真阳性率是实际响应用户中被模型预测为响应者的比例，当 C 的值从 1 变化到 C^* 时，真阳性率从 0 变化到 1。$C < C^*$ 的情形如图 10.4 所示。所有实际响应用户都被正确地预测为响应，因此真阳性率 $= 1$；假阳性率是实际非响应者中被模型预测为响应者的比例，当 C 的值从 C^* 变化到 0 时，假阳性率从 0 变化到 1。所以理想的 ROC 曲线由连接 (0,0) 点和 (0,1) 点的线段与连接 (0,1) 点和 (1,1) 点的线段组成。

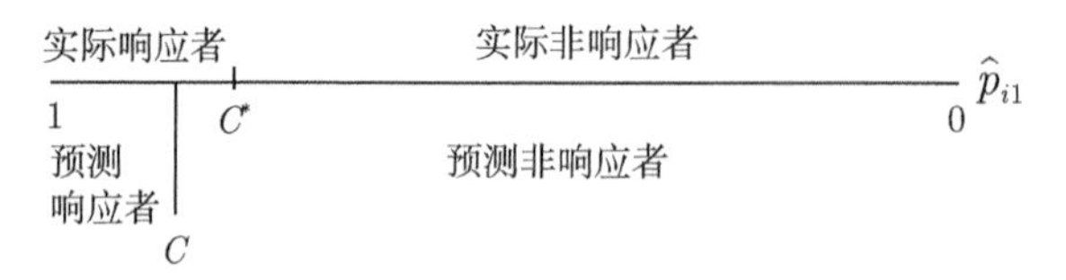

图 10.3 画 ROC 曲线时 $C \geqslant C^*$ 对应的理想情况

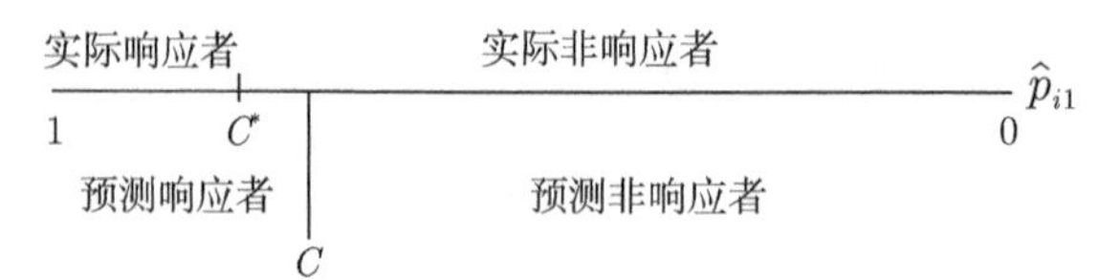

图 10.4 画 ROC 曲线时 $C < C^*$ 对应的理想情况

在基准情况下，出于随机性，假阳性率和真阳性率都等于所有用户中被随机预测为响应者的比例，所以基准的 ROC 曲线就是连接 (0,0) 点和 (1,1) 点的一条对角直线。

一般而言，模型的 ROC 曲线落在理想 ROC 曲线与基准 ROC 曲线之间。图 10.5 所示为示例中模型的 ROC 曲线、理想 ROC 曲线和基准 ROC 曲线。ROC 曲线下的面积可作为衡量模型效果的一个数值指标。基准 ROC 曲线下的面积为 0.5，理想 ROC 曲线下的面积为 1，而一般模型 ROC 曲线下的面积在 0.5 至 1 之间，这个值越接近 1，模型效果越好。

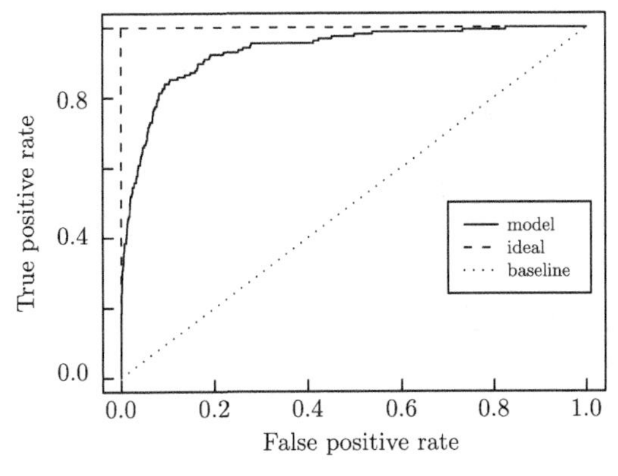

图 10.5　ROC 曲线示意图

对模型的预测效果而言，真阴性率（1− 假阳性率）和真阳性率都是越大越好，但是这两者之间需要平衡。有时在实际应用中，我们希望选择截断值 C 以使真阴性率与真阳性率的和达到最大，这时可以取 45 度角直线簇

$$\text{真阳性率} = \alpha + \text{假阳性率} = \alpha + (1 - \text{真阴性率}) \Longleftrightarrow \text{真阳性率} + \text{真阴性率} = \alpha + 1 \quad (10.5)$$

与 ROC 曲线的切点，选取切点对应的 C 值。

4. $\mathcal{D}$ 中类别比例与模型将来要应用的数据集中类别比例不同的情形

在实际应用中，有时 $\mathcal{D}$ 中类别 1 和类别 0 的比例 λ_1 及 λ_0 不同于模型将来要应用的数据集中的比例 π_1 及 π_0，而又希望根据 $\mathcal{D}$ 评估模型对将来要应用的数据集的预测性能。这时，需要给 $\mathcal{D}$ 中的观测赋予不同的权重 w_i：实际属于类别 1 的观测被赋予权重 $w_i = \pi_1/\lambda_1$，而实际属于类别 0 的观测被赋予权重 $w_i = \pi_0/\lambda_0$。例如，如果 $\mathcal{D}$ 中响应者占用户总数的比例为 20%，而将来要应用的实际数据中响应者占用户总数的比例为 2%，那么在评估时，$\mathcal{D}$ 中的响应者被赋予权重 $2\%/20\% = 0.1$，非响应者被赋予权重 $(1 - 2\%)/(1 - 20\%) = 1.225$。在计算各项评估指标时，需要考虑权重。例如，选择用户时不再是选择预测响应概率的排序处于前面比例 q 的用户，而是选择预测响应概率最大且权重之和占所有用户权重总和的比例等于 q 的那些用户。

10.2 因变量为多种取值的分类变量

本节考虑因变量为多种取值的分类变量的情形，即 $Y \in \{1, \cdots, K\}$。我们将讨论基于 Y_i 的预测值进行模型评估以及更加细致的模型评估，然后讨论 $\mathcal{D}$ 中类别比例与模型将来要应用的数据集中类别比例不同的情形。

1. 基于 Y_i 的预测值进行模型评估

（1）获取 Y_i 的预测值

一般而言，模型预测观测 i 属于各类别的概率为 $\hat{p}_{i1}, \cdots, \hat{p}_{iK}$，再据此得到 $\hat{Y}_i$。为了更具有一般性，我们在统计决策的框架下进行讨论。假设对每一个观测 i，可采用的决策 d_i 都有 M 种可能取值：$A_1, \cdots, A_M$。分类问题是统计决策的一种特例，在这种情形下，d_i 有 K 种可能取值：对 $l = 1, \cdots, K$，决策 A_l 表示将观测归入类别 l，即令 $\hat{Y}_i = l$。

可以使用决策利润来进行决策。令 $P(d|y)$ 表示对实际属于类别 y 的观测采用决策 d 而产生的利润。如果对观测 i 采用决策 $d_i = A_m$，那么带来的期望利润为

$$\hat{p}_{i1}P(A_m|1) + \hat{p}_{i2}P(A_m|2) + \cdots + \hat{p}_{iK}P(A_m|K) \tag{10.6}$$

应选取使期望利润最大的决策。

在分类问题中，若因变量为定类变量，分类利润的默认值为 $P(A_{l_2}|l_1) = \mathcal{I}(l_1 = l_2)$（$1 \leqslant l_1, l_2 \leqslant K$），对应的决策为将观测 i 归入使 $\hat{p}_{il}$ 最大的类别 l；若因变量为定序变量，分类利润的默认值为 $P(A_{l_2}|l_1) = K - 1 - |l_2 - l_1|$，对应的决策为将观测 i 归入使

$$K - 1 - \hat{p}_{i1}|l - 1| - \hat{p}_{i2}|l - 2| - \cdots - \hat{p}_{iK}|l - K| \tag{10.7}$$

最大的类别 l，即使

$$\hat{p}_{i1}|l - 1| + \hat{p}_{i2}|l - 2| + \cdots + \hat{p}_{iK}|l - K| \tag{10.8}$$

最小的类别 l。

也可以使用决策损失来进行决策。令 $C(d|y)$ 为对实际属于类别 y 的观测采用决策 d 而产生的损失。如果对观测 i 采用决策 $d_i = A_m$，那么带来的期望损失为

$$\hat{p}_{i1}C(A_m|1) + \hat{p}_{i2}C(A_m|2) + \cdots + \hat{p}_{iK}C(A_m|K) \tag{10.9}$$

应选取使期望损失最小的决策。

在分类问题中，若因变量为定类变量，分类损失的缺失值为 $C(A_{l_2}|l_1) = \mathcal{I}(l_1 \neq l_2)$（$1 \leqslant l_1, l_2 \leqslant K$），对应的决策为将观测 i 归入使 $1 - \hat{p}_{il}$ 最小（即 $\hat{p}_{il}$ 最大）的类别 l；若因变量为

定序变量，分类损失的默认值为 $C(A_{l_2}|l_1)=|l_2-l_1|$，对应的决策为将观测 i 归入使

$$\hat{p}_{i1}|l-1|+\hat{p}_{i2}|l-2|+\cdots+\hat{p}_{iK}|l-K| \tag{10.10}$$

最小的类别 l。

可以看出，使用决策利润或决策损失进行决策是等价的。

（2）模型评估

如果定义了决策利润，$P(d_i|Y_i)$ 为使用模型对第 i 个观测进行决策所带来的实际利润，可使用平均利润 $\frac{1}{N_{\mathcal{D}}}\sum_{i=1}^{N_{\mathcal{D}}}P(d_i|Y_i)$ 来评估模型。类似地，如果定义了决策损失，可以使用平均损失 $\frac{1}{N_{\mathcal{D}}}\sum_{i=1}^{N_{\mathcal{D}}}C(d_i|Y_i)$ 来评估模型。平均利润越高或平均损失越低，模型越好。

在分类问题中，若因变量为定类变量，可评估对 $\mathcal{D}$ 的误分类率：

$$\frac{1}{N_{\mathcal{D}}}\sum_{i=1}^{N_{\mathcal{D}}}\mathcal{I}(Y_i\neq\hat{Y}_i) \tag{10.11}$$

若因变量为定序变量，还可评估按序数距离加权的误分类率：

$$\frac{1}{N_{\mathcal{D}}}\sum_{i=1}^{N_{\mathcal{D}}}\frac{|Y_i-\hat{Y}_i|}{K-1} \tag{10.12}$$

7.5.1 节提到的（未加权或按序数距离加权的）分类准确率等于 1 减去（未加权或按序数距离加权的）误分类率。很容易看出，如果决策利润或决策损失取默认值，那么评估平均利润或平均损失等价于评估误分类率或分类准确率。

2. 更加细致的模型评估

要对模型进行更加细致的评估，需要更加细致地考查决策利润或决策损失，这里仅讨论使用决策利润的情形。

为了绘出 10.1 节中描述的模型的累积捕获响应率图和 ROC 图，我们需要按照模型预测结果对观测进行排序，并定义哪些观测是实际阳性观测（实际响应者），哪些观测是实际阴性观测（实际非响应者）。解决方法如下。

（1）模型预测的决策 d_i 带来的期望利润为

$$\hat{p}_{i1}P(d_i|1)+\hat{p}_{i2}P(d_i|2)+\cdots+\hat{p}_{iK}P(d_i|K) \tag{10.13}$$

按照它从大到小的顺序可以将观测进行排列。

（2）模型预测的决策 d_i 带来的实际利润为 $P(d_i|Y_i)$，可把实际利润大于某个临界值（例如 0）的观测定义为实际阳性观测，而把其他观测定义为实际阴性观测。

3. $\mathcal{D}$ 中类别比例与模型将来要应用的数据集中类别比例不同的情形

在实际应用中，如果 $\mathcal{D}$ 中各类别的比例 λ_l（$l=1,\cdots,K$）不同于模型将来要应用的数据集中的比例 π_l，而又希望根据 $\mathcal{D}$ 评估模型对将来要应用的数据集的预测性能，就需要给 $\mathcal{D}$ 中的观测赋予不同的权重 w_i：实际属于类别 l 的观测被赋予权重 $w_i=\pi_l/\lambda_l$。

10.3 因变量为连续变量

本节考虑因变量为连续变量的情形。我们将讨论通过直接比较 $\hat{Y}_i$ 和 Y_i 进行评估以及使用决策利润或决策损失进行评估。

1. 直接比较 $\hat{\boldsymbol{Y}}_{\boldsymbol{i}}$ 和 $\boldsymbol{Y}_{\boldsymbol{i}}$

可计算下列一些评估指标。

- 均方误差：$\dfrac{1}{N_{\mathcal{D}}}\sum_{i=1}^{N_{\mathcal{D}}}(Y_i-\hat{Y}_i)^2$
- 均方根误差：$\sqrt{\dfrac{1}{N_{\mathcal{D}}}\sum_{i=1}^{N_{\mathcal{D}}}(Y_i-\hat{Y}_i)^2}$
- 平均绝对误差：$\dfrac{1}{N_{\mathcal{D}}}\sum_{i=1}^{N_{\mathcal{D}}}|Y_i-\hat{Y}_i|$
- 平均相对误差：$\dfrac{1}{N_{\mathcal{D}}}\sum_{i=1}^{N_{\mathcal{D}}}\left|\dfrac{Y_i-\hat{Y}_i}{Y_i}\right|$

均方误差、均方根误差、平均绝对误差都依赖于因变量的测量单位（例如，测量单位是“元”还是“万元”）；平均相对误差不依赖于因变量的测量单位，但要求因变量有绝对的零点（反例：温度没有绝对的零点，见 2.2.3 节关于定距变量和定比变量的讨论），并且对所有观测而言，因变量的真实值都离 0 比较远。

此外，还可绘制 Y_i 与 $\hat{Y}_i$ 的散点图，或者残差 $(Y_i-\hat{Y}_i)$ 与 $\hat{Y}_i$ 的散点图。

2. 使用决策利润或决策损失

实际应用中也可能需要为每个观测选择某种决策。以直邮营销为例，如果因变量 Y_i 为顾客 i 的购买金额，可选择的两种决策为联系（记为 A_1）或不联系（记为 A_2）。令 $P(d|y)$ 表示对实际购买金额为 y 的顾客采用决策 d 而产生的利润。假设联系每位顾客的成本为 r，那么决策利润 $P(A_1|y)=y-r$，而 $P(A_2|y)=0$。如果对顾客 i 采用决策 $d_i=A_1$，预测利润为 $P(A_1|\hat{Y}_i)=\hat{Y}_i-r$；如果采用决策 $d_i=A_2$，预测利润为 $P(A_2|\hat{Y}_i)=0$。因此，如果 $\hat{Y}_i-r>0$，则选取决策 $d_i=A_1$，否则选取决策 $d_i=A_2$。可使用平均利润 $\dfrac{1}{N_{\mathcal{D}}}\sum_{i=1}^{N_{\mathcal{D}}}P(d_i|Y_i)$ 来评估模型。类似地，如果定义了决策损失，可以使用最小化预测损失的方法选取决策 d_i，并使用平均

损失 $\frac{1}{N_\mathcal{D}}\sum_{i=1}^{N_\mathcal{D}} C(d_i|Y_i)$ 来评估模型。

为了绘出 10.1 节中描述的模型的累积捕获响应率图和 ROC 图，我们需要按照模型预测结果对观测进行排序，并定义哪些观测是实际阳性观测（实际响应者），哪些观测是实际阴性观测（实际非响应者）。解决方法如下。

（1）模型预测的决策 d_i 带来的预测利润为 $P(d_i|\hat{Y}_i)$，按照它从大到小的顺序将观测进行排列。

（2）模型预测的决策 d_i 带来的实际利润为 $P(d_i|Y_i)$，可把实际利润大于某个临界值（例如 0 或中位数）的观测定义为实际阳性观测，而把其他观测定义为实际阴性观测。

10.4　R 语言分析示例：模型评估与比较

本示例仍使用 3.10.2 节的移动运营商数据。针对这一数据集，我们在之前的各章中建立了 10 种模型：Logit 模型、Lasso 模型、神经网络模型、决策树模型（交叉验证修剪）、决策树模型（验证数据集修剪）、袋装决策树模型、梯度提升决策树模型、随机森林模型（默认参数）、随机森林模型（选择参数）、贝叶斯可加回归树模型。在本节中，我们将对这些模型进行评估和比较。相关 R 语言程序如下。

```
####加载程序包
library(ROCR)
#ROCR包计算模型评估指标，我们将调用其中的prediction()和performance()函数。

setwd("D:/dma_Rbook")
#设置基本路径


####读入之前保存的10个模型对测试数据集的分类准确率。
####这10个模型分别为：Logit模型、Lasso模型、神经网络模型、
####决策树模型（交叉验证修剪）、决策树模型（验证数据集修剪）、袋装决策树模型、
####梯度提升决策树模型、随机森林模型（默认参数）、随机森林模型（选择参数）、
#### 贝叶斯可加回归树模型。
accuracy.logit <-
  read.table("out/ch6_mobile_accuracy_logit.csv",header=FALSE)[,1]
#使用read.table函数将.csv文件读入为数据框。header=FALSE指明文件中不含列名，
#读入后只取第一列得到一个向量
```

```
accuracy.lasso <-
  read.table("out/ch6_mobile_accuracy_lasso.csv",header=FALSE)[,1]
accuracy.neuralnet <-
  read.table("out/ch7_mobile_accuracy_neuralnet.csv",
             header=FALSE)[,1]
accuracy.tree.cv <-
  read.table("out/ch8_mobile_accuracy_tree_cv.csv",
             header=FALSE)[,1]
accuracy.tree.valid <-
  read.table("out/ch8_mobile_accuracy_tree_valid.csv",
             header=FALSE)[,1]
accuracy.BaggedTree <-
  read.table("out/ch9_mobile_accuracy_BaggedTree.csv",
             header=FALSE)[,1]
accuracy.Boosting <-
  read.table("out/ch9_mobile_accuracy_Boosting.csv",
             header=FALSE)[,1]
accuracy.RandomForest <-
  read.table("out/ch9_mobile_accuracy_RandomForest.csv",
             header=FALSE)[,1]
accuracy.RandomForest.tuned <-
  read.table("out/ch9_mobile_accuracy_RandomForest_tuned.csv",
             header=FALSE)[,1]
accuracy.BART <-
  read.table("out/ch9_mobile_accuracy_BART.csv",header=FALSE)[,1]

####记录各个模型的分类准确率
accuracy.allmethods <- data.frame(
  method=c("logit","Lasso","NeuralNet",
           "Tree.cv","Tree.valid",
           "BaggedTree","Boosting",
           "RandomForest","RandomForest.tuned","BART"),
  accu.y0=rep(0,10),accu.y1=rep(0,10),accu=rep(0,10))
```

```
#初始化accuracy.allmethods数据框。method列记录各个模型的名称。
#accu.y0列将记录未流失用户中被正确预测为未流失的比例；
#accu.y1列将记录流失用户中被正确预测为流失的比例；
#accu列将记录所有用户中被正确预测为流失或未流失的比例。

accuracy.allmethods[1,2:4] <- accuracy.logit
accuracy.allmethods[2,2:4] <- accuracy.lasso
accuracy.allmethods[3,2:4] <- accuracy.neuralnet
accuracy.allmethods[4,2:4] <- accuracy.tree.cv
accuracy.allmethods[5,2:4] <- accuracy.tree.valid
accuracy.allmethods[6,2:4] <- accuracy.BaggedTree
accuracy.allmethods[7,2:4] <- accuracy.Boosting
accuracy.allmethods[8,2:4] <- accuracy.RandomForest
accuracy.allmethods[9,2:4] <- accuracy.RandomForest.tuned
accuracy.allmethods[10,2:4] <- accuracy.BART
#将各个模型的分类准确率放入accuracy.allmethods数据集。

####读入10个模型对测试数据集的预测流失概率
prob.logit <-
  read.table("out/ch6_mobile_prob_logit.csv",header=FALSE)[,1]
prob.lasso <-
  read.table("out/ch6_mobile_prob_lasso.csv",header=FALSE)[,1]
prob.neuralnet <-
  read.table("out/ch7_mobile_prob_neuralnet.csv",
             header=FALSE)[,1]
prob.tree.cv <-
  read.table("out/ch8_mobile_prob_tree_cv.csv",
             header=FALSE)[,1]
prob.tree.valid <-
  read.table("out/ch8_mobile_prob_tree_valid.csv",
             header=FALSE)[,1]
prob.BaggedTree <-
  read.table("out/ch9_mobile_prob_BaggedTree.csv",
```

```
            header=FALSE)[,1]
prob.Boosting <-
  read.table("out/ch9_mobile_prob_Boosting.csv",
             header=FALSE)[,1]
prob.RandomForest <-
  read.table("out/ch9_mobile_prob_RandomForest.csv",
             header=FALSE)[,1]
prob.RandomForest.tuned <-
  read.table("out/ch9_mobile_prob_RandomForest_tuned.csv",
             header=FALSE)[,1]
prob.BART <-
  read.table("out/ch9_mobile_prob_BART.csv",
             header=FALSE)[,1]

####记录测试数据集中各用户的真实类别以及用户数
test <- read.csv("data/ch3_mobile_test.csv",
                 colClasses = c("character",
                                rep("numeric", 58)))
#读入未插补的测试数据集。
test <- test[order(test$设备编码),]
#将测试数据集按照设备编码进行排序。
class.true<-test[,59]
#记录测试数据集中各用户的真实类别。
N<-length(class.true)
#记录测试数据集的用户数。

####使用prediction()函数将各个模型对测试数据集的预测流失概率以及
####测试数据集中各用户的真实类别转换为下面performance()函数需要
####的标准格式
pred.logit <- prediction(prob.logit,class.true)
pred.lasso <- prediction(prob.lasso,class.true)
pred.neuralnet <- prediction(prob.neuralnet,class.true)
pred.tree.cv <- prediction(prob.tree.cv,class.true)
```

```
pred.tree.valid <- prediction(prob.tree.valid,class.true)
pred.BaggedTree <- prediction(prob.BaggedTree,class.true)
pred.Boosting <- prediction(prob.Boosting,class.true)
pred.RandomForest <- prediction(prob.RandomForest,class.true)
pred.RandomForest.tuned <- prediction(prob.RandomForest.tuned,
                                      class.true)
pred.BART <- prediction(prob.BART,class.true)

####使用performance()函数计算将累积被选择用户都预测为流失用户而
####将剩余用户都预测为未流失用户时，各个模型的评估指标：纵轴"tpr"
####为真阳性率（即模型的累积捕获响应率）；横轴"rpp"为预测为阳性
####的比例（即累积被选择用户数占用户总数的比例）
AR.plot.logit <- performance(pred.logit, "tpr", "rpp")
AR.plot.lasso <- performance(pred.lasso, "tpr", "rpp")
AR.plot.neuralnet <- performance(pred.neuralnet, "tpr", "rpp")
AR.plot.tree.cv <- performance(pred.tree.cv, "tpr", "rpp")
AR.plot.tree.valid <- performance(pred.tree.valid, "tpr", "rpp")
AR.plot.BaggedTree <- performance(pred.BaggedTree, "tpr", "rpp")
AR.plot.Boosting <- performance(pred.Boosting, "tpr", "rpp")
AR.plot.RandomForest <- performance(pred.RandomForest, "tpr", "rpp")
AR.plot.RandomForest.tuned <- performance(pred.RandomForest.tuned,
                                          "tpr", "rpp")
AR.plot.BART <- performance(pred.BART, "tpr", "rpp")

####绘制Logit模型、神经网络模型和梯度提升决策树模型的累计捕获响应率图
pdf("fig/ch10_mobile_AR_plots.pdf",
    width = 3.5,
    height = 3.5)
#pdf()函数用于启动生成pdf文件的图形绘制设备，
#width和height分别设置绘图窗口的宽度和高度。
plot(AR.plot.logit)
#绘制Logit模型的累计捕获响应率图。
lines(as.data.frame(AR.plot.neuralnet@x.values)[,1],
```

```
      as.data.frame(AR.plot.neuralnet@y.values)[,1],lty=2)
lines(as.data.frame(AR.plot.Boosting@x.values)[,1],
      as.data.frame(AR.plot.Boosting@y.values)[,1],lty=3)
#lines()函数用于在已有的图形上根据给定一些点的横坐标和纵坐标添加折线图，
#这里用于添加神经网络模型和梯度提升决策树模型的累计捕获响应率图，
#lty指明折线的类型，取值2表示虚线，取值3表示点线。
#AR.plot.neuralnet@x.values用列表形式给出前面performance()函数得到的
#各点的横坐标值，使用as.data.frame()将其转换为只有一列的数据框，取出该列。
#类似地，AR.plot.neuralnet@y.values用列表形式给出前面得到的各点
#的纵坐标值，使用as.data.frame()将其转换为只有一列的数据框，取出该列。
legend(0.4,0.6,lty=c(1,2,3),legend=c("logit","nnet","boosting"))
#legend()函数用于在图像上添加图例，0.4和0.6指明图例的横坐标和纵坐标值，
#lty指明3种线型，legend则指明3种线型分别对应的图例内容。
dev.off()

####计算各个模型的准确度比率
AR.allmethods <- data.frame(
  method=c("logit","Lasso","NeuralNet",
           "Tree.cv","Tree.valid",
           "BaggedTree","Boosting",
           "RandomForest","RandomForest.tuned","BART"),
  AR=rep(0,10))
#初始化AR.allmethods数据框，method列记录各个模型的名称，AR列将用于记录
#各个模型的准确度比率。

####使用积分近似公式计算理想累积捕获响应率曲线下的面积
N1 <- length(which(class.true==1))
#记录测试数据集中的流失用户数：which()函数得到满足条件class.true==1的
#用户序号的向量，length()函数计算该向量长度。
n <- 0:N
#在积分近似公式中，将使用M=N+1个分隔点0,1/N,2/N,···,(N-1)/N,1，它们将
#区间[0,1]分隔为N个小区间。
#n为各分隔点对应的累积被选择用户数。
```

```
ideal_cumcapresprate <- ifelse(n<=N1, n/N1, 1)
#计算每个分隔点对应的理想累积捕获响应率。
#理想情况下，在累积被选择用户数不超过实际流失用户总数（即n<=N1）时，
#累积捕获响应率是累积被选择用户数与实际流失用户总数的比值（即n/N1），
#之后累积捕获响应率变成1。
area.ideal <-
  sum(1/N*(ideal_cumcapresprate[1:N]+ideal_cumcapresprate[2:(N+1)])/2)
#使用积分近似公式计算理想累积捕获响应率曲线下的面积。
#对i=2,⋯,N+1，(q_i-q_{i-1})=1/N，(r(q_{i-1})+r(q_i))等于
#ideal_cumcapresprate的第i-1个元素加上ideal_cumcapresprate的第i个元素。
#这里使用向量的形式：对i=2,⋯,N+1，ideal_cumcapresprate的第i-1个元素
#组成的向量为ideal_cumcapresprate[1:N]，ideal_cumcapresprate的第i个元素
#组成的向量为ideal_cumcapresprate[2:(N+1)]。
#sum()函数将向量的所有元素加和。

####使用积分近似公式计算Logit模型累积捕获响应率曲线下的面积
x.values <- as.data.frame(AR.plot.logit@x.values)[,1]
#用x.values作为将区间[0,1]分隔成多个小区间的分隔点。
y.values <- as.data.frame(AR.plot.logit@y.values)[,1]
#y.values为在每个分隔点上累积捕获响应率的值。
nvalues <- length(x.values)
#分隔点个数，等于积分近似公式中M的值。
area.logit <-
  sum((x.values[2:nvalues]-x.values[1:(nvalues-1)])*
        (y.values[1:(nvalues-1)]+y.values[2:nvalues])/2)
#使用积分近似公式计算Logit模型累积捕获率曲线下的面积。
#对i=2,⋯,N+1，(q_i-q_{i-1})等于x.values的第i个元素减去x.values的
#第i-1个元素，(r(q_{i-1})+r(q_i))等于y.values的第i-1个元素加上y.values
#的第i个元素。

####计算Logit模型的准确度比率
AR.allmethods[1,2] <- (area.logit-0.5)/(area.ideal-0.5)
```

```
####类似地计算其他模型的准确度比率
x.values <- as.data.frame(AR.plot.lasso@x.values)[,1]
y.values <- as.data.frame(AR.plot.lasso@y.values)[,1]
nvalues <- length(x.values)
area.lasso <-
  sum((x.values[2:nvalues]-x.values[1:(nvalues-1)])*
        (y.values[1:(nvalues-1)]+y.values[2:nvalues])/2)
AR.allmethods[2,2] <- (area.lasso-0.5)/(area.ideal-0.5)

x.values <- as.data.frame(AR.plot.neuralnet@x.values)[,1]
y.values <- as.data.frame(AR.plot.neuralnet@y.values)[,1]
nvalues <- length(x.values)
area.neuralnet <-
  sum((x.values[2:nvalues]-x.values[1:(nvalues-1)])*
        (y.values[1:(nvalues-1)]+y.values[2:nvalues])/2)
AR.allmethods[3,2] <- (area.neuralnet-0.5)/(area.ideal-0.5)

x.values <- as.data.frame(AR.plot.tree.cv@x.values)[,1]
y.values <- as.data.frame(AR.plot.tree.cv@y.values)[,1]
nvalues <- length(x.values)
area.tree.cv <-
  sum((x.values[2:nvalues]-x.values[1:(nvalues-1)])*
        (y.values[1:(nvalues-1)]+y.values[2:nvalues])/2)
AR.allmethods[4,2] <- (area.tree.cv-0.5)/(area.ideal-0.5)

x.values <- as.data.frame(AR.plot.tree.valid@x.values)[,1]
y.values <- as.data.frame(AR.plot.tree.valid@y.values)[,1]
nvalues <- length(x.values)
area.tree.valid <-
  sum((x.values[2:nvalues]-x.values[1:(nvalues-1)])*
        (y.values[1:(nvalues-1)]+y.values[2:nvalues])/2)
AR.allmethods[5,2] <- (area.tree.valid-0.5)/(area.ideal-0.5)
```

```
x.values <- as.data.frame(AR.plot.BaggedTree@x.values)[,1]
y.values <- as.data.frame(AR.plot.BaggedTree@y.values)[,1]
nvalues <- length(x.values)
area.BaggedTree <-
  sum((x.values[2:nvalues]-x.values[1:(nvalues-1)])*
        (y.values[1:(nvalues-1)]+y.values[2:nvalues])/2)
AR.allmethods[6,2] <- (area.BaggedTree-0.5)/(area.ideal-0.5)

x.values <- as.data.frame(AR.plot.Boosting@x.values)[,1]
y.values <- as.data.frame(AR.plot.Boosting@y.values)[,1]
nvalues <- length(x.values)
area.Boosting <-
  sum((x.values[2:nvalues]-x.values[1:(nvalues-1)])*
        (y.values[1:(nvalues-1)]+y.values[2:nvalues])/2)
AR.allmethods[7,2] <- (area.Boosting-0.5)/(area.ideal-0.5)

x.values <- as.data.frame(AR.plot.RandomForest@x.values)[,1]
y.values <- as.data.frame(AR.plot.RandomForest@y.values)[,1]
nvalues <- length(x.values)
area.RandomForest <-
  sum((x.values[2:nvalues]-x.values[1:(nvalues-1)])*
        (y.values[1:(nvalues-1)]+y.values[2:nvalues])/2)
AR.allmethods[8,2] <- (area.RandomForest-0.5)/(area.ideal-0.5)

x.values <- as.data.frame(AR.plot.RandomForest.tuned@x.values)[,1]
y.values <- as.data.frame(AR.plot.RandomForest.tuned@y.values)[,1]
nvalues <- length(x.values)
area.RandomForest.tuned <-
  sum((x.values[2:nvalues]-x.values[1:(nvalues-1)])*
        (y.values[1:(nvalues-1)]+y.values[2:nvalues])/2)
AR.allmethods[9,2] <- (area.RandomForest.tuned-0.5)/(area.ideal-0.5)

x.values <- as.data.frame(AR.plot.BART@x.values)[,1]
```

```
y.values <- as.data.frame(AR.plot.BART@y.values)[,1]
nvalues <- length(x.values)
area.BART <-
  sum((x.values[2:nvalues]-x.values[1:(nvalues-1)])*
        (y.values[1:(nvalues-1)]+y.values[2:nvalues])/2)
AR.allmethods[10,2] <- (area.BART-0.5)/(area.ideal-0.5)

####使用performance()函数计算将累积被选择用户都预测为流失用户而
####将剩余用户都预测为未流失用户时各个模型的评估指标：纵轴"tpr"
####为真阳性率，横轴"fpr"为假阳性率
ROC.plot.logit <- performance(pred.logit, "tpr", "fpr")
ROC.plot.lasso <- performance(pred.lasso, "tpr", "fpr")
ROC.plot.neuralnet <- performance(pred.neuralnet, "tpr", "fpr")
ROC.plot.tree.cv <- performance(pred.tree.cv, "tpr", "fpr")
ROC.plot.tree.valid <- performance(pred.tree.valid, "tpr", "fpr")
ROC.plot.BaggedTree <- performance(pred.BaggedTree, "tpr", "fpr")
ROC.plot.Boosting <- performance(pred.Boosting, "tpr", "fpr")
ROC.plot.RandomForest <- performance(pred.RandomForest, "tpr", "fpr")
ROC.plot.RandomForest.tuned <- performance(pred.RandomForest.tuned,
                                           "tpr", "fpr")
ROC.plot.BART <- performance(pred.BART, "tpr", "fpr")

####绘制Logit模型、神经网络模型和梯度提升决策树模型的ROC曲线
pdf("fig/ch10_mobile_ROC_plots.pdf",
    width = 3.5,
    height = 3.5)
plot(ROC.plot.logit)
lines(as.data.frame(ROC.plot.neuralnet@x.values)[,1],
      as.data.frame(ROC.plot.neuralnet@y.values)[,1],lty=2)
lines(as.data.frame(ROC.plot.Boosting@x.values)[,1],
      as.data.frame(ROC.plot.Boosting@y.values)[,1],lty=3)
legend(0.4,0.6,lty=c(1,2,3),legend=c("logit","nnet","boosting"))
dev.off()
```

```
####计算各个模型ROC曲线下的面积
AUC.allmethods <- data.frame(
  method=c("logit","Lasso","NeuralNet",
           "Tree.cv","Tree.valid",
           "BaggedTree","Boosting",
           "RandomForest","RandomForest.tuned","BART"),
  AUC=rep(0,10))

AUC.allmethods[1,2] <- performance(pred.logit, "auc")@y.values[[1]]
#使用performance()函数计算Logit模型ROC曲线下的面积。
AUC.allmethods[2,2] <-
  performance(pred.lasso, "auc")@y.values[[1]]
AUC.allmethods[3,2] <-
  performance(pred.neuralnet, "auc")@y.values[[1]]
AUC.allmethods[4,2] <-
  performance(pred.tree.cv, "auc")@y.values[[1]]
AUC.allmethods[5,2] <-
  performance(pred.tree.valid, "auc")@y.values[[1]]
AUC.allmethods[6,2] <-
  performance(pred.BaggedTree, "auc")@y.values[[1]]
AUC.allmethods[7,2] <-
  performance(pred.Boosting, "auc")@y.values[[1]]
AUC.allmethods[8,2] <-
  performance(pred.RandomForest, "auc")@y.values[[1]]
AUC.allmethods[9,2] <-
  performance(pred.RandomForest.tuned, "auc")@y.values[[1]]
AUC.allmethods[10,2] <-
  performance(pred.BART, "auc")@y.values[[1]]
```

图 10.6 为 Logit 模型、神经网络模型和梯度提升决策树模型的累计捕获响应率图和 ROC 曲线。可以看出，梯度提升决策树模型优于 Logit 模型，而 Logit 模型略优于神经网络模型。

表 10.2 列出了 10 种模型对 mobile 数据集测试集的评估指标，包括准确度比率和 ROC 曲线下的面积。可以看出，梯度提升决策树模型、随机森林模型（选择参数）和贝叶斯可加回归树模型的表现最好。

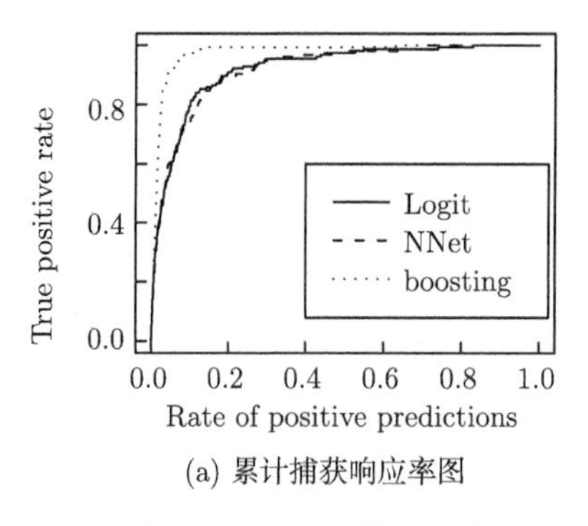

(a) 累计捕获响应率图

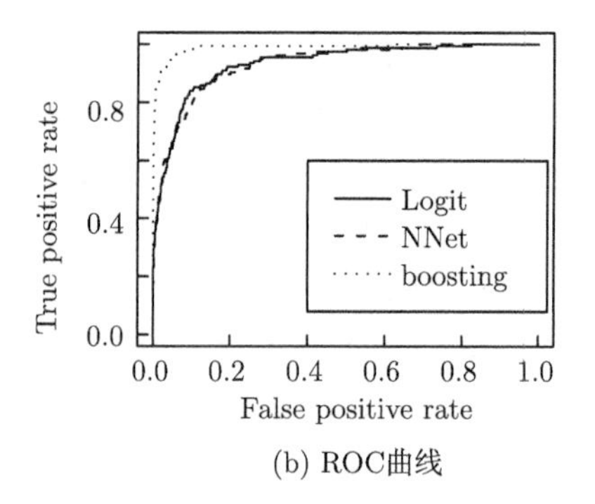

(b) ROC曲线

图 10.6　logit 模型、神经网络模型和梯度提升决策树模型的比较

表 10.2　各模型对 mobile 测试数据集的评估指标

模型	准确度比率	ROC 曲线下的面积
Logit 模型	0.8672	0.9336
Lasso 模型	0.8680	0.9340
神经网络模型	0.8640	0.9320
决策树模型（交叉验证修剪）	0.8792	0.9396
决策树模型（验证数据集修剪）	0.8708	0.9354
袋装决策树模型	0.9024	0.9512
梯度提升决策树模型	0.9794	0.9897
随机森林模型（默认参数）	0.9086	0.9543
随机森林模型（选择参数）	0.9598	0.9799
贝叶斯可加回归树模型	0.9740	0.9870

上机实验

一、实验目的

1. 理解模型评估与比较的意义与方法
2. 理解累计响应捕获率图以及 ROC 曲线的意义
3. 掌握用 R 语言进行模型评估的方法

二、实验步骤

使用第 6 章上机实验“实验二”中的 movie_learning.csv 和 movie_test.csv 数据集。

1. 考虑二值因变量 GrossCat2，以及之前各章上机实验建立的 8 个模型：逻辑模型、Lasso 模型、神经网络模型、决策树模型（交叉验证修剪）、袋装决策树模型、梯度提升决策树模型、随机森林模型（选择参数）、贝叶斯可加回归树模型。

（1） 绘制逻辑模型、决策树模型（交叉验证修剪）和梯度提升决策树模型的累计捕获响应率图。

（2） 计算各个模型的准确度比率。

（3） 绘制逻辑模型、决策树模型（交叉验证修剪）和梯度提升决策树模型的 ROC 曲线。

（4） 计算各个模型 ROC 曲线下的面积。

2. 考虑多值因变量 GrossCat，以及之前各章上机实验建立的 8 个模型：定序逻辑模型、Lasso 模型、神经网络模型、决策树模型（交叉验证修剪）、袋装决策树模型、梯度提升决策树模型、随机森林模型（选择参数）、贝叶斯可加回归树模型。将 GrossCat 当作定序变量，分类利润取默认值。

（1） 使用决策利润对测试数据集的观测进行分类。评估各模型按序数距离加权的误分类率。

（2） 将实际利润等于 4（即预测类别等于真实类别）的观测定义为实际阳性观测，而把其他观测定义为实际阴性观测。按照模型预测的决策带来的期望利润从大到小的顺序将测试数据集中的观测进行排列。绘制定序逻辑模型、决策树模型（交叉验证修剪）和梯度提升决策树模型的 ROC 曲线。计算各个模型 ROC 曲线下的面积。

三、思考题

在比较模型时，如果一些评估指标显示模型 A 比模型 B 更好，而另一些评估指标显示模型 B 比模型 A 更好，那么应该选择哪个模型好呢？

习题

1. （填空题）设实际阴性观测数为 N_0，其中有 N_{00} 个观测被正确地归类于类别 0，有 N_{01} 个观测被错误地归类于类别 1。设实际阳性观测数为 N_1，其中有 N_{10} 个观测被错误地归类于类别 0，有 N_{11} 个观测被正确地归类于类别 1。

   那么，真阴性率为__________，假阴性率为__________，真阳性率为__________，假阳性率为__________，总的误分类率为__________，精确度为__________，召回率为__________，F1 度量为__________，敏感度为__________，特异度为__________。

2. （多选题）以下选项正确的是（　　）。

   A. 若选择预测响应概率最高的前 n 位用户，累积捕获响应率为被选择用户中的响应者数目占所有用户的比例

B. 若选择预测响应概率最高的前 n 位用户，基准累积捕获响应率等于被选择用户占所有用户的比例

C. 若选择预测响应概率最高的前 n 位用户，理想累积捕获响应率等于 100%

D. 准确度比率的值在 0.5 至 1 之间

E. 准确度比率的值越接近 1，模型效果越好

3. （多选题）以下选项正确的是（　　）。

A. ROC 曲线的横轴是假阴性率

B. ROC 曲线的纵轴是真阳性率

C. ROC 曲线是连接 (0,0) 点和 (1,1) 点的一条曲线

D. 理想情况下，ROC 曲线是连接 (0,0) 点和 (1,1) 点的一条对角直线

E. ROC 曲线下的面积在 0 至 1 之间

4. （多选题）以下选项正确的是（　　）。

A. 决策利润 $P(d)$ 表示采用决策 d 产生的利润

B. 决策利润 $P(d|y)$ 表示对因变量真实值为 y 的观测采用决策 d 带来的利润

C. 在分类问题中，应该将一个观测归入使期望利润最低的类别

D. 可以使用平均利润来评估模型，平均利润越高，模型越好

5. （多选题）以下选项正确的是（　　）。

A. 均方误差依赖于因变量的测量单位

B. 均方根误差不依赖于因变量的测量单位

C. 平均相对误差不依赖于因变量的测量单位

D. 平均绝对误差要求因变量有绝对的零点

E. 平均绝对误差要求对所有观测而言因变量的真实值都离 0 比较远

6. 上机题：使用第 6 章习题 7 中的 heart_learning.csv 和 heart_test.csv 数据集。

（1） 考虑二值因变量 target2，以及之前各章上机实验建立的 8 个模型：逻辑模型、Lasso 模型、神经网络模型、决策树模型（交叉验证修剪）、袋装决策树模型、梯度提升决策树模型、随机森林模型（选择参数）、贝叶斯可加回归树模型。

(a) 绘制逻辑模型、决策树模型（交叉验证修剪）和梯度提升决策树模型的累计捕获响应率图。

(b) 计算各个模型的准确度比率。

(c) 绘制逻辑模型、决策树模型（交叉验证修剪）和梯度提升决策树模型的 ROC 曲线。

(d) 计算各个模型 ROC 曲线下的面积。

（2） 考虑多值因变量 target，以及之前各章上机实验建立的 8 个模型：定序逻辑模型、Lasso 模型、神经网络模型、决策树模型（交叉验证修剪）、袋装决策树模型、梯度提升决策树模型、随机森林模型（选择参数）、贝叶斯可加回归树模型。将 target 当作定序变量，分类利润取默认值。

(a) 使用决策利润对测试数据集的观测进行分类。评估各模型按序数距离加权的误分类率。

(b) 将实际利润等于 4（即预测类别等于真实类别）的观测定义为实际阳性观测，而把其他观测定义为实际阴性观测。按照模型预测的决策带来的期望利润从大到小的顺序将测试数据集中的观测进行排列。绘制定序逻辑模型、决策树模型（交叉验证修剪）和梯度提升决策树模型的 ROC 曲线。计算各个模型 ROC 曲线下的面积。

第 11 章 R语言数据挖掘大案例

本案例所使用的房屋价格数据集与 6.4.1 节使用的数据集来源相同。本案例共包含 21 613 个观测、21 个变量。我们首先进行数据理解和数据准备，其次为房屋价格预测建立多个模型，并进行模型评估。

11.1 数据理解与数据准备

假设 D:\dma_Rbook\data 目录下的 ch11_house.csv 记录了本案例的数据，其变量描述如表 11.1 所示。

表 11.1 ch11_house 数据集说明

变量名称	变量说明
id	房屋编号
date	房屋销售日期，取值形如“20141013T000000”
price	房屋价格
bedrooms	卧室数量
bathrooms	卫生间数量
sqft_living	住房面积（平方英尺）
sqft_lot	房基地面积（平方英尺）
floors	楼层数目
waterfront	房屋是否可以欣赏海滨景色，取值 0 或 1
view	房屋被查看的次数
condition	房屋整体状况的好坏，取值 1、2、3、4、5
grade	根据当地分级制度给予房屋的整体等级，取值 1、2、···、13
sqft_above	除地下室的住房面积（平方英尺）
sqft_basement	地下室面积（平方英尺）

续表

变量名称	变量说明
yr_built	房屋建成年份
yr_renovated	房屋重新装修年份
zipcode	邮政编码
lat	纬度坐标
long	经度坐标
sqft_living15	2015 年的住房面积（平方英尺）
sqft_lot15	2015 年的房基地面积（平方英尺）

数据理解与数据准备的 R 语言程序如下。

```
####加载程序包
library(mice)
#处理缺失数据的程序包。我们将调用其中的md.pattern()函数。
library(dplyr)
#进行数据处理的程序包。我们将调用其中的管道函数、mutate()函数和
#select()函数。
library(ggplot2)
#绘制图形的程序包。

#设定随机种子
set.seed(12345)

#设置基本路径
setwd("D:/dma_Rbook")


####读入数据
house <- read.csv("data/ch11_house.csv",
                  colClasses = c(rep("character",2),
                                 rep("numeric",14),
                                 "character",
                                 rep("numeric",4)))
#将id、date、zipcode以字符型变量读入，其他变量以数值型变量读入。
```

```
####查看变量基本情况
str(house)

####查看数据缺失模式
md.pattern(house)
#本数据集没有缺失数据。

####查看house数据集中各数值变量的描述统计量
house.nvars <- house[,lapply(house,class)=="numeric"]
#取出house中所有数值型变量，得到新数据框house.nvars。
summary(house.nvars)
#在屏幕上查看数据集house.nvars的基本描述。

####将对各数值变量的描述统计量存为R数据框house_nvars_description
descrip <- function(nvar)
#定义descrip函数计算一个数值变量nvar的描述统计量:
#均值、标准偏差、最小值、下四分位数、中位数、上四分位数、最大值。
{
  mean <- mean(nvar)
  std <- sd(nvar)
  min <- min(nvar)
  Q1 <-  quantile(nvar,0.25)
  median <- median(nvar)
  Q3 <- quantile(nvar,0.75)
  max <- max(nvar)

  c(mean,std,min,Q1,median,Q3,max)
}

house_nvars_description <-
  lapply(house.nvars,descrip) %>%
  as.data.frame %>% t()
#得到house.nvars数据集中所有变量的描述统计量，存为R数据框
```

```
#house_nvars_description。
colnames(house_nvars_description) <-
  c("mean", "std", "min", "Q1", "median", "Q3", "max")
#将house_nvars_description的各列重新命名。

####绘制各数值变量的直方图，输出到.pdf文件中
pdf("fig/ch11_house_histogram.pdf")
for (i in 1:length(house.nvars)) {
  hist(house.nvars[,i],
       xlab=names(house.nvars)[i],
       main=paste("Histogram of", names(house.nvars)[i]),
       col = "grey")}
dev.off()

####数据准备：生成一些新变量并删除一些原始变量
house <- house %>%
  mutate(mydate=as.Date(substr(date,1,8),"%Y%m%d")) %>%
  #将字符型变量“房屋销售日期”(date)进行转换，生成日期型新变量mydate。
  #substr(date,1,8)取出date变量的前8个字符组成的字符串，
  #使用as.Date()函数将该字符串转换为日期。
  #格式"%Y%m%d"为4个字符表示的年份加上2个字符表示的月份加上2个字符表示的日。
  mutate(age=as.numeric(substr(date,1,4))-yr_built) %>%
  #substr(date,1,4)取出date变量的前4个字符组成的字符串，表示销售年份。
  #用as.numeric()函数将销售年份转换为数值后再减去“房屋建成年份”(yr_built),
  #生成数值型新变量age表示销售时房屋的年龄。
  select(-c(date,yr_built)) %>%
  #删除原始变量date和yr_built
  mutate(renovated=1*(yr_renovated>0)) %>%
  #有很多观测的“房屋重新装修年份”(yr_renovated)取值为0，表示未曾重新装修过。
  #根据yr_renovated取值是否大于0生成哑变量renovated。
  select(-yr_renovated) %>%
  #删除原始变量yr_renovated。
  select(-zipcode)
```

```
  #删除"邮政编码"(zipcode)，仅保留"纬度坐标"(lat)和"经度坐标"(long)
  #作为房屋位置的识别信息。

####数据准备：对有极值的连续自变量进行对数转换
house <- house %>%
  mutate(sqft_living = log(sqft_living)) %>%
  mutate(sqft_lot = log(sqft_lot)) %>%
  mutate(sqft_above = log(sqft_above)) %>%
  mutate(sqft_basement = log(sqft_basement+1)) %>%
  mutate(sqft_living15 = log(sqft_living15)) %>%
  mutate(sqft_lot15 = log(sqft_lot15))

####数据准备：对因变量"房屋价格"(price)进行对数转换，
####生成新变量logprice
house <- house %>%
  mutate(logprice=log(price))

####将销售日期在2015年3月31日之前的观测划分为学习数据集，
####在2015年3月31日之后的观测划分为测试数据集
id.learning <- (1:nrow(house))[
  house$mydate<=as.Date("20150331","%Y%m%d")]
#获取销售日期在2015年3月31日之前的观测的编号。
#使用as.Date()函数将字符串"20150331"转换为日期。

house <- house %>%
  select(-mydate)
#删除变量mydate。

house.learning <- house[id.learning,-1]
#获取销售日期在2015年3月31日之前的观测，删除第一个变量"房屋编号"。
house.test <- house[-id.learning,-1]
#获取销售日期在2015年3月31日之后的观测，删除第一个变量"房屋编号"。
```

11.2　建模及模型评估

本节我们将根据学习数据集建立房屋价格对数值 logprice 的预测模型，包括线性模型、Lasso 模型、神经网络模型、决策树模型（交叉验证修剪）、决策树模型（验证数据集修剪）、袋装决策树模型、梯度提升决策树模型、随机森林模型（默认参数）、随机森林模型（选择参数）和贝叶斯可加回归树模型。再将这些模型应用于测试数据集，获取房屋价格对数值的预测值，转换为房屋价格的预测值。最后对比不同模型的均方根误差。相关 R 语言程序如下。

```
####加载程序包
library(glmnet)
#用于建立Lasso模型
library(RSNNS)
#用于建立神经网络模型
library(rpart)
#用于建立决策树模型
library(xgboost)
#用于建立梯度提升决策树模型
library(randomForest)
#用于建立随机森林模型
library(BART)
#用于建立贝叶斯可加回归树模型

####设立并初始化记录所有模型的均方根误差的数据框rmse.allmodels
rmse.allmodels <-
  data.frame(rmse=rep(NA,10))
row.names(rmse.allmodels) <-
  c("lm","Lasso","NeuralNet","Tree.cv","Tree.valid","BaggedTree",
    "Boosting","RandomForest","RandomForest.tuned","BART")
#将数据框的行名设为各个模型的名字。

####################################################################
####  (1) 线性模型
####################################################################
```

```
####根据学习数据集建立线性模型
model.lm <- lm(logprice~., data=house.learning[,-1])
#因变量为logprice，其他变量为自变量。
#使用的数据集为house.learning去除第一列price。

####将线性模型应用于测试数据集，获取房屋价格对数值的预测值，
####转换为房屋价格的预测值
predict.lm <- exp(predict(model.lm, house.test))

####计算线性模型预测测试数据集房屋价格的均方根误差
rmse.allmodels$rmse[1] <-
  sqrt(mean((predict.lm-house.test$price)^2))

####将线性模型存储在本地目录下，如果未来需要可以应用于其他数据集
saveRDS(model.lm,"out/ch11_house_model_lm.rds")


##从R中删除线性模型
rm(model.lm)

####################################################################
####  （2）Lasso模型
####################################################################

model.lasso <- cv.glmnet(as.matrix(house.learning[,2:18]),
                         house.learning$logprice,
                         family = "gaussian")
#使用交叉验证选择调节参数lambda的最佳值。
#cv.glmnet()函数要求自变量的格式为矩阵，自变量都是数值型。因此这里用
#as.matrix()函数将学习数据集中第2至第18列（除了price和logprice之外的各列）
#包含自变量的子数据集转换为矩阵。使用的因变量为学习数据集的
#logprice变量。family="gaussian"说明因变量满足正态分布。
```

```
####将Lasso模型应用于测试数据集，获取房屋价格对数值的预测值，
####转换为房屋价格的预测值
predict.lasso <- exp(predict(model.lasso,
                             as.matrix(house.test[,2:18])))

####计算Lasso模型预测测试数据集房屋价格的均方根误差
rmse.allmodels$rmse[2] <-
  sqrt(mean((predict.lasso-house.test$price)^2))

####将Lasso模型存储在本地目录下，如果未来需要可以应用于其他数据集
saveRDS(model.lasso,"out/ch11_house_model_lasso.rds")

####从R中删除Lasso模型
rm(model.lasso)

####################################################################
####  （3）神经网络模型
####################################################################

house.learning2 <- house.learning
house.test2 <- house.test
#因为神经网络模型需要将自变量进行标准化而其他模型不需要，所以需要另外
#复制一份学习数据集和测试数据集。

####将学习数据集和测试数据集的自变量进行标准化
center <- apply(house.learning2[,2:18],2,mean)
#获取学习数据集中各个自变量的均值。
scale <- apply(house.learning2[,2:18],2,sd)
#获取学习数据集中各个自变量的标准偏差。
house.learning2[,2:18] <-
  scale(house.learning2[,2:18],center=center,scale=scale)
#根据之前求出的均值和标准偏差向量，将学习数据集中的每个自变量减去
#均值后除以标准偏差。
```

```
house.test2[,2:18] <-
  scale(house.test2[,2:18],center=center,scale=scale)
#根据之前求出的均值和标准偏差向量，将测试数据集中的每个自变量减去
#均值后除以标准偏差。

####初始化一个数据框，用来记录各个神经网络模型参数值及对验证数据集
####的均方根误差
results.neuralnet <- as.data.frame(matrix(0,nrow=5*5*5,ncol=4))
colnames(results.neuralnet) <- c("size1","size2","size3","rmse")
#变量size1记录第1层隐藏层隐藏单元数，可取5个值：2、4、6、8、10。
#变量size2记录第2层隐藏层隐藏单元数，可取5个值：2、4、6、8、10。
#变量size3记录第3层隐藏层隐藏单元数，可取5个值：2、4、6、8、10。
#变量rmse记录模型对测试数据集的均方根误差。

####将学习数据集随机划分为训练数据集和验证数据集
id.train <- sample(1:nrow(house.learning2),
                   round(0.7*nrow(house.learning2)))
#从学习数据集的观测序号中随机抽取70%作为训练数据集的观测序号。

house.train <- house.learning2[id.train,]
#根据抽取的观测序号得到训练数据集。
house.valid <- house.learning2[-id.train,]
#根据未抽取的观测序号得到验证数据集。

models.neuralnet <- list()
#初始化记录各个神经网络模型的列表。

index <- 0
#index记录size1、size2、size3参数的不同取值组合的编号，
#初始化为0。

####根据训练数据集建立多个神经网络模型，记录这些模型对验证数据集的
####均方根误差
```

```
for (size1 in seq(2,10,2))
  for (size2 in seq(2,10,2))
    for (size3 in seq(2,10,2)) {
      print(paste0("size1=",size1,", size2=",size2,", size3=",size3))
      model.neuralnet <-
        mlp(house.train[,2:18], house.train$logprice,
            size = c(size1,size2,size3),
            inputsTest = house.valid[,2:18],
            targetsTest = house.valid$logprice,
            linOut = TRUE,
            maxit = 300,
            learnFuncParams = c(0.1))
      #mlp()函数可用于建立多层感知器模型。
      #house.train[,2:18]为训练模型所用的自变量矩阵;
      #house.train$logprice为训练模型所用的因变量向量;
      #size参数指定模型有3层隐藏层, 隐藏单元数分别为size1、
      #size2和size3;
      #inputsTest给出验证数据集的自变量矩阵;
      #targetsTest给出验证数据集的真实因变量向量;
      #linOut=TRUE说明输出层的激活函数为恒等函数;
      #maxit指定模型的最大迭代次数为300次;
      #learnFuncParams的第一个元素为学习速率, 这里指定为0.1。

      ##获得对验证数据集price的预测值
      predict.neuralnet <- exp(model.neuralnet$fittedTestValues)
      #model.neuralnet$fittedTestValues为模型对验证数据集logprice
      #的预测值, 再用exp()函数转换为对price的预测值。

      ##将当前模型加入到模型列表中
      models.neuralnet <- c(models.neuralnet, list(model.neuralnet))

      index <- index+1
      #将index值增加1, 以便进行记录。
```

```
        ##记录模型的参数值及对验证数据集的均方根误差
        results.neuralnet[index,1] <- size1
        results.neuralnet[index,2] <- size2
        results.neuralnet[index,3] <- size3
        results.neuralnet[index,4] <-
            sqrt(mean((predict.neuralnet-house.valid$price)^2))
    }

model.neuralnet <-
  models.neuralnet[[which.min(results.neuralnet[,4])]]
#取出对验证数据集均方根误差最低的模型。

####将神经网络模型应用于测试数据集，获取房屋价格对数值的预测值，
####转换为房屋价格的预测值
predict.neuralnet <- exp(predict(model.neuralnet,house.test2[,2:18]))

####计算神经网络模型预测测试数据集房屋价格的均方根误差
rmse.allmodels$rmse[3] <-
  sqrt(mean((predict.neuralnet-house.test2$price)^2))

####将神经网络模型存储在本地目录下，如果未来需要可以应用于其他数据集
saveRDS(model.neuralnet,"out/ch11_house_model_neuralnet.rds")

####从R中删除神经网络模型
rm(models.neuralnet)
rm(model.neuralnet)

####################################################################
#### （4）决策树模型（交叉验证修剪）
####################################################################

####根据学习数据集建立未修剪的决策树模型
model.tree.notpruned <-
```

```
  rpart(logprice~.,
  #指定因变量为logprice，其他变量为自变量。
        data=house.learning[,-1],
        #指定使用的数据集为学习数据集去除第一列price变量。
        control = rpart.control(
          minbucket = 5,
          minsplit = 10,
          maxcompete = 2,
          maxdepth = 30,
          maxsurrogate = 5,
          cp=0.0001,
          ))

####根据最小化交叉验证误差的准则修剪决策树
model.tree.cv <-
  prune(model.tree.notpruned,
        cp=model.tree.notpruned$cptable[
          which.min(model.tree.notpruned$cptable[,"xerror"]),"CP"])

####将决策树模型应用于测试数据集，获取房屋价格对数值的预测值，
####转换为房屋价格的预测值
predict.tree.cv <-
  exp(predict(model.tree.cv, house.test))

####计算决策树模型预测测试数据集房屋价格的均方根误差
rmse.allmodels$rmse[4] <-
  sqrt(mean((predict.tree.cv-house.test$price)^2))

####将决策树模型存储在本地目录下，如果未来需要可以应用于其他数据集
saveRDS(model.tree.cv,"out/ch11_house_model_tree_cv.rds")

####从R中删除决策树模型
rm(model.tree.cv)
```

```
######################################################################
#### (5) 决策树模型(验证数据集修剪)
######################################################################

####根据训练数据集建立未修剪的决策树模型。
model.tree.notpruned <-
  rpart(logprice~.,
        #指定logprice为因变量，其他变量为自变量。
        data=house.learning[id.train,-1],
        #使用的数据集为house.learning中观测序号属于id.train的那些观测,
        #去除第一列price变量
        control = rpart.control(
          minbucket = 5,
          minsplit = 10,
          maxcompete = 2,
          maxdepth = 30,
          maxsurrogate = 5,
          cp=0.0001,
        ))

####根据验证数据集的均方根误差选取合适的子树
nsubtree <- length(model.tree.notpruned$cptable[,1])
#子树的数目。
results <- data.frame(cp=rep(0, nsubtree), accu=rep(0, nsubtree))
#对于每棵子树，results数据框将记录cp值以及验证数据集的均方根误差。

for (isubtree in 1:nsubtree){
  results$cp[isubtree] <-
    model.tree.notpruned$cptable[isubtree,"CP"]
  #model.tree.notpruned$cptable的第isubtree行、第CP列的元素给出了
  #当前子树的cp值，记录在results中cp列的第isubtree个元素。
  model.subtree <- prune(model.tree.notpruned, results$cp[isubtree])
  #根据该cp值，使用prune()函数修剪决策树，得到相应的子树。
```

```
  pred.subtree <-
    exp(predict(model.subtree, house.learning[-id.train,]))
  #将修剪后的子树应用于验证数据集 (house.learning[-id.train,]),
  #获得房屋价格对数值的预测值，转换为房屋价格的预测值。
  results$rmse[isubtree] <-
    sqrt(mean((pred.subtree-house.learning[-id.train,]$price)^2))
  #计算验证数据集的均方根误差。
}

bestcp <- results$cp[which.min(results$rmse)]
#选出验证数据集均方根误差最低的子树的cp值。
model.tree.valid <- prune(model.tree.notpruned, bestcp)
#根据该cp值对决策树进行修剪，得到最优子树。

####将决策树模型应用于测试数据集，获取房屋价格对数值的预测值，
####转换为房屋价格的预测值
predict.tree.valid <-
  exp(predict(model.tree.valid, house.test))

####计算决策树模型预测测试数据集房屋价格的均方根误差
rmse.allmodels$rmse[5] <-
  sqrt(mean((predict.tree.valid-house.test$price)^2))

####将决策树模型存储在本地目录下，如果未来需要可以应用于其他数据集
saveRDS(model.tree.valid,"out/ch11_house_model_tree_valid.rds")

####从R中删除决策树模型
rm(model.tree.valid)

####################################################################
####  (6) 袋装决策树模型
####################################################################
####初始化记录100个决策树模型的列表
```

```
model.BaggedTree <- list()

####初始化一个零向量，用于记录100个决策树模型对测试数据集中房屋价格
####对数值的预测值的平均值
predict.BaggedTree.orig <- rep(0,nrow(house.test))

#### (1) 使用学习数据集的100个Bootstrap样本分别建立100个决策树模型
#### (2) 使用每个决策树模型预测测试数据集的房屋价格对数值，
####     取100个决策树模型的预测值的平均值作为最终预测值
for (s in 1:100){
  print(paste("s=",s))

  ##从学习数据集中抽取第s个Bootstrap样本的观测序号
  id.sample <- sample(1:nrow(house.learning),nrow(house.learning),
                      replace=TRUE)

  ##根据学习数据集的第s个Bootstrap样本建立决策树模型
  model.tree.notpruned <-
    rpart(logprice~.,
          data=house.learning[id.sample,-1],
          #使用的数据集为学习数据集的第s个Bootstrap样本去除
          #第一列price变量。
          control = rpart.control(
            minbucket = 5,
            minsplit = 10,
            maxcompete = 2,
            maxdepth = 30,
            maxsurrogate = 5,
            cp=0.0001,
            ))
  #建立未修剪的决策树模型。

  model.tree <-
```

```
    prune(model.tree.notpruned,
          cp=model.tree.notpruned$cptable[
            which.min(model.tree.notpruned$cptable[,"xerror"]),"CP"])
  #根据最小化交叉验证误差的准则修剪决策树。

  ##将第s个决策树模型记录在列表中
  model.BaggedTree[[s]] <- model.tree

  ##将100个决策树模型对测试数据集中房屋价格对数值的预测值进行平均,
  ##作为对测试数据集logprice的最终预测值
  predict.BaggedTree.orig <- predict.BaggedTree.orig+
    predict(model.tree, house.test)/100
}

####将对房屋价格对数值的预测值转换为对房屋价格的预测值
predict.BaggedTree <- exp(predict.BaggedTree.orig)

####计算袋装决策树模型预测测试数据集房屋价格的均方根误差
rmse.allmodels$rmse[6] <-
    sqrt(mean((predict.BaggedTree-house.test$price)^2))

####将袋装决策树模型存储在本地目录下，如果未来需要可以应用于其他数据集
saveRDS(model.BaggedTree,"out/ch11_house_model_BaggedTree.rds")

####从R中删除袋装决策树模型
rm(model.BaggedTree)

####################################################################
####  (7) 梯度提升决策树模型
####################################################################

####根据学习数据集建立梯度提升决策树模型
dtrain <- xgb.DMatrix(data = as.matrix(house.learning[,2:18]),
```

```
                        label=house.learning$logprice)
#将学习数据集转化为建模所需的数据格式。

fit.Boosting <-
    xgb.cv(data=dtrain, objective='reg:squarederror',
           nrounds=300,nfold=5,verbose=0,
           callbacks=list(cb.cv.predict(save_models=TRUE)))
#使用交叉验证选择参数的最佳值。

#objective指明目标函数为适合于连续因变量的'reg: Sqnarederror'。
model.Boosting <- list()
#初始化记录5折交叉验证所得的5个模型的列表。

predict.Boosting.orig <-0
#初始化5个模型对测试数据集中房屋价格对数值的预测值的平均值。

for (ifold in 1:5) {
    model.Boosting[[ifold]] <- fit.Boosting$models[[ifold]]
    #将第ifold个模型记录在列表中。

    predict.Boosting.orig <- predict.Boosting.orig+
      predict(model.Boosting[[ifold]], as.matrix(house.test[,2:18]))/5
    #将5个模型对测试数据集房屋价格对数值的预测值进行平均，
    #作为对测试数据集logprice的最终预测值。
}

####将对房屋价格对数值的预测值转换为对房屋价格的预测值
predict.Boosting <- exp(predict.Boosting.orig)

####计算梯度提升决策树模型预测测试数据集房屋价格的均方根误差
rmse.allmodels$rmse[7] <-
    sqrt(mean((predict.Boosting-house.test$price)^2))
####将梯度提升决策树模型存储在本地目录下，如果未来需要可以应用于其他数据集
```

```
saveRDS(model.Boosting,"out/ch11_house_model_Boosting.rds")

####从R中删除梯度提升决策树模型
rm(model.Boosting)

####################################################################
####  (8) 随机森林模型 (默认参数)
####################################################################

####根据学习数据集建立随机森林模型
model.RandomForest <- randomForest(logprice~., house.learning[,-1])
#因变量为logprice，其他变量为自变量。
#使用的数据集为house.learning去除第一列price。

####将随机森林模型应用于测试数据集，获取房屋价格对数值的预测值，
####转换为房屋价格的预测值
predict.RandomForest <-
  exp(predict(model.RandomForest, house.test[,2:18]))

####计算随机森林模型预测测试数据集房屋价格的均方根误差
rmse.allmodels$rmse[8] <-
  sqrt(mean((predict.RandomForest-house.test$price)^2))

####将随机森林模型存储在本地目录下，如果未来需要可以应用于其他数据集
saveRDS(model.RandomForest,"out/ch11_house_model_RandomForest.rds")

####从R中删除随机森林模型
rm(model.RandomForest)

####################################################################
####  (9) 随机森林模型 (选择参数)
####################################################################
```

```
####根据学习数据集建立随机森林模型
model.RandomForest.tuned <-
  tuneRF(x = house.learning[,2:18],
         y = house.learning$logprice,
         doBest = T)
#建立筛选参数mtry（即每次划分时的候选划分变量个数）后的随机森林模型。

####将随机森林模型应用于测试数据集，获取房屋价格对数值的预测值，
####转换为房屋价格的预测值
predict.RandomForest.tuned <-
    exp(predict(model.RandomForest.tuned,house.test[,2:18]))

####计算随机森林模型预测测试数据集房屋价格的均方根误差
rmse.allmodels$rmse[9] <-
    sqrt(mean((predict.RandomForest.tuned-house.test$price)^2))

####将随机森林模型存储在本地目录下，如果未来需要可以应用于其他数据集
saveRDS(model.RandomForest.tuned,
        "out/ch11_house_model_RandomForest_tuned.rds")

####从R中删除随机森林模型
rm(model.RandomForest.tuned)

####################################################################
####  （10）贝叶斯可加回归树模型
####################################################################

####根据学习数据集建立贝叶斯可加回归树模型
model.BART <- wbart(x.train = house.learning[,2:18],
                    y.train = house.learning$logprice)
#wbart()函数适用于因变量为连续变量的情形。

####将贝叶斯可加回归树模型应用于测试数据集，获取房屋价格对数值的预测值，
```

```
####转换为房屋价格的预测值
predict.BART <- exp(predict(model.BART,house.test[,2:18]))

####计算贝叶斯可加回归树模型预测测试数据集房屋价格的均方根误差
rmse.allmodels$rmse[10] <-
  sqrt(mean((predict.BART-house.test$price)^2))

####将贝叶斯可加回归树模型存储在本地目录下，如果未来需要可以应用于其他
####数据集
saveRDS(model.BART,"out/ch11_house_model_BART.rds")

####从R中删除贝叶斯可加回归树模型
rm(model.BART)
```

表 11.2 列出了各个模型预测测试数据集中房屋价格的均方根误差。可见梯度提升决策树模型的预测效果最好，其次是神经网络模型。

表 11.2　各个模型预测测试数据集房屋价格的均方根误差

模型	均方根误差
线性模型	207 279.3
Lasso 模型	210 945.1
神经网络模型	138 405.1
决策树模型（交叉验证修剪）	179 114.8
决策树模型（验证数据集修剪）	172 733.6
袋装决策树模型	163 212.3
梯度提升决策树模型	134 769.9
随机森林模型（默认参数）	159 132.4
随机森林模型（选择参数）	153 934.8
贝叶斯可加回归树模型	508 303.6

习题

1. 使用第 6 章上机实验“实验一”中生成的学习数据集 insurance_learning.csv 和测试数据集 insurance_test. csv。根据学习数据集建立对保险费用对数值 log_charges 的预测模型，包括线性模型、Lasso 模型、神经网络模型、决策树模型（交叉验证修剪）、袋装决策树模型、梯度提升决策树模型、随机森林模型（选择参数）和贝叶斯可加回归

树模型。再将这些模型应用于测试数据集，获取保险费用对数值的预测值，转换为保险费用的预测值。最后对比不同模型的均方根误差。

2. 自主寻找一个数据集，根据本书所学内容进行数据挖掘，并撰写分析报告。报告的建议内容如下。

   （1） 题目。

   （2） 摘要。以简要的语言说明报告的内容。

   （3） 正文。可分为如下部分。

      (a) 简介。内容可包括关注的实际问题的背景、相关的文献回顾、数据简介、分析结论简述以及之后各节内容的简介。

      (b) 数据。详细说明数据的来源，进行数据理解和数据准备。

      (c) 分析。详细说明所进行的数据分析及结果。

      (d) 讨论。内容可包括贡献及不足之处，以及还可以如何进一步收集数据和/或进一步进行分析。

参考文献

[1] Agrawal, R., Srikant, R., et al. (1994). Fast algorithms for mining association rules. In Proc. 20th int. conf. very large data bases, VLDB, volume 1215, pages 487-499.

[2] Berry, M. J. A. and Linoff, G. S. (2000). Mastering data mining: The art and science of customer relationship management. New York: John Wiley & Sons.

[3] Breiman, L. (1996). Bagging predictors. Machine learning, 24(2): 123-140.

[4] Breiman, L. (2001). Random forests. Machine learning, 45: 5-32.

[5] Breiman, L., Friedman, J., Stone, C. J., and Olshen, R. (1984). Classification and regression trees. Chapman and Hall, CRC.

[6] Chawla, N. V., Bowyer, K. W., Hall, L. O., and Kegelmeyer, W. P. (2002). SMOTE: Synthetic Minority Over-sampling Technique. Journal of Artificial Intelligence Research, 16: 321-357.

[7] Cheng, J., Wang, Z., and Pollastri, G. (2008). A neural network approach to ordinal regression. In International Joint Conference on Neural Network, pages 1279-1284.

[8] Chipman, H. A., George, E. I., and McCulloch, R. E. (2007). Bayesian ensemble learning. In Schölkopf, B., Platt, J., and Hoffman, T., editors, Advances in Neural Information Processing System 19, Cambridge, MA. MIT Press.

[9] Chipman, H. A., George, E. I., and Mc Culloch, R. E. (2010). Bart: Bayesian additive regression trees. The Annals of Applied Statistics, 4(1): 266-298.

[10] Cook, S., Conrad, C., Fowlkes, A. L., and Mohebbi, M. H. (2011). Assessing google u trends performance in the United States during the 2009 in uenza virus A (H1N1) pandemic. PLoS One, 6(8): e23610.

[11] Dressel, J. and Farid, H. (2018). The accuracy, fairness, and limits of predicting recidivism. Science Advances, 4(1): eaao5580. DOI: 10.1126/sciadv.aao5580.

[12] Duda, R. O. and Hart, P. E. (1973). Pattern Classification and Scene Analysis. John Wiley & Sons, New York.

[13] Friedman, J. H. (2001). Greedy function approximation: a gradient boosting machine. Annals of statistics, pages 1189-1232.

[14] Ginsberg, J., Mohebbi, M. H., Patel, R. S., Brammer, L., Smolinski, M. S., and Brilliant, L. (2009). Detecting influenza epidemics using search engine query data. Nature, 457: 1012-1015.

[15] Gordon, A. D. (1999). Classification, 2nd edition. Chapman and Hall/CRC, London.

[16] Gower, J. C. (1971). A general coefficient of similarity and some of its properties. Biometrics, 27, 857-874.

[17] Hahsler, M., Hornik, K., and Reutterer, T. (2006). Implications of probabilistic data modeling for mining association rules. In Spiliopoulou, M., Kruse, R., Borgelt, C., Nuernberger, A., and Gaul, W., editors, Data and Information Analysis to Knowledge Engineering, Studies in Classification, Data Analysis, and Knowledge Organization, page 598-605. Springer-Verlag.

[18] Kaufman, L. and Rousseeuw, P. J. (1990). Finding Groups in Data: An Introduction to Cluster Analysis. John Wiley & Sons, New York.

[19] Lebart, L., Morineau, A., and Piron, M. (2000). Statistique Exploratoire Multidimensionnelle. Dunod, Paris.

[20] McCullagh, P. and Nelder, J. A. (1989). Generalized linear models, 2nd edition. Chapman and Hall/CRC.

[21] Park, M. Y. and Hastie, T. (2007). L1-regularization path algorithm for generalized linear models. Journal of the Royal Statistical Society, Series B, 66(4): 659-677.

[22] Rousseeuw, P. (1987). A Graphical Aid to the Interpretation and Validation of Cluster Analysis. Journal of Computational and Applied Mathematics, 20: 53-65.

[23] Rubin, D. B. (1976). Inference and missing data. Biometrika, 63(3): 581-592.

[24] Rubin, D. B. (1987). Multiple imputation for nonresponse in surveys, volume 81. John Wiley & Sons.

[25] Van Buuren, S. (2018). Flexible Imputation of Missing Data, 2nd edition. Chapman and Hall/CRC.

[26] Van Buuren, S. and Groothuis-Oudshoorn, K. (2011). Multivariate imputation by chained equations in r. Journal of Statistical Software, 45(3): 1-67.

[27] Wright, A. P., Wright, A. T., B., M. A., and Sittig, D. F. (2015). The use of sequential pattern mining to predict next prescribed medications. Journal of Biomedical Informatics, 53: 73-80.